技能型人才培训用书
国家职业资格培训教材

电镀工（初级）

国家职业资格培训教材编审委员会　编

李家柱　韩志忠　主编

机械工业出版社

本书是依据《国家职业标准》镀层工中电镀部分对初级工的知识要求和技能要求，按照岗位培训需要的原则编写的。本书的主要内容包括：电镀概述及职业道德和安全文明生产，化学和电化学基础知识及电镀常用术语，电镀常用原材料和设备，电镀前表面预处理，常用电镀工艺，电镀后处理，金属的氧化和磷化，电镀清洁生产。每章均有复习思考题，书末附有与之配套的试题库和答案及模拟试卷样例，以便于企业培训、考核鉴定和读者自测自查。

本书主要用作企业培训部门、职业技能鉴定培训机构、再就业和农民工培训机构的教材，也可作为技校、中职、各种短训班的教学用书，还可供有关工人自学使用。

图书在版编目（CIP）数据

电镀工（初级）/李家柱　韩志忠主编. —北京：机械工业出版社，2007.1（2025.11 重印）
　　国家职业资格培训教材
　　ISBN 978-7-111-20324-7

Ⅰ. 电… Ⅱ. ①李… ②韩… Ⅲ. 电镀—技术培训—教材
Ⅳ. TQ153

中国版本图书馆 CIP 数据核字（2006）第 132478 号

机械工业出版社（北京市百万庄大街 22 号　邮政编码 100037）
责任编辑：崔世荣　　王华庆　版式设计：霍永明
责任校对：樊钟英　　责任印制：刘　媛
北京富资园科技发展有限公司印刷
2025 年 11 月第 1 版第 7 次印刷
148mm×210mm・11.5 印张・328 千字
标准书号：ISBN 978-7-111-20324-7
定价：59.80 元

电话服务	网络服务
客服电话：010-88361066	机 工 官 网：www.cmpbook.com
010-88379833	机 工 官 博：weibo.com/cmp1952
010-68326294	金 书 网：www.golden-book.com
封底无防伪标均为盗版	机工教育服务网：www.cmpedu.com

修桥普及科技知识,全面提高工人素质

阳安江

二〇〇六年五月

(阳安江同志现任北京市政协主席,曾任北京市总工会主席)

国家职业资格培训教材编审委员会

主　　任	于　珍			
副　主　任	郝广发	李　奇	洪子英	
委　　员	（按姓氏笔画排序）			
	王　蕾	王兆晶	王英杰	王昌庚
	田力飞	刘云龙	刘书芳	刘亚琴（常务）
	朱　华	沈卫平	汤化胜	李春明
	李家柱	李晓明	李超群（常务）	
	李培根	李援瑛	吴茂林	何月秋（常务）
	张安宁	张吉国	张凯良	陈业彪
	周新模	郑　骏	杨仁江	杨君伟
	杨柳青	卓　炜	周立雪	周庆轩
	施　斌	荆宏智（常务）		柳吉荣
	徐　彤（常务）		黄志良	潘　茵
	潘宝权	戴　勇		
顾　　问	吴关昌			
策　　划	李超群	荆宏智	何月秋	
本书主编	李家柱	韩志忠		
本书参编	张国栋	温志国	邢　微	李志国
本书主审	蒋胜利			
本书参审	陈孟成	何仕桓		

序 一

当前和今后一个时期,是我国全面建设小康社会、开创中国特色社会主义事业新局面的重要战略机遇期。建设小康社会需要科技创新,离不开技能人才。"全国人才工作会议"、"全国职教工作会议"都强调要把"提高技术工人素质、培养高技能人才"作为重要任务来抓。当今世界,谁掌握了先进的科学技术并拥有大量技术娴熟、手艺高超的技能人才,谁就能生产出高质量的产品,创出自己的名牌;谁就能在激烈的市场竞争中立于不败之地。我国有近一亿技术工人,他们是社会物质财富的直接创造者。技术工人的劳动,是科技成果转化为生产力的关键环节,是经济发展的重要基础。

科学技术是财富,操作技能也是财富,而且是重要的财富。中华全国总工会始终把提高劳动者素质,作为一项重要任务,在职工中开展的"当好主力军,建功'十一五',和谐奔小康"竞赛中,全国各级工会特别是各级工会职工技协组织注重加强职工技能开发,实施群众性经济技术创新工程,坚持从行业和企业实际出发,广泛开展岗位练兵、技术比赛、技术革新、技术协作等活动,不断提高职工的技术技能和操作水平,涌现出一大批掌握高超技能的能工巧匠。他们以自己的勤劳和智慧,在推动企业技术进步,促进产品更新换代和升级中发挥了积极的作用。

欣闻机械工业出版社配合新的《国家职业标准》,为技术工人编写了这套涵盖38个职业的159种"国家职业资格培训教材"。这套教材由全国各地技能培训和考评专家编写,具有权威性和代表性;将理论与技能有机结合,并紧紧围绕《国家职业标准》的知识点和技能鉴定点编写,实用性、针对性强;既有必备的理论和技能知识,又有考核鉴定的理论和技能题库及答案,编排科学、便于培训和检测。

这套教材的出版非常及时,为培养技能型人才做了一件大好事,我相信这套教材一定会为我们培养更多更好的高技能人才做出贡献!

(李永安 中国职工技术协会常务副会长)

序 二

为贯彻"全国职业教育工作会议"和"全国再就业会议"精神，落实国家人才发展战略目标，促进农村劳动力转移培训，全面推进技能振兴计划和高技能人才培养工程，加快培养一大批高素质的技能型人才，我们精心策划了这套与劳动和社会保障部最新颁布的《国家职业标准》配套的"国家职业资格培训教材"。

进入21世纪，我国制造业在世界上所占的比重越来越大，随着我国逐渐成为"世界制造业中心"进程的加快，制造业的主力军——技能人才，尤其是高级技能人才的严重缺乏已成为制约我国制造业快速发展的瓶颈，高级蓝领出现断层的消息屡屡见诸报端。据统计，我国技术工人中高级以上技工只占3.5%，与发达国家40%的比例相去甚远。为此，国务院先后召开了"全国职业教育工作会议"和"全国再就业会议"，提出了"三年50万新技师的培养计划"，强调各地、各行业、各企业、各职业院校等要大力开展职业技术培训，以培训促就业，全面提高技术工人的素质。那么，开展职业培训的重要基础是什么呢？

众所周知，"教材是人们终身教育和职业生涯的重要学习工具"。顾名思义，作为职业培训的重要基础，职业培训教材当之无愧！编写出版优秀的职业培训教材，就等于为技能培训提供了一把开启就业之门的金钥匙，搭建了一座高技能人才培养的阶梯。

加快发展我国制造业，作为制造业龙头的机械行业责无旁贷。技术工人密集的机械行业历来高度重视技术工人的职业技能培训工作，尤其是技术工人培训教材的基础建设工作，并在几十年的实践中积累了丰富的教材建设经验。作为机械行业的专业出版社，机械工业出版社在"七五"、"八五"、"九五"期间，先后组织编写出版了"机械工人技术理论培训教材"149种，"机械工人操作技能培训教材"85种，"机械工人职业技能培训教材"66种，"机械工业技师考评培训教材"22种，以及配套的习题集、试题库和各种辅导性教材约800种，基本满足了机械行业技术工人培训的需要。这些教材以其针对性、实用性强、覆盖面广、层次齐备、成龙配套等特点，受到全国各级培训、鉴定和考工部门和技术工人的欢迎。

2000年以来，我国相继颁布了《中华人民共和国职业分类大典》和新的《国家职业标准》，其中对我国职业技术工人的工种、等级、职业的活动范围、工作内容、技能要求和知识水平等根据实际需要进行了重新界定，将国家职业资格分为5个等级：初级（5级）、中级（4级）、高级（3级）、技师（2级）、高级技师（1级）。为与新的《国家职业标准》配套，更好地满足当前各级职业培训和技术工人考工取证的需要，我们精心策划编写了这套"国家职业资格培训教材"。

这套教材是依据劳动和社会保障部最新颁布的《国家职业标准》编写的，为满足各级培训考工部门和广大读者的需要，这次共编写了38个职业159种教材。在职业选择上，除机电行业通用职业外，还选择了建筑、汽车、家电等其他相近行业的热门职业。每个职业按《国家职业标准》规定的工作内容和技能要求编写初级、中级、高级、技师（含高级技师）四本教材，各等级合理衔接、步步提升，为高技能人才培养搭建了科学的阶梯型培训架构。为满足实际培训的需要，对多工种共同需求的基础知识我们还分别编写了《机械制图》、《机械基础》、《电工常识》、《电工基础》、《建筑装饰识图》等近20种公共基础教材。

在编写原则上，依据《国家职业标准》又不拘泥于《国家职业标准》是我们这套教材的创新。为满足沿海制造业发达地区对技能人才细分市场的需要，我们对模具、制冷、电梯等社会需求量大又已单独培训和考核的职业，从相应的职业标准中剥离出来单独编写了针对性较强的培训教材。

为满足培训、鉴定、考工和读者自学的需要，在编写时我们考虑了教材的配套性。教材的章首有培训要点、章末配复习思考题，书末有与之配套的试题库和答案，以及便于自检自测的理论和技能模拟试卷，同时还根据需求为20多种教材配制了VCD光盘。

增加教材的可读性、提升教材的品质是我们策划这套教材的又一亮点。为便于培训、鉴定、考工部门在有限的时间内把最需要的知识和技能传授给学员，同时也便于学员抓住重点，提高学习效率，对需要掌握的重点、难点、考点和知识鉴定点加有旁白提示并采用双色印刷。

为扩大教材的覆盖面和体现教材的权威性，我们组织了上海、江苏、广东、广西、北京、山东、吉林、河北、四川、内蒙古等地相关行业从事技能培训和考工的200多名专家、工程技术人员、教师、技师和高级技师参加编写。

这套教材在编写过程中力求突出"新"字，做到"知识新、工艺新、技术新、设备新、标准新"；增强实用性，重在教会读者掌握必需的专业知识和技能，是企业培训部门、各级职业技能鉴定培训机构、再就业和农民工培训机构的理想教材，也可作为技工学校、职业高中、各种短训班的专业课教材。

在这套教材的调研、策划、编写过程中，曾经得到广东省职业技能鉴定中心、上海市职业技能鉴定中心、江苏省机械工业联合会、中国第一汽车集团公司以及北京、上海、广东、广西、江苏、山东、河北、内蒙古等地许多企业和技工学校的有关领导、专家、工程技术人员、教师、技师和高级技师的大力支持和帮助，在此谨向为本套教材的策划、编写和出版付出艰辛劳动的全体人员表示衷心的感谢！

教材中难免存在不足之处，诚恳希望从事职业教育的专家和广大读者不吝赐教，提出批评指正。我们真诚希望与您携手，共同打造职业培训教材的精品。

国家职业资格培训教材编审委员会

前　言

电镀是高端技术和现代工业体系不可缺少的组成部分，其在航空、航天、电子、兵器、通信、计算机、石油、化工、造船、五金工具和机械制造中得到了广泛的应用。它的应用提高了产品的抗腐蚀、耐磨损和装饰性能，赋予了许多工业产品特别是电子产品的特殊功能，电镀方法常被用来制备许多重要的工业材料和零部件，例如高密度集成电路、纳米金属粉、火箭燃烧室、波导管等，电镀大幅度地增加了产品的附加值，在我国国民经济的发展中起着十分重要的作用。

改革开放以来，我国电镀工业发展迅速，出现了年产值超过亿元以上的大型专业电镀企业。电镀企业迫切需要电镀技术工人，而电镀工人又迫切需要在技术方面得到培训和提高，从事电镀工作的技术工人的技术水平和技术等级资格也需要得到有关部门的认可。根据劳动和社会保障部的要求，技术工人应该培训考核，持证上岗。为此，由机械工业出版社和北京市职工技术协会联合组织编写了"国家职业资格培训教材——电镀工"，分为初级工、中级工、高级工和技师、高级技师四个分册。内容包括作为电镀技术工人应该掌握的基本知识，实际操作和故障排除等，每章都有复习思考题，每本书后面附有试题库（包括：判断题、选择题、计算题、简答题和答案），还附有一套模拟试卷样例。根据对不同等级技术工人的不同要求编写内容有所侧重，由简到繁，由易到难。对于初级技术工人要求掌握一定的化学、物理基础知识，确实保证安全操作、快捷入门。对于中级技术工人要求能够独立进行常规的电镀操作，正确执行工艺，生产出合格产品。对于高级技术工人要求能够完成较复杂的电镀工作，并能够排除故障，解决生产实际问题。对于技师、高级技师要求其对电镀技术和其他表面处理技术有比较全面的了解，而且能够了解清洁生产等先进的工艺技术，并能够协助车间领导进行技术管理、生产管理和质量管理。

根据国家实现清洁生产、保护环境和持续发展战略的要求，全书增加了清洁生产、三废治理和节能节材的内容，特别是对于水处理的内容进行了详细介绍。

《电镀工》4册教材由北京蓝丽佳美化工科技中心总工程师、武汉大学兼职教授李家柱研究员担任总主编，北京北广集团表面精饰公司总经理、北京市电镀协会副理事长蒋胜利高级工程师担任主审，北京航空材料研究院陈孟成研究员、航天集团703所何仕桓高级工程师担任参审。

初级电镀工教材由中科院富迪新科技公司韩志忠高级工程师担任主编，中级电镀工教材由航天集团699厂侯富兴研究员担任主编，高级电镀工教材由北京长空机械有限责任公司热表处理厂厂长任玮高级工程师担任主编，技师、高级技师电镀工教材由原北京远东仪表厂总经理王茂高级工程师担任主编。

参加《电镀工》4册教材编写和审稿工作的有北京蓝丽佳美化工科技中心、北京北广集团表面精饰公司、中科院富迪新科技公司、北京长空机械有限责任公司、北京运载火箭研究院、航天集团699厂、中国有色金属研究院、北京远东仪表厂、北京航空材料研究院等单位的26名技术人员，在此对他们的辛勤付出及所在单位的大力支持表示由衷的感谢！

由于编者水平有限，书中错误在所难免，恳请广大电镀界同仁批评指正。

编　者

目录

序一
序二
前言

第一章　电镀概述 …………………………………………………… 1
第一节　电镀工业的发展历程简介 ………………………………… 1
第二节　电镀工业在国民经济中的作用 …………………………… 3
第三节　电镀的基本知识 …………………………………………… 4
第四节　电镀工的职业道德和安全文明生产 ……………………… 8
　一、电镀工的职业道德 …………………………………………… 8
　二、电镀工的安全文明生产知识 ………………………………… 9
　三、电镀工作的劳动保护 ………………………………………… 23
复习思考题 …………………………………………………………… 24

第二章　电镀工专业基础知识介绍 ……………………………… 25
第一节　化学基础知识 ……………………………………………… 25
　一、基本概念 ……………………………………………………… 25
　二、化学反应及其基本类型 ……………………………………… 33
　三、物质结构、元素周期律 ……………………………………… 36
　四、常用的化学实验仪器 ………………………………………… 41
第二节　电化学基础知识 …………………………………………… 43
第三节　电镀常用术语 ……………………………………………… 51
　一、镀覆方法 ……………………………………………………… 51
　二、镀前处理和镀后处理 ………………………………………… 53
　三、材料和设备 …………………………………………………… 55
　四、测试和检验 …………………………………………………… 57

复习思考题 ········· 58

第三章 电镀常用原材料和设备 ········· 59
第一节 电镀常用原材料 ········· 59
一、酸、碱、盐 ········· 59
二、阳极 ········· 67
三、添加剂 ········· 70
第二节 电镀常用设备 ········· 74
一、电镀前预处理常用设备及使用 ········· 74
二、电镀常用设备及工装 ········· 77
三、电镀后处理常用设备 ········· 101
四、电镀半自动与自动生产线 ········· 102
五、电镀试验常用设备 ········· 111
复习思考题 ········· 119

第四章 电镀前预处理 ········· 120
第一节 概述 ········· 120
一、电镀前预处理的意义 ········· 120
二、电镀前预处理的分类 ········· 121
第二节 机械整平 ········· 122
一、磨光 ········· 122
二、机械抛光 ········· 128
三、滚光 ········· 130
四、振光 ········· 133
五、刷光 ········· 136
六、喷砂（丸）和抛丸 ········· 139
第三节 脱脂 ········· 143
一、脱脂的意义 ········· 143
二、有机溶剂脱脂 ········· 144
三、化学脱脂 ········· 148
四、电化学脱脂 ········· 152
五、超声波脱脂 ········· 155

  六、其他方法脱脂 …………………………………… 157
  七、脱脂的质量要求和检验方法 …………………… 157
 第四节　浸蚀除锈 …………………………………… 158
  一、除锈的意义及分类 ……………………………… 158
  二、常用浸蚀剂及浸蚀工艺 ………………………… 159
  三、浸蚀操作 ………………………………………… 169
  四、脱脂-除锈一步法 ……………………………… 171
  五、对浸蚀的质量要求 ……………………………… 173
 第五节　化学抛光和电化学抛光 …………………… 173
  一、化学抛光 ………………………………………… 173
  二、电化学抛光 ……………………………………… 179
 第六节　活化 ………………………………………… 185
 复习思考题 …………………………………………… 186

第五章　常用电镀工艺 …………………………………… 187
 第一节　电镀前的准备 ……………………………… 187
  一、工件电镀面积的计算 …………………………… 187
  二、阴、阳极的调整 ………………………………… 193
  三、非镀表面的绝缘 ………………………………… 194
  四、电镀电流密度的选择 …………………………… 195
 第二节　镀锌 ………………………………………… 195
  一、锌镀层的用途及镀锌工艺的分类 ……………… 195
  二、镀锌前的准备 …………………………………… 202
  三、一般工件的镀锌操作 …………………………… 203
  四、弹性工件的镀锌操作 …………………………… 204
  五、滚镀锌的操作 …………………………………… 204
  六、对锌镀层的质量要求 …………………………… 205
  七、不合格锌镀层的退除 …………………………… 206
 第三节　镀铜 ………………………………………… 206
  一、铜镀层的用途及镀铜工艺的分类 ……………… 206
  二、氰化镀铜 ………………………………………… 207

三、光亮硫酸盐镀铜 …………………………………… 209
四、对铜镀层的质量要求 ……………………………… 210
五、不合格铜镀层的退除 ……………………………… 210

第四节　镀镍 …………………………………………… 211
一、镍镀层的用途及镀镍工艺的分类 ………………… 211
二、普通镀镍（镀暗镍） ……………………………… 211
三、镀光亮镍 …………………………………………… 213
四、对镍镀层的质量要求 ……………………………… 214
五、不合格镍镀层的退除 ……………………………… 214

第五节　镀铬 …………………………………………… 214
一、铬镀层的用途及镀铬工艺的分类 ………………… 214
二、镀装饰铬 …………………………………………… 215
三、镀硬铬 ……………………………………………… 216
四、对铬镀层的质量要求 ……………………………… 218
五、不合格铬镀层的退除 ……………………………… 218

第六节　镀锡 …………………………………………… 219
一、锡镀层的用途及镀锡工艺的分类 ………………… 219
二、硫酸亚锡光亮镀锡的镀前准备 …………………… 219
三、硫酸亚锡光亮镀锡的操作 ………………………… 219
四、对光亮锡镀层的质量要求 ………………………… 220
五、不合格锡镀层的退除 ……………………………… 220

第七节　镀银 …………………………………………… 220
一、银镀层的用途及镀银工艺的分类 ………………… 220
二、镀前准备 …………………………………………… 225
三、光亮镀银的操作 …………………………………… 225
四、对银镀层的质量要求 ……………………………… 229
五、不合格银镀层的退除 ……………………………… 229

第八节　合金电镀 ……………………………………… 231
一、合金镀层的用途及合金电镀工艺的分类 ………… 231
二、仿金电镀 …………………………………………… 231
三、锡铅合金电镀 ……………………………………… 232

第九节　塑料电镀 …………………………………… 234
　一、塑料电镀的用途 ……………………………… 234
　二、塑料工件的镀前准备 ………………………… 234
　三、塑料电镀的操作 ……………………………… 239
　四、不合格镀层的退除 …………………………… 240
第十节　电镀技能训练实例 ………………………… 241
　训练1. 镀锌 ……………………………………… 241
　训练2. 镀装饰铬 ………………………………… 242
复习思考题 …………………………………………… 243

第六章　电镀后处理 ……………………………… 245
第一节　电镀后处理的意义 ………………………… 245
　一、电镀后处理的作用 …………………………… 245
　二、电镀后处理的分类 …………………………… 246
第二节　清洗 ………………………………………… 246
　一、清洗的目的 …………………………………… 246
　二、清洗的操作 …………………………………… 246
第三节　驱氢 ………………………………………… 248
　一、驱氢的目的 …………………………………… 248
　二、驱氢的操作 …………………………………… 248
第四节　钝化 ………………………………………… 249
　一、钝化的目的 …………………………………… 249
　二、锌镀层的钝化 ………………………………… 249
　三、铜镀层的钝化 ………………………………… 251
　四、银镀层的钝化 ………………………………… 251
第五节　防变色处理 ………………………………… 252
　一、防变色处理的目的 …………………………… 252
　二、锌镀层的防变色处理 ………………………… 252
　三、银镀层的防变色处理 ………………………… 253
　四、铜镀层的防变色处理 ………………………… 253
第六节　干燥 ………………………………………… 253

一、干燥的目的 ············· 253
　　二、干燥的操作 ············· 254
　复习思考题 ················ 254

第七章　金属的氧化和磷化 ············ 255
第一节　钢铁件的氧化 ············· 255
　　一、钢铁件氧化的用途及其分类 ······· 255
　　二、钢铁件的氧化准备 ··········· 257
　　三、钢铁件的氧化操作 ··········· 258
　　四、对钢铁件氧化的质量要求 ········ 258
　　五、不合格氧化膜的退除 ·········· 259
第二节　钢铁件的磷化 ············· 259
　　一、钢铁件磷化的用途及其分类 ······· 259
　　二、钢铁件的磷化准备和工艺流程 ······ 262
　　三、磷化工艺操作 ············· 262
　　四、磷化膜的质量要求 ··········· 263
　　五、不合格磷化膜的退除 ·········· 263
第三节　铝及其合金的氧化 ··········· 264
　　一、铝及其合金氧化的用途及其分类 ····· 264
　　二、铝及其合金的氧化准备 ········· 271
　　三、铝及其合金的化学氧化操作 ······· 271
　　四、铝及其合金的阳极氧化操作 ······· 272
　　五、对铝及其合金电化学氧化和化学氧化的质量要求 ··· 274
　　六、不合格氧化膜层的退除 ········· 274
　复习思考题 ················ 275

第八章　电镀清洁生产 ············· 276
第一节　概述 ················ 276
　　一、清洁生产的定义 ············ 276
　　二、清洁生产的意义 ············ 278
第二节　电镀清洁生产 ············· 282

一、电镀行业的现状 …………………………………… 282
　　二、电镀"三废"的来源及其危害性 …………………… 283
　　三、电镀行业实施清洁生产的措施 …………………… 286
　第三节　电镀废水的排放标准 ………………………………… 289
　第四节　电镀废水的处理方法 ………………………………… 290
　　一、电镀废水处理的基本方法 ………………………… 290
　　二、电镀废水的化学处理法 …………………………… 291
　　三、电镀废水的电解处理法 …………………………… 292
　　四、电镀废水的离子交换处理法 ……………………… 293
　复习思考题 ……………………………………………………… 294

试题库 …………………………………………………………… 295
　知识要求试题 …………………………………………………… 295
　　一、判断题　试题（295）　答案（335）
　　二、选择题　试题（306）　答案（336）
　　三、计算题　试题（319）　答案（336）
　　四、简答题　试题（319）　答案（337）
　技能要求试题 …………………………………………………… 321
　　一、支撑杆抛磨 ………………………………………… 321
　　二、螺杆镀锌 …………………………………………… 322
　　三、套筒镀装饰铬 ……………………………………… 323
　　四、轴承座磷化 ………………………………………… 324
　　五、垫片镀银 …………………………………………… 325
　模拟试卷样例 …………………………………………………… 327

附录　部分电镀知名企业科技信息 …………………………… 345
　　一、北京长空机械有限责任公司热表处理厂 ………… 345
　　二、北京蓝丽佳美化工科技中心 ……………………… 345
　　三、北京爱尔姆斯化工技术开发有限公司 …………… 346
　　四、广州市达志化工科技有限公司 …………………… 346
　　五、东莞长安霄边金晖电镀厂 ………………………… 347

参考文献 ………………………………………………………… 348

第一章

电镀概述

培训学习目标 通过本章的学习，了解电镀的发展历程及其基本知识，以及作为一名合格的电镀从业人员应具备的职业道德和需要掌握的安全文明生产知识。

第一节 电镀工业的发展历程简介

在电镀工业发展史上，最早的一篇镀银文献是由意大利的布鲁纳特利（Brugnatelli）教授在1800年发表的，大约在1805年，又是他提出了镀金。直至1840年，英国的埃尔金顿（Elkington）申请了氰化镀银的第一个专利，并使其应用于工业生产，这就是电镀工业的开始。也是在1840年，雅柯比（Jacobi）申请了从酸性溶液中电铸铜的专利。到了1843年，酸性硫酸铜镀铜工艺开始应用于工业生产中。同年，R. 博特杰（R. Böttger）提出了镀镍的方法。1915年，采用酸性硫酸锌工艺对钢带进行镀锌处理。1917年，普洛克特（Proctor）提出了氰化物镀锌工艺。在1923年到1924年间，由C. G. 芬克（C. G. Fink）和C. H. 埃尔德里奇（C. H. Eldridge）提出了镀铬的工业方法。从此，电镀工业逐步发展成为完整的工业体系。

160多年以来，电镀工业有了巨大的进步，电镀的品种由电镀单一金属、二元合金、三元合金至电镀由复合材料组成的镀层；电镀的基体材料由通常的钢铁、铜及其合金逐步发展到轻金属（铝、镁及其合金）和锌基合金压铸件，乃至塑料、陶瓷等非金属材料；电镀的生产设备由简单的手工操作发展到机械化操作，并迅速产生了各式各样的智能化自动生产线；电镀通常是在水溶液中进行的，而现在又开发出在非水电解质中电镀；高速电镀、脉冲电镀等新工艺，既提高了生产效率又节约了原材料。通过广大电镀科技工作者的努力，更多的新技术在不断地广泛应用于工业生产中。

国外如美、德、日等工业发达国家，电镀工艺发展迅速。在新工艺、新技术、新设备的开发研究和推广应用方面取得了很大进展，镀种多，自动化程度高，检测仪器和手段先进，在"三废"治理方面也比较完善。

解放前，我国的电镀工业基本上是一个"空白"，只在上海、天津等少数沿海城市有几个小电镀作坊，但也大多为外国资本家控制着，并且技术保密、生产能力低、工人劳动强度大，只能电镀一些日常使用的小商品。

解放后，随着机械制造业的迅速发展，许多电镀生产线投入运行，为电镀工业的发展提供了物质基础。最近20多年，我国在开发、研究电镀新工艺、新技术方面取得很大的进步。例如，无氰电镀、光亮电镀、低铬和无铬工艺等已逐渐应用到生产中；机械化程度不断提高，自动化操作也逐渐推广，工人生产环境大大改善，生产效率显著提高。在改进测试仪器和方法、完善"三废"治理及节能降耗等方面也取得了重大进步。

展望未来，随着国民经济的快速增长，工业和科技的高速发展，电镀工业也将得到持续进步。装饰性电镀、功能电镀、复合电镀、非金属电镀等工艺将会取得更大发展；电镀的各种添加剂的研究、制造将取得更新成果；"三废"治理、清洁生产等环保措施将日臻完善。

对于电镀工业这门既年轻又成熟的科学，通过广大电镀科技工作者的努力一定会取得更大的发展，而广大电镀从业人员也会大有作为。

第一章 电镀概述

第二节 电镀工业在国民经济中的作用

知道电镀工业在国民经济中的作用。

据资料统计,全世界钢铁产量的 1/3 因为各种腐蚀原因而变成废料,如果其中的 2/3 能够回收重新冶炼,这样也还有 1/9 将无法继续使用。腐蚀的后果,不仅限于材料的大量浪费,更严重的是由于一些关键部件或结构的破坏,造成整机失灵而带来的大量加工费用的损失,并且有可能造成无法弥补的重大事故(如飞机的航空事故等)。尽管电镀不能完全解决这些严重问题,但是作为有效抗腐蚀方法之一的电镀工艺,在这方面无疑是做出了巨大的贡献。

随着科学技术与生产的发展,电镀工业所涉及的领域越来越宽,人们对镀层的要求也越来越高。现在,金属镀层的应用已遍及国民经济的各个生产和研究部门,如机械制造、电子、精密仪器、交通运输、石油化工、无线通信、国防、航空、航天、船舶以及与人们日常生活息息相关的轻工产品的生产中。

概括起来,电镀的作用主要有以下几个方面:

1. 提高耐蚀性能

这是电镀工业最基本也是最重要的作用。例如,在钢铁制品上镀锌,能在一般大气条件下有效地保护基体金属免遭腐蚀。镀镉制品在海洋环境下也不易受到腐蚀、破坏。而镀锡制品不仅耐蚀性能好,而且其腐蚀产物对人体无害,因而广泛用于与有机酸接触的用钢铁制作的食品容器中。

2. 防护装饰性能

许多镀层不仅能起到耐蚀防护性能,而且能使各种制品更加美观,具有良好的装饰作用。此类镀层常采用多层电镀,以日常生活中使用较多的自行车为例,就是在其表面上镀铜/镍/铬等镀层,起到既耐蚀又美观的防护装饰性能。还有一些工艺制品常采用仿金工艺等进行装饰,以提高制品的外观质量。

3. 修复性能

一些重要零部件，如曲轴、转轴、齿轮等磨损后，通过镀铁、镀铜、镀硬铬等以修复磨损部位或磨削过度的加工尽寸，具有很大的经济效益。

4. 其他功能作用

许多镀层可以赋予制品某种特殊的性能，例如：

（1）耐磨性　耐磨镀层主要是借提高制品表面硬度以增加其抗磨损能力，例如活塞环、轴、冲压模具内腔等多采用镀硬铬。

（2）减摩性　减摩镀层多用于滑动接触面，常用在轴瓦或轴套上，例如镀锡、镀铅-锡合金等。

（3）导电性　在电子工业中需大量使用表面导电性能的镀层，一般情况下可采用镀铜或镀银、镀金等。

（4）导磁性　在录音机、电子计算机等设备中的录音带、磁盘等存储装置，需采用镀镍-钴、镀镍-铁合金等。

（5）焊接性　某些电子元件组装时，需要进行钎焊。为了改善它们的焊接性能，需要镀锡、镀铜、镀银或镀铅-锡合金等。

（6）反光性　为了增加某些物品表面的反光能力，可以镀铬、镀银、镀铑等。

（7）防扩散性　为了改善机械零件的物理、力学性能，常常需要进行热处理。但是，如果器件的某些部位，在热处理时不允许改变它原来的性能，就需要把这个部位局部保护起来。例如，为防止局部渗碳可采用镀铜工艺；为防止局部渗氮可采用镀锡工艺。

在世界科学技术与生产飞速的当代，只要充分发挥电镀工艺的特点和长处，经过大量的科学实践，电镀工艺就一定能在国民经济发展中做出更大的贡献。

第三节　电镀的基本知识

1. 电镀的概念

> 需要知道电镀的概念。

利用电解在制件表面形成均匀、致密、结合力良好的金属或合金沉积层的过程，称为电镀。镀层可以是金属、合金、半导体以及含有各种固体微粒的镀层，如镀铜、镀铅-锡合金等。简单地说，就像在金属或非金属制品的表面穿上一件"外衣"或"铠甲"，这层"外衣"或"铠甲"就是"电镀层"，通常简称为"镀层"。

2. 电镀的分类

根据各种工件的不同使用要求，采取适应的电镀工艺，可以在工件表面获得所需要的不同种类镀层。目前，已经应用于工业生产的电镀工艺种类很多，常用的有30余种。

根据镀层所含金属种类，电镀工艺可以大致分为两类：一类是单金属镀层，主要代表是镀锌、镀铜、镀镍、镀铬、镀锡、镀银等；另一类是合金镀层，主要代表是镀仿金、镀铅-锡合金等。

根据金属镀层的电位不同电镀工艺可分为两类：一类是阳极性镀层，指在一定的条件下，镀层的电位负于基体金属电位的一种镀层。例如，在一般大气条件下钢铁工件上的锌镀层和在海洋条件下钢铁工件上的镉镀层。另一类是阴极性镀层，是指在一定条件下，镀层的电位正于基体金属电位的一种镀层。例如，在大气条件下钢铁工件上的铜、镍、铬等镀层。

3. 电镀工艺的基本过程

> 必须掌握电镀工艺的基本过程。

电镀工艺的基本过程大致分为三个阶段，即电镀前处理、电镀、电镀后处理。

（1）电镀前处理　镀件在进行电镀之前，要根据镀件的材质、表面状况和表面处理的要求进行预处理。例如，除去待镀工件表面的油污、氧化皮及锈蚀物等，使其表面洁净，以保证镀层与基体金属有良好的结合力；对有粗糙度或光亮度要求的待镀工件，还要进行机械抛光、电化学抛光、喷砂等预处理，以改善镀件的表面状况，保证获得合乎质量要求的金属镀层。

（2）电镀　待镀工件经过电镀前处理达到质量要求后，才可以进行电镀，但必须严格按照工艺要求和操作规程进行电镀，这样才能获得符合质量要求的镀层。

（3）电镀后处理　电镀后处理直接影响到镀层质量的好坏，是电镀中非常重要的一个环节。例如，电镀后的清洗、除氢、钝化、防变化等处理，有助于提高镀层的装饰性、耐蚀性等相关性能。

4. 电镀溶液中主要成分的作用

不同的电镀溶液里含有不同的成分，主要包括主盐、导电盐、缓冲剂、络合剂、添加剂等，它们各自的作用是：

（1）主盐　是指能在阴极上沉积出所要求的镀层金属的盐。主盐浓度要控制在符合工艺要求的范围内，并应该与其他成分维持恰当的浓度比值。

（2）导电盐　是指能提高溶液的电导率，对放电金属离子不起络合作用的碱金属或碱土金属的盐类（包括铵盐），如钾盐镀锌溶液中的氯化钾等。导电盐除了能提高溶液的电导率之外，还可以使槽电压降低、扩大阴极电流密度范围，有助于改善镀层质量。

（3）缓冲剂　一般是由弱酸和弱酸的酸式盐组成的。它加入电镀溶液中，能使溶液的 pH 值控制在工艺要求的范围内。例如，镀镍溶液中的硼酸能起到较好的缓冲作用。

（4）络合剂　一般把能够络合电镀溶液里主盐中金属离子的物质称为络合剂。例如，氰化镀银溶液中的氰化钾。络合剂都能增大阴极极化，使镀层结晶细致，同时能促进阳极溶解。

（5）添加剂　在镀液中加入少量的某些有机物或无机物，可以改善镀层的结晶状态，提高镀液的分散能力和深镀能力，这些物质称为添加剂，如光亮剂、润湿剂等。

5. 电镀工作条件的影响因素

电镀工作条件是指进行电镀操作过程中的影响因素，包括：阴极电流密度、镀液温度、镀液搅拌、电源、镀液的 pH 值和几何因素的影响等。

（1）阴极电流密度　任何一种电镀溶液都有一个获得良好镀层的电流密度范围。在工艺规定范围内，随着阴极电流密度的增大，镀层的沉积速度会明显提高。但阴极电流密度超过允许的上限值时，会使工件的棱角、边缘处产生烧焦现象。所以，应该根据工艺要求，严格按操作规程进行操作，才能获得好的镀层。

（2）镀液温度　镀液温度是电镀的重要条件之一，镀液温度过高过低都会给镀层带来影响，所以要使镀液温度维持在工艺要求的范围内。通常升高镀液温度，可以提高阴极电流密度，加快沉积速度，还能够改善镀液的导电能力、分散能力、促进阳极溶解、减少镀层的渗氢量和提高生产效率。

（3）溶液搅拌　通过搅拌可以加速电镀溶液的对流，降低阴极的浓差极化，提高阴极电流密度，从而在较高的电流密度下也能得到细致的镀层。搅拌还具有防止氢气在镀件表面滞留而产生麻点、针孔等缺陷的作用。常用的搅拌方法有机械搅拌、阴极移动搅拌和压缩空气搅拌。

（4）电源　电镀生产过程中常使用的电源有硅整流器、晶闸管整流器、高频开关电源等。实践证明，电流的波形对镀层的结晶组织、光亮度、镀液的分散能力和覆盖能力、合金成分、添加剂的消耗等方面都有影响。现在，除采用直流电之外，还可采用周期换向电流和脉冲电流，它们在改善镀层、提高效率等方面都有各自的特点。

（5）pH 值的影响　因为 pH 值对添加剂在电极上的吸附和络合剂的稳定性有很大影响，所以 pH 值对这类电镀溶液具有重要作用。在生产过程中，应该遵守工艺要求，严格控制 pH 值的变化，并经常进行检测、调整。

（6）几何因素的影响　工件的形状、镀槽的形状、阴极的大小、阳极与工件的间距、阴阳极面积比等，都会影响电流密度在工件表面分布的均匀程度，进而影响镀层性能。在电镀生产过程中，合理设计和选用镀槽、挂具、辅助阳极或阴极、工件在镀槽中的位置等可提高镀层质量。

6. 镀层的基本要求

> 对镀层的基本要求是重点，必须掌握。

为了达到装饰性、耐蚀性等目的，对镀层的基本要求有：

1）镀层与基体材料结合牢固、附着力好。

2）镀层完整、结晶细致紧密，孔隙率小，光亮镀层应有足够的光泽度。

3）具有良好的物理、化学及力学性能。

4）具有符合相关标准规定的镀层厚度，而且镀层分布要均匀。

第四节　电镀工的职业道德和安全文明生产

一、电镀工的职业道德

> 知道作为一名合格的电镀从业人员要具备的职业道德。

1. 爱岗敬业

员工应该热爱本职工作，认同就职企业，履行岗位职能，勇于承担责任。对自己的工作台、工作架、设备、挂具、工装、工具等应摆放整齐，平稳可靠，符合安全技术要求，不能妨碍正常操作并且应方便工作。每天工作前要认真做好生产前的准备；工作完毕后，要对自己的工作地点和生产场地进行清扫，保持整洁。工作中员工之间应团结互助，共同进步，进行岗位练兵，刻苦学习，不断提高技术水平和工作能力。

2. 遵规守纪

员工要遵守企业各项规章制度，严格执行工艺文件、技术标准和操作规程的有关规定。操作时应按定人、定机、定工种的原则进行生产。

3. 质量观念

员工要牢固树立"质量第一"的意识，要明确自己的岗位质量责任，认真执行质量管理制度，不断提高工作质量和产品质量。工作过程中要发扬精益求精的精神，遵守工艺纪律，做到原材料不合格不投产，本道工序不合格不流转，产品质量不合格不出厂，多产合格品，多创优质品。

4. 环保意识

员工要具有环保意识，注意节能降耗，珍惜水、电、燃料和各种原辅材料，对生产过程中产生的垃圾、废水、废物等应及时清理干净，并将固体废弃物集中处理，废水排入污水处理站，严禁乱扔乱排，污染环境。

第一章 电镀概述

二、电镀工的安全文明生产知识

1. 电工常识和用电知识

> 电工常识是基础知识，必须了解。

（1）电工常识

1）电流：导体中的自由电子在电场力的作用下作定向移动，形成电流。电解液中的正负离子在电场力的作用下各自向相反的方向移动，也可形成电流。我们常把正电荷（正离子）移动的方向规定为电流方向；把电子（负离子）移动的方向称为电流的反方向。

电流的符号为 I；在数值上 I 等于单位时间通过导体横截面电荷量的多少，即：

$$I = \frac{Q}{t}$$

式中 I——电流（A）；

Q——电荷量（C）；

t——时间（s）。

2）电路：电流是在一定的路径中流动的，就像自来水在水管中流动一样。这种提供电流流动的路径在电学上称为电路。电路一般都是由电源、负载、开关、导线等组成，按照一定的方式连接起来的。我们把含有直流电源的电路叫做直流电路；把含有交流电源的电路叫做交流电路。

3）电压：任何物体处在不同的高度都具有不同的位能。相对高度越大，位能则越大。如同水总是由高的地方向低的地方流，这是因为高的地方位能大，低的地方位能小，电也是如此。电荷在电路中各点所具有的能量一般也是不等的。把单位正电荷在某点具有的能量叫做该点的电位。在电路中，A、B 两点的电位差，叫做 A、B 两点的电压，用 U_{AB} 表示，电压的单位是 V。

4）电阻：导体对电流的阻力称为电阻，电阻用 R 表示，电阻的单位为 Ω。

5）欧姆定律：不含电源，只有负载和导线的电路，称为部分电路。部分电路的欧姆定律，阐明在一段电路中的电压、电流和电阻三者之间的关系，即通过电阻的电流的大小，与电阻两端电压成正比，与电阻成反比，这种规律叫部分电路的欧姆定律。

6）高压和低压：电器设备的任何带电部位的对地电压，不论在正常或故障的情况下都不超过250V时，称为低压；超过250V时则称为高压。

7）安全电压和绝对安全电压：电压为36V时，称为安全电压。电压为12V时，称为绝对安全电压。直流电压在36V左右也属于绝对安全电压。

8）电阻的串联及串联电路的特点：把两个以上的电阻首尾依次联接起来，中间无分支，即电流只有一条通路，这种联接方法，叫做电阻的串联。串联电路的特点是：

① 在串联电路中，总电压等于各个电阻上电压之和。

② 在串联电路中，流过每个电阻的电流都相同。

③ 串联电路的等效电阻 R，等于各个电阻之和。

9）电阻的并联及并联电路的特点：把几个电阻的一端联接在同一点上，而另一端共同联接在另一点上，这种联接方法叫电阻的并联。并联电路的特点是：

① 各并联支路两端的电压相等。

② 总电流等于各并联支路电流之和。

③ 并联电路总电阻的倒数，等于各支路电阻倒数之和。

④ 在并联电阻电路中，每一个电阻上流过的电流的大小和电阻成反比；电阻越小，分流电流越大；电阻越大，分流电流越小，这就是并联电阻的分流原理。

10）火线与零线：承受荷载的相线称为火线。中线接地后称为零线。

11）线电压和相电压：在三相四线制供电线路中，火线与火线之间的电压叫线电压。在三相四线制供电线路中火线与中线（零线）之间的电压称为相电压。

12）变压器的用途：变压器是输配电的主要设备。利用升压变压器，可将电压升至约110~220kV以上进行长途输运，工业上向运距离输送一定的电功率，都采用高压输电的方法。这是因为电压越高，电流越小，输电线的导线横截面就越细，这样可降低输电费用，减少线路上的功率损耗。

当向工农业生产供电时，又需要利用降压变压器，将高电压降到380V或220V，以供常用的三相异步电动机及照明线路使用。利用降压变压器还可以把电压降低到36V以下，也就是安全电压，用于车床照明灯等。

13）电器设备的保护接中线和保护接地：在电压低于1000V、电源中性点接地的电力网中，应采用保护接中线（零线），即把电气设备的金属外壳和中线相接。其作用是：如果有一相因绝缘损坏而碰外壳时，则该项短路，立即烧断熔丝，或使其他保护电器动作而切断电源，避免触电危险。

保护接地是在电压低于1000V、电源中性点不接地的电力网中，或电压高于1000V的电力网中，都应采取保护接地，即把电动机、变压器、铁壳开关等电器设备的金属外壳，用电阻很小的导线同接地极可靠地连接。其作用是：即使因电器设备绝缘损坏而漏电，当人体触及外壳时，由于人体电阻比接地极的电阻大得多，所以几乎不会有电流经过人体，可起到安全保护作用。一般接地级电阻应小于4Ω，采用埋在地中的铁棒、钢管作为地极。

14）万用表使用的注意事项：万用表在日常使用过程中应注意以下问题：

① 使用前要先调零。万用表上有零位调节器，在使用之前应观察指针是否在零位上。如不在零位上，应调节零位调节器，使指针指在零位上，这样才能保证测量结果准确无误。

② 测量档位要正确。测量前，首先估计一下被测对象数值的大小，然后选择相应的档位。为了使测量结果更准确，量程的选择应使读数在标尺的一定刻度范围内。例如，在测量电压和电流时，应使指针的偏转在满偏转的1/2以上；测量电阻时，应使被测电阻尽量接近标尺中心部位。

③ 接线要正确。万用表面板上的插孔标有极性标记，当测量直流电时，要注意正、负极性；用万用表的欧姆档判别二极管的极性时，应注意"＋"插孔是接自内附电池的负极；测量电压时，万用

表应和电路并联;测量电流时,万用表应和电路串联。

④ 严禁带电测量电阻。否则,被测电阻上电压的接入不仅会使测量结果受到影响,甚至可能烧毁万用表的表头。

(2) 用电安全知识

电镀车间的电器设备,主要包括电源、电加热器、过滤泵、抽风机等。为了安全用电,避免触电,必须注意以下几点:

> 应该了解电镀车间内的用电安全。

1) 导线必须有足够的绝缘强度和机械强度。

2) 刀开关必须垂直安装,当其断开时应垂直向下,且刀片不应带电。

3) 高压设备附近必须安装护栏、网罩或涂有醒目颜色的警告牌。

4) 不准随意用铜丝等代替熔丝。

5) 电器设备的非带电金属部分,应做接地和接零处理。电器的接地线,要保证完好,不准随意拆除,以防机器或电动机外壳带电造成人身触电事故。

6) 电器设备严禁搭接不符合接线规程的线路。

7) 使用电动工具时,必须戴绝缘手套、穿绝缘鞋或用绝缘垫,以防漏电伤人。

8) 当阴雨天气时,电器上有明显的潮湿迹象时,不要随便合闸起动机器,以防触电。必要时,请电工检查,确认机器可否起动。

9) 当手或脚潮湿有水时,不要接触电器设备。用手接触电器设备时,要让带电体位于操作者的一侧,不要用双手接触,也不要在接触电器设备的同时与旁人、旁物接触,更不要接触两相,否则将发生事故。

10) 电源电压过低或很不稳定时,不要开启电动机及其他电器设备。

11) 发现电动机有一相熔断器被烧坏时,应立即将开关断开。否则,电动机将会烧坏。

12) 发现电器设备和线路有问题时,要请电工修理,不要自行处理。

13）发现人身触电时，应立即使触电者脱离电源，断开电源开关或用有绝缘手柄的工具、干木棒等将电源线拉开。触电者脱离电源后处于昏迷状态时，应将衣服解开，使他仰卧在空气流通的地方，让头肩稍低，以免妨碍呼吸，并适当用氨水刺激，然后立刻找医生救治。发生呼吸暂停现象时，应就地进行人工呼吸，并向上级报告，尽快送往医院。

2. 安全文明生产制度

必须了解和遵守电镀车间的安全制度！

（1）电镀车间的安全制度　电镀是有毒、有害工种之一，在生产过程中稍有大意就有可能发生意外，酿成无法挽回的损失。电镀车间的安全制度是长期生产实践经验的总结，既是搞好安全生产的重要措施，又是对电镀从业人员身体健康的重要保障。电镀从业人员必须严格遵守如下安全制度：

1）必须坚持安全第一、预防为主、消除危害、发展生产的劳动保护方针，严格遵守各项安全生产规章制度和安全操作规程。

2）新工人入厂要实行工厂、车间、班组的三级安全教育，并接受严格的训练，考核通过后方能上岗。

3）在电镀工作区内，禁止吃食物、吸烟等。

4）工作前，必须做好一切安全准备，仔细检查各类设备和工作场地，及时发现并排除故障和隐患。

5）必须熟悉、了解自用设备的性能、构造、使用和维护方法。非本工种人员严禁操作。所有设备均应有专人保养，并定期检查。

6）生产场地应保持整齐、清洁，安全通道、人行通道应无障碍物，畅通无阻。

7）必须熟悉简单的防火知识和急救知识。

8）不准随便进入安全禁区。

9）坚守工作岗位，听从现场安全指导。如遇有突生事故，要保护好现场，及时抢救伤员，并立即向上级报告。

10）发现不符合安全生产情况，例如有严重危险的厂房、生产线和设备时，应立即向上级报告，出现危及生命安全的情况时应停止生产、快速离开。

（2）抛光（磨光）安全操作规程

> 抛光、磨光的安全操作规程是重点，应该掌握。

1）应保证抽风通道良好，定期检修并清除积灰，防止打磨工件时产生火星而引起燃烧。工作前，应先起动抽风机。

2）抛光机的轴应具有足够的强度，螺纹应光滑无毛刺。装上抛光轮后必须校正平衡，并紧固可靠。装卸抛光轮或进行修理时，必须切断电源，待机器完全停止运转后才可进行操作。

3）抛光工作场所，必须保持足够的照明。抛光机的护罩、护板、接地等安全装置必须牢固可靠，不许任意拆除。

4）抛光工作场所应严禁吸烟、进食和明火作业。

5）工作时，应戴好口罩和防护眼镜。女同志应戴好工作帽。使用抛光轮时，必须严格检查布轮、毡轮是否安装牢固，不准使用超规格的布轮。

6）抛光时，要拿稳工件，用力要适当，必要时可安装托架，以防工件脱手伤人。

7）抛光时，切勿用手抓住正在旋转的轴来强迫停车，以免发生事故。

8）要坚守工作岗位，因故离开或突然停电时必须切断电源。

9）工件应该轻拿轻放，摆放整齐平稳，以防工件滑落砸伤手脚。

10）遇有工件掉落地面时，要先关机方可捡拾。

11）当磨光、抛光工件被机床绕住时，要立即关机并躲开身体。

12）如两人共同使用一台机床时，在需更换砂轮、布轮时需先通知对方，方可关机。

13）对小工件及难以用手握住的工件进行抛光时，必须采用特制的工具手柄。

14）工作完毕后，应切断电源，搞好设备和场地的清洁卫生。

> 喷砂的安全操作规程是重点，应该掌握。

（3）喷砂安全操作规程

1）工作前，先检查喷砂机各部位和喷砂的工装是否良好，紧固件是否有松动；检查储气罐的压力表、安全阀和鼓风机是否正常；喷嘴、储砂缸是否牢固，若喷嘴堵塞，应待修好后再用。储气罐的压力表、安全阀等应定期校验。储气罐及压缩空气过滤器在使用前必须排出其中的油和水,以免沾污工件。

2)检查通风管及喷砂机门是否密封完好,电器接地装置是否牢靠。喷砂机的内部格子应整齐垫平。

3)工作前穿戴好防护用品。喷砂操作前5min,必须先起动通风除尘设备。当通风除尘设备失效时,应禁止使用喷砂机。

4)喷砂操作前,必须关严喷砂机的门,然后才能开始喷砂。

5)压缩空气阀门应缓慢打开,气压不准超过规定值。

6)喷砂过程中,被喷砂工件在平板上应垫平放稳,工件翻身或放倒时要垫好木块。

7)喷砂机工作时,禁止无关人员靠近设备。清扫和调整运转部分时,应停机进行。

8)工作完毕后,应将设备、场地清扫干净。通风除尘设备则应继续运转5min后,才可关闭。

(4)电镀化学材料的储存、保管和领用制度

1)剧毒化学药品应该专库、专柜储存,专人管理,以免发生有毒化学药品流失,导致中毒事故的发生。所有的电镀化学材料,应该分类分堆储存,密封隔离,装有药品的容器应标有清晰、正确的物质名称。

2)性质相抵触的能引起燃烧、爆炸的物品,不能储存在一起。表1-1为不能共同存放的药品。

表1-1 不能共同存放的药品

药　　品	不能共同存放的药品
丙酮	浓硝酸、硝酸混合液
碱和碱土金属	二硫化碳、四氯化碳、氯化氢
氯酸盐	铵盐、酸、金属粉、硫、有机物等可燃物质
氨	汞、氯、碘、溴、氟化氢、钙、次氯酸
氯酸钾	酸
过氧化氢	铜、铬、铁等金属及其氯化物,可燃物等
汞	雷酸、氨、乙炔
银	乙炔、溴、雷酸、氨、酒石酸

（续）

药　　品	不能共同存放的药品
浓硝酸	铬酸、氰化物、醋酸、硝基化合物
硫酸	氯酸盐、过氯酸盐、高锰酸盐、铬酸
氢氟酸	氨（液态或气态）
氧（气态或液态）	油、可燃物、氢、润滑脂
醋酸	铬酸、硝酸、过氧化物、高锰酸盐、乙二醇、羟基化合物
碘	乙炔、氨、氧
苯、丙烷、汽油、松节油等碳氢化合物	溴、氟、氯、铬酸、过氧化钠、氧化剂等

3）碱类物质不可存于潮湿处，以免受潮变质。例如氢氧化钠储存时，应密封，以免潮解。

4）硫酸腐蚀性极强，能吸收水分，存放地点的温度不可低于10℃，坛口要用石膏封闭，开启用过后要重新密封，不应与有机物、金属粉末、电石等混合存放。

5）硝酸是易挥发的发烟液体，有窒息性和腐蚀性，是强氧化剂，见光后容易分解，所以容器必须密封，避光储存。也不可与易燃物质存放一处，以防爆炸燃烧。所有易挥发物，均应保存在冷和暗的地方。

6）盐酸是有刺激性和腐蚀性的液体，储存时应放置阴凉处，防止相互碰撞，并应该与碱类、氧化剂、金属粉末、氯酸盐等物质隔离储存。

7）铬酸酐是腐蚀性很强的强氧化剂，有毒，与有机物混合时能引起爆炸，需要用密封容器储存，以防潮解变质。搬运使用时，一定要穿戴好防护用品，防止中毒和腐蚀皮肤。

8）氰化物剧毒，对人的生命安全威胁很大，应采用密封的且带有"有毒"标记的铁桶盛装，储存于专用的危险品库房，绝对不能摆放在酸类物质附近。

9）易分解的、具有爆炸性的化学药品，必须防止落灰、受潮和光线直射。有机溶剂应存放在密闭的容器中，禁止使用无盖的开口容器储存。

10）化学药品储存处，需要有良好的通风，还要有明显的安全标志和防火措施。有防爆要求的电器，应有防爆措施。

11）发放药品时，应按进货的次序，先进先出。

12）领用化学药品时，要认真细心，注意力集中，严防错发、错领和误用，以免造成人身伤害和影响产品质量。

13）对于剧毒品、危险品不能随便发放、领用，要严格控制数量。必须有领导审批签字，否则不准发放。

14）一切化学药品和材料，未经批准，严禁带出厂外，绝对禁止将化学药品随便交换和赠送他人。

15）领取、运送、使用剧毒化学药品时，必须同时有两人进行，其中一人为经手人，一人为监护人，并应有经手人和监护人的签字手续。

16）搬运、使用化学药品时，必须穿戴好防护用品，禁止用手接触有毒和有腐蚀性的物品。

17）严禁尝试化学药品，禁止食用工业用的酒精、碱、盐、油等物品。

18）药品使用后，必须严密包装、封闭。

19）注意保护好药品的标记，以免混用、错用。

（5）配制和使用碱液的安全操作规程

> 必须掌握和遵守配制和使用碱液的安全操作规程。

1）配制和使用碱液时，必须穿戴好防护用品。女同志要戴好工作帽以免头发偶然遮住视线误事。发蓝操作时，应穿戴好防护眼镜、口罩、橡胶或乳胶手套、橡胶围裙、长筒橡胶鞋。

2）碱液的使用温度，一般情况下不应该超过80℃（发蓝溶液除外）。配制和使用各种碱液应在通风条件下进行。

3）向发蓝溶液中加入浓碱时，应该待溶液温度降到100℃以下。向发蓝溶液中加水稀释或放入潮湿工件时，应防止槽液飞溅。

4）工件进出溶液槽时，应缓慢操作，以免溶液溅到身上。需要将固体碱类物质加入溶液时，应以吊篮或盛具盛装等方式加到槽内。

5）氢氧化钠具有强腐蚀性，需要打碎时，应穿戴好防护用品后再进行。打碎大块碱时，最好用布包好后再打，以免碱屑飞出伤人。运送氢氧化钠时，其容器周围要保持干燥。

6）工作完毕后，应将工作场地清扫干净。未用完的碱应装入容器，加盖密封，以防潮解。

7）当碱性溶液溅到皮肤或工作服上时，应立即用水冲洗干净。当被碱灼伤时，应先用水冲洗干净，然后用质量分数为1%的醋洗涤，再用酒精消毒，最后涂上医用凡士林或烫伤药膏并进行包扎；灼伤严重时，应立即送往医院治疗。当碱液溅入眼内或口内时，应先用水冲洗，然后用饱和硼酸溶液洗涤，再用蓖麻油滴入眼内。当因碱蒸气及其溶液中毒时，可吞下冰块，并饮淡醋溶液后，迅速送到医院进行抢救。

（6）配制和使用酸液的安全操作规程

> 必须掌握和遵守配制和使用酸液的安全操作规程。

1）浸蚀时，应穿戴好防护眼镜、口罩、橡胶或乳胶手套、橡胶围裙、耐酸工作服和长筒橡胶鞋，不准赤手、裸臂、露脚、卷袖等进行操作。抽风装置应保持运转良好。

2）运送各种酸类时，应安放平稳，防止冲撞。运行应缓慢，防止容器震坏，酸液溅出。搬运酸液和倒酸时，应采用专用小车或抬具、夹具。需要两个人以上抬酸操作时，必须动作协调。搬运前，应先检查酸坛有无裂纹和盛酸瓶的木箱是否结实，然后再小心搬运和使用。

3）配酸时，应把酸坛放在倒酸的工具上，瓶口避开人体向外倒或采用虹吸法、气压法等将浓酸缓慢地注入水中。开启瓶盖时，面部要避开瓶盖正上方。在槽沿高出地面的浸蚀槽边工作时，不准站在槽沿上。

4）配制单种酸溶液时，应先加水后加酸。配制混合酸液时，应先加入密度小的酸，后加密度大的酸。如果先加入密度大的酸、后加密度小的酸，就如同把水往石头上倒，容易溅起发生危险。配制酸溶液时，应注意随加随搅，以免局部过浓，发生事故。牢记酸入

第一章 电镀概述

水,严禁水入酸,特别是硫酸。

5) 酸性溶液在工作中需要补加水时,必须缓慢加入以防溅出。

6) 在浓硝酸和浓硫酸溶液中浸蚀带有通孔的管状工件时,应注意两点:一是必须待酸液冷却至室温时才可操作;二是操作时应将全管同时浸入,不得一端先浸,以免酸液(尤其是硝酸)从另一端喷出伤人。

7) 使用铬酸溶液时,场地应通风良好,并应设置专用的抽风装置,在升温过程和溶液未冷却时都不能停止抽风。工作完毕后,应更换工作服,仔细洗手并漱口。

8) 工件进入酸性溶液槽时,应尽量缓慢,放置要稳妥。不准伏在酸槽上搅拌、测温、观察或做其他工作。严禁无关人员靠近浸蚀槽。需要在槽面上工作时,应在槽面加盖后再进行。

9) 浸蚀后的工件应立即清洗干净,酸液溅在地面时要及时清除。工作完毕后,应搞好设备、场地的卫生。装有余酸的容器应加盖,以免气体逸出,污染环境。

10) 当酸液溅在皮肤上时,应立即用大量的冷水或苏打水冲洗干净,再用酒精消毒,然后涂上凡士林或烫伤药膏,进行包扎。情况严重时,应立即送医院治疗。当酸液溅入眼内或口内时,应先用水冲洗,再用质量分数为3%的碳酸氢钠溶液洗涤眼睛或漱口。当皮肤被浓硫酸灼伤时,应先用大量冷水冲洗干净,然后按上述方法处理。发生酸中毒时,可饮用牛奶和弱碱(苏打水)等。若出现昏迷状况,应迅速将中毒者移至空气流通的地方,脱去上衣,进行人工呼吸急救,并迅速送医院治疗。

(7) 配制和使用有毒化学材料的安全操作规程

> 配制和使用有毒化学材料的安全操作规程是重点,应该掌握。

1) 氰化物不得与酸类放在一起,更不得将酸性物质带入氰化物溶液槽内。氰化物溶液与酸性溶液不能共同使用一个抽风机。经过酸液浸蚀过的工件进入氰化物溶液之前,必须对所粘附的酸性物质进行彻底清洗干净。要特别注意有砂眼、不通孔和袋状的工件,避免将酸液带入氰化物溶液中。因为氰化物与酸反应生成氰化氢,它的挥发性极强,毒性远大于氰化物。

2)严格按规定使用抽风装置和穿戴防护用品。接触有毒化学材料后,绝对禁止立即进食和吸烟,应对暴露的身体部位进行清洗。

3)配制氰化物溶液时,操作者必须站在上风向,以防中毒。

4)过滤完酸性溶液的过滤泵,必须彻底清洗干净后才能过滤含氰化物的溶液。同样,过滤完含氰化物溶液的过滤泵,也必须彻底清洗干净后才能过滤酸性溶液。

5)盛放过氰化物的容器和工具以及工作场地,必须先采用质量分数为12%的硫酸亚铁溶液与质量分数为5%的氢氧化钠溶液的混合溶液进行消毒处理,然后再用水彻底冲洗干净,容器和工具要统一管理,严禁到处乱扔。

6)下班后,操作者应立即更换工作服及其他防护用品。必要时,应对防护用品进行消毒、清洗,专柜保存,不准带到其他场所。同时,还要对手、脸及全身进行严格的消毒清洗。

7)当操作者的手、脸及其他部位有划伤或皮肤有伤口时,严禁与有毒化学材料接触。如在操作中不慎与有毒化学材料接触了,应立即用清水冲洗,并迅速去医院治疗。

8)发现氰化物中毒时,可用手帕或药棉在1min内蘸吸五滴戊烯酯,同时内服质量分数为0.4%的高锰酸钾或双氧水(10mL双氧水加3mL水)溶液,并立即送往医院抢救。

9)有毒化学材料的存放、称量及其溶液的配制,应有专人负责。

(8)配制和使用有机溶剂的安全操作规程

> 配制和使用有机溶剂的安全操作规程是重点,应该掌握。

1)有机溶剂应在单独的房间中使用,应与其他操作场地隔离,并应安装通风装置。通风装置必须安放在另一房间中,并使用防爆型电器设备。

2)有机溶剂的一次领用数量不能太多。盛放有机溶剂的容器应加盖。

3)在有机溶剂的室内取暖,只允许使用水暖和汽暖。

4）操作时，尽可能在上风向进行，以免吸入有机溶剂蒸气而中毒。

5）绝对禁止在操作现场吸烟或使用明火，也不允许进行任何种类的可能产生火花的作业。

6）浸过有机溶剂的工件，如果需要烘烤时，应先在室温下停放15~30min，待绝大部分有机溶剂液体挥发后，才能进入烘箱内烘烤，烘箱内应注意通风。

7）存放和使用有机溶剂的房间内，应备有灭火砂土或灭火器。

8）接触过有机溶剂的工作服和手套，应存放在专用的柜内。

9）当发现有机溶剂中毒时，应立即采取下列措施：第一，将中毒者移至通风处，将头部放低，横卧或仰卧，保持体温；第二，当中毒者失去知觉停止呼吸时，应迅速进行人工呼吸，并立即送往医院。

（9）电镀生产的安全操作规程

电镀生产过程中的安全操作规程，应该严格遵守！

1）工作前，穿戴好一切防护用品。

2）工作前10~15min应打开抽风机。抽风机出现故障时，应停止操作，立即修复。

3）电镀现场应严禁进食和吸烟，以防有害物质入口。

4）操作时，不得直接用手（特别是伤口部分）接触电镀溶液。在任何情况下，不准站在酸、碱及其他腐蚀物品的槽沿上面工作。

5）电镀中，应防止阳极、阴极和镀槽相互短路的现象发生。导电部分应保持干净，使导电良好。正负极不准短路，以防止产生电弧和过热。镀槽和电解槽上的导电装置与槽体应有绝缘措施。电加热器应有可靠的绝缘保护措施。

6）装挂工件要牢固。工件入槽、出槽要缓慢，以防工件脱落伤人，或掉入槽内溅起溶液灼伤人或损坏设备。

7）严格按工艺规程配制电镀溶液。配制有毒溶液时，应由专人负责，他人配合，在规定地点进行，通风必须良好，人体不得直接接触有毒物品。配制后，要将各种防护用品和工具进行彻底消毒。

8）强酸应储存在带塞的瓶中，不准超过容积的4/5。碱应储存在封闭的铁筒内。

9）电镀工件必须彻底清洗，严禁将带有氰化物的工件不经清洗直接进入酸性溶液的下道工序。

10）各种电镀溶液要防止溅在地面。不同的废溶液，要分别存放，不得随便乱倒。

11）电镀废水、废渣必须严格分类处理，并经化验符合国家排放标准后才能排放。废水及废酸坛、槽的引流，要用吸筒、漏斗，严禁用口吸。

12）使用易燃物品时（如汽油、酒精等），应严禁烟火，以防火灾。烘箱周围应严禁堆放易燃物品。电镀车间必须备有灭火器材和砂土。

13）电镀所使用的各种化学药品，尤其是剧毒、易燃、易爆、易分解和腐蚀性强的各类药品，一定要有专用场地放置，并设专人保管，严禁乱拿乱用。

14）工作完毕后，应切断电源、汽源、水源，盖好镀槽。抽风机则应继续运转5~10min后才可关闭。并搞好设备、场地清洁卫生，将工件摆放整齐，做好交接班工作。

15）下班后，脱掉工作服，必须仔细洗手、漱口或进行淋浴，方可进食。绝对禁止穿工作服回家或去往食堂。

（10）电镀车间的水、气、蒸汽的使用制度

1）水：电镀车间每天要消耗大量的水，主要是用于配制溶液、溶液蒸发补充、镀件清洗及设备冷却等。尤其是镀件的清洗用水消耗最大。

节约用水，既可以降低生产成本，又减少排污量，从而减少污水处理费用，有利环保。可采取在清洗槽前加回收槽、单槽清洗改为双联槽逆流漂洗、自动控制喷淋清洗、污水处理后回用、充分利用冷却水及手工操作改为自动线生产等，都是节约用水的有效措施。

2）气：电镀车间需要用压缩空气，主要用于吹干工件、搅拌溶液和喷砂等。压缩空气必须经过空气过滤气处理，以除去油和水。

3）蒸汽：电镀车间用的蒸汽，主要用在溶液的加热和干燥设备

的加热。蒸汽压力一般为 200～600kPa。

三、电镀工作的劳动保护

1. 防护用品的种类及名称

防护用品有耐酸工作服、工作帽、口罩、耐酸胶鞋、橡胶手套、乳胶手套、橡胶围裙、防护眼镜、套袖等。

2. 防护用品的用途

（1）耐酸工作服 主要用于电镀、发蓝、磷化等操作和溶液的配制，以防止酸、碱、有毒化学药品、危险品及有害气体对皮肤的腐蚀和感染。

（2）耐酸胶鞋、橡胶围裙 用于浸蚀、发蓝、磷化以及其他电镀操作和溶液的配制，应防止酸、碱等化学物质腐蚀、烧伤皮肤。

（3）橡胶和乳胶手套 用于直接接触各种腐蚀性液体和有毒化学药品的操作，以防止皮肤腐蚀、灼伤和人体中毒。

（4）口罩 用于电镀、发蓝、磷化、磨光、抛光等操作以及溶液的配制，以防止各种毒气、酸雾、粉尘等吸入口中，或溶液飞溅进入口中，产生不良后果。

（5）防护眼镜 用于磨光、发蓝、磷化和溶液配制等操作，以防止眼部灼伤。

（6）工作帽 用于各种操作，以防头部受到损伤。

3. 防护用品的使用和保养

1）离开电镀工作区时，必须更换防护用品，禁止将防护用品带出工作区。

2）接触过氰化物和其他有毒溶液的防护用品，必须进行严格的清洗、消毒，应该放置专柜中保管。

3）耐酸胶鞋、橡胶和乳胶手套、橡胶围裙等防护物品，不能和汽油接触，以免损坏。工作完毕后，上述防护物品应清洗干净，不能用太阳爆晒或高温烘烤。上述防护物品如果长期不用，应涂上滑石粉，以防止橡胶变粘，可延长使用寿命。

4）应该经常检查各类防护用品，发现损坏，应及时修补或更换。

复习思考题

1. 简述电镀工业的发展历程及其在我国的发展过程?
2. 电镀工业在国民经济中有哪些重要作用?
3. 什么是电镀?
4. 电镀可分为哪几类?
5. 试述电镀工艺的基本过程。
6. 试述电镀溶液中主要成分及其作用。
7. 对镀层的基本要求有哪些?
8. 电镀工作条件的影响因素有哪些?
9. 作为一名合格的电镀从业人员应具有什么样的职业道德?
10. 什么叫安全电压?电流、电压与电阻之间有什么关系?
11. 电镀车间用电应注意哪些安全问题?
12. 必须遵守的电镀车间安全制度有哪些?
13. 抛光(磨光)的安全操作规程有哪些?
14. 喷砂的安全操作规程有哪些?
15. 电镀化学材料的储存、保管和领用制度有哪些?
16. 配制和使用碱液必须遵守的安全操作规程有哪些?
17. 配制和使用酸液必须遵守的安全操作规程有哪些?
18. 配制和使用有毒化学药品必须遵守的安全操作规程有哪些?
19. 配制和使用有机溶剂必须遵守的安全操作规程有哪些?
20. 必须遵守的电镀生产安全操作规程有哪些?
21. 电镀车间的水、气、汽使用制度有哪些?
22. 简述电镀劳动防护用品的种类及用途。
23. 简述电镀劳动防护用品的使用和维护方法。

第二章

电镀工专业基础知识介绍

培训学习目标 通过本章的学习,熟练掌握化学、电化学基础知识和电镀常用术语。

第一节 化学基础知识

一、基本概念

掌握物理变化和化学变化的本质!

1. 物理变化

物理变化是没有新物质生成的一类变化,其变化过程中一般只有物质的形态或分子间距改变而分子的组成、结构都没有发生变化。例如水加热到100℃时会变成水蒸气,将水冷却到0℃时会结成冰,酒精的挥发性,固体氯化钾溶解于水等,都是形态的改变,并没有生成其他新的物质,所以这些变化都是物理变化。

2. 化学变化

化学变化是有新物质生成的一类变化,在变化过程中物质分子的组成、结构都发生了改变。例如钢铁工件在空气中暴露一段时间后表面就会有一层锈生成,钢铁件的磷化,食物的腐烂,木柴的燃烧及炸药的爆炸等,这些都是变化后有新的物质生成,因此这些变化都是化学变化。

3. 物理性质和化学性质

物质不需要发生化学变化而表现出来的性质叫做物理性质。例如，水的沸点，铁的硬度，油的密度，火焰的颜色等，都属于物理性质。物质在化学变化中表现出来的性质，叫做化学性质。例如无水乙醇的可燃性，铬酐的酸性，氢氧化钠的碱性等，都属于化学性质。

4. 分子、原子、离子

了解分子、原子、离子的定义，并掌握它们之间的关系。

一切物质（宏观）都是由肉眼看不见的粒子按一定的方式组合而成的，这些粒子可能是分子，也可能是原子或离子。

1）分子是保持物质化学性质的一种微小粒子，它是由一定数目的原子构成。例如水分子是由2个氢原子和1个氧原子组成；氮分子由2个氮原子组成。有的物质由更多个原子组成。例如重铬酸钾分子由2个钾原子、2个铬原子、7个氧原子组成。

2）原子是化学变化中的最小粒子，在化学变化中，分子被分解为原子，这些原子再组合成新物质的分子。例如水电解生成氧气和氢气，也就是说水分子电解后生成了氧气和氢气。在这个变化中说明，分子被破坏，但原子并不会破坏成更小的粒子，所以说原子是化学变化中的最小粒子。

3）离子是带有电荷的原子或原子团，原子团是由几个不同原子结合而成的集团。例如H_3PO_4、H_2SO_4、KCl 中的 PO_4、SO_4、Cl 是原子团。原子团常以一个整体参加反应。带正电荷的离子称为阳离子，例如 K^+、Mn^{2+}、Na^+；带负电荷的离子称为阴离子，例如 Cl^-、SO_4^{2-}、NO_3^-。

原子在一定条件下失去电子变成阳离子，得到电子变成阴离子。阳离子得到电子可变成原子，阴离子失去电子转变成原子，其过程如下：

5. 元素

元素是具有相同核电荷数（质子数）的同一类原子的总称。例如，核电荷数（质子数）为 8 的原子统称为氧元素，核电荷数（质子数）为 13 的原子统称为铝元素。为了方便起见，采用不同的符号表示各种元素，例如用"O"表示氧元素，用"Al"表示铝元素，用"Cu"表示铜元素等。这些符号统称为元素符号。详细内容见《元素周期表》。

6. 纯净物与混合物

只由一种成分组成的物质叫做纯净物。例如氮气（只含氮分子）、水（只含水分子）、碳（只含碳分子）等，这些物质都是纯净物。由多种成分组成的物质叫做混合物。例如空气（含氧气、氮气、二氧化碳、稀有气体等）、糖水（含糖和水）等都是混合物。

7. 单质与化合物

由同一种元素组成的纯净物叫做单质。例如镍、锌、铜、氮气、二氧化碳等都是单质。根据单质的性质不同，一般可分为金属和非金属两大类。金属单质，例如镍、锌、铜、铁等，具有特殊的金属光泽，有导电、传热、可塑性、延展性等性质。非金属单质，例如氢气、碳、硫等，没有金属光泽，一般不具有导电、传热等性质。

由不同种元素组成的纯净物质叫做化合物。例如盐酸（是由氢和氯两种元素组成的）、氯化镍（是由氯和镍两种元素组成的）等。化合物一般可分为氧化物、酸、碱和盐等几类。

8. 氧化物

氧化物是氧元素和另外一种元素组成的一类化合物。例如 ZnO、Fe_2O_3、CO_2 等（注意：含氧化合物不一定是氧化物）。

9. 酸、碱、盐

> 掌握酸、碱、盐的定义。

1）酸是指在水溶液中电离出的阳离子全部是氢离子的一类化合物。例如 H_2SO_4、HNO_3、H_3PO_4、H_3BO_3 和无氧酸（例如 HCl、H_2S）等。按其电离出的氢离子数，可分为一元酸（例如 HCl、HNO_3）、二元酸（例如 H_2SO_4、H_2CO_3）、三元酸（例如 H_3BO_3、

H_3PO_4）。二元酸和三元酸统称为多元酸。按其在水中电离出氢离子的难易，又分为强酸（例如 HCl、H_2SO_4、HNO_3 等）和弱酸（例如 HClO、H_2CO_3、CH_3COOH 等）。

2）碱是指水溶液中电离出的阴离子全部是氢氧根的一类化合物。例如 KOH、NaOH、$Fe(OH)_2$ 等。含两个以上氢氧根的碱称为多元碱[例如 $Fe(OH)_3$、$Ba(OH)_2$ 等]。按在水中电离出的氢氧根离子的难易又分为强碱[例如 NaOH、KOH、$Ba(OH)_2$ 等]和弱碱[例如 $Fe(OH)_2$、$NH_3 \cdot H_2O$ 等]。

3）盐是指在水溶液中能电离出金属阳离子和酸根阴离子的一类化合物。按其组成的不同，盐又分为正盐、酸式盐和碱式盐三大类。正盐是酸与碱完全中和的产物，例如 $NiCl_2$、$CuSO_4$、$NiSO_4$ 等；酸式盐是多元酸分子中的氢只部分被中和的产物，例如 $KHSO_4$、$Ca(HCO_3)_2$、NaH_2PO_3 等；碱式盐是多元碱分子中的氢氧根只部分被中和的产物，例如 $Cu_2(OH)_2CO_3$、$Mg(OH)Cl$ 等。

10. 溶液、溶质、溶剂

了解溶液、溶质、溶剂之间的关系。

由一种或多种物质分散到另一种物质里，形成均匀、稳定的混合物，叫做溶液。溶液是由溶质和溶剂组成的。能溶解其他物质的物质是溶剂，被溶解的物质是溶质。溶剂一般是液体，溶质可以是固体，液体或气体。如果是两种液体互溶时，量多的物质是溶剂，量少的物质是溶质。常用的溶剂有酒精、丙酮、苯等，而水是最常用的溶剂。以水为溶剂的溶液一般叫做水溶液，通常不特别指明溶剂的溶液就是水溶液。例如糖水，是由糖和水组成的溶液。糖是溶质，水是溶剂。镀镍溶液是由 $NiSO_4$、$NiCl_2$、H_3BO_3、少量添加剂和水组成的，其中 $NiSO_4$、$NiCl_2$、H_3BO_3、少量添加剂是溶质，水是溶剂。

11. 溶解与结晶

溶质分子在溶剂分子（或离子）的作用下离开溶质表面向溶剂扩散的过程叫做溶解。例如将食盐放在水里，形成盐水的过程是溶解。在一定条件下，已经溶解的溶质可以从溶液中析出变成未溶解的晶体溶质。溶质从溶液中析出晶体的过程叫做结晶。例如将 NaOH

溶液放在容量瓶里,到了冬天就会看到瓶口有 NaOH 晶体析出,这就是结晶。

12. 饱和溶液与不饱和溶液

在一定温度下,在一定量的溶剂里,不能再溶解某种溶质的溶液,叫做这种溶质的饱和溶液。如果还能继续溶解某种溶质的溶液,叫做这种溶质的不饱和溶液。饱和溶液与不饱和溶液在一定条件下是可以相互转化的。

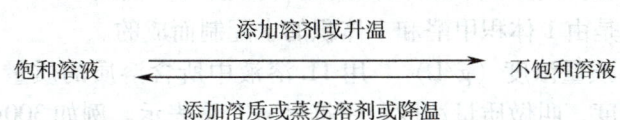

13. 物质的溶解度

物质的溶解度是指在一定温度下,一定量的溶剂所能溶解溶质的量。它是物质在某溶剂中溶解能力大小的定量描述。固体溶解度通常是在一定温度下,某物质在 100g 溶剂中达到饱和状态时所能溶解的质量,就是这种物质在该溶剂中的溶解度(单位为 g)。

14. 结晶水合物

有些物质从水溶液中析出晶体里常结合一定数目的水分子,这样的水分子叫做结晶水。含有结晶水的物质叫做结晶水合物。例如 $CuSO_4 \cdot 5H_2O$(蓝矾)、$FeSO_4 \cdot 7H_2O$(绿矾)、$CaSO_4 \cdot 2H_2O$(石膏)、$Na_2CO_3 \cdot 10H_2O$(晶碱)等都是结晶水合物。但是,结晶水合物里的结晶水比较不稳定,受热时结晶水会从晶体中失去。

15. 风化

有些结晶水合物即使是常温下在干燥空气中也会失去一部分或全部的结晶水,这种现象叫做风化。例如 $Na_2CO_3 \cdot 10H_2O$ 就很容易风化。

16. 潮解

有些晶体(不是结晶水合物)很容易吸收空气中的水蒸气,使晶体表面潮湿或形成溶液,这种现象叫做潮解。例如 NaOH、$MgCl_2$、$CaCl_2$ 等都是易潮解的物质。

17. 溶液的浓度 <重点掌握溶液浓度的几种表示方法。>

在一定量的溶液或者是溶剂中所含溶质的量，叫做溶液的浓度。浓溶液里所含的溶质量较大，稀溶液里所含的溶质量较小。在电镀溶液中溶液的浓度常用体积分数（%）、质量浓度（g/L）、质量分数（%）、物质的量浓度（mol/L）等四种表示方法。

（1）体积分数 用两种液体来配制溶液，有时用体积比来表示溶液的浓度。例如实验室在检测镀锌溶液时，使用1∶1甲醛溶液，该溶液就是由1体积甲醛和1体积的水配制而成的。

（2）质量浓度（g/L） 用1L溶液中所含溶质的质量（g）来表示的浓度，叫做质量浓度，用符号g/L来表示。例如300g/L铬酐溶液，就是指在1L溶液中含有铬酐300g。这种表示浓度的方法在电镀工艺中经常使用。

（3）质量分数（%） 就是用溶质的质量占溶液质量的百分比来表示溶液的浓度，叫做质量分数。用 $X\%$ 表示，其公式为

$$w(X) = \frac{\text{溶质质量(g)}}{\text{溶液质量(g)}} \times 100\% \quad (2-1)$$

或

$$w(X) = \frac{\text{溶质质量(g)}}{\text{溶剂质量(g)} + \text{溶质质量(g)}} \times 100\%$$

例如，铝阳极氧化用的质量分数为19%的硫酸溶液，就是在100g的水溶液中，含有19g的硫酸。

（4）物质的量浓度（mol/L） 用在1L溶液中含溶质的物质的量来表示的浓度，叫做物质的量浓度（简称浓度），以mol/L表示。其公式为

$$\text{物质的量浓度(mol/L)} = \frac{\text{溶质的物质的量(mol)}}{\text{溶液体积(L)}} \quad (2-2)$$

例如，浓度为1mol/L的氢氧化钾溶液，是指在1L溶液中，含有1mol的氢氧化钾。

18. 络合物

由一个简单的正离子（例如 K^+）和几个它种离子（例如 CN^-）或中性分子结合而成的复杂离子，叫做络离子或络合离子。在任何

状态中，凡是由络离子或络合离子所组成的化合物叫做络合物。在电镀生产中，常用的 $[Zn(CN)_4]^{2-}$、$[Ag(CN)_2]^-$ 等都是络离子。含有这些离子的化合物都是络合物。

19. 表面活性剂

表面活性剂是一种在低浓度下能降低水和其他溶液体系的表面张力或界面张力的物质。例如，电镀常用的十二烷基硫酸钠、平平加、OP乳化剂、洗涤剂等都是水性表面活性剂。油性的表面活性剂只占极少数。

20. 有机化合物

有机化合物简称有机物。它是指含碳元素的一类化合物（但碳的氧化物、碳酸、碳酸盐、金属碳化物在性质上相似于无机物，故划为无机化合物）。实际上，组成有机化合物的元素是以碳和氢为主，许多有机化合物分子中也常含有氧、氮、硫或卤素等其他元素，所以也常称有机化合物为"碳氢化合物及其衍生物"。有机物与无机物在组成、结构、性质上都有很大的差异（见表2-1）。

表 2-1　有机化合物与无机化合物的比较

有机化合物	无机化合物
1. 结构复杂，种类繁多（已达1000万种以上）	1. 一般结构较简单，种类较少
2. 大多数是共价化合物，形成分子晶体，熔点低，大多数不导电	2. 无机物中的键型较复杂，不少无机物是以离子键结合的，故熔点、沸点较高，多是电解质
3. 一般难溶于水，易溶于有机溶剂	3. 一般易溶于水，难溶于有机溶剂
4. 多数对热稳定性差，受热易分解，易着火燃烧	4. 大多数不易燃烧
5. 反应速率一般较慢，常伴有副反应	5. 反应速率较快，副反应少

21. 化合价

某元素的一定数目原子跟其他元素的一定数目原子相化合的性质，就是这种元素的化合价。它反映形成化合物时各元素的原子之间的个数关系。例如，氢和氧总是按 2:1 的原子个数之比化合而形成水分子的。

1）元素的化合价用数值表示，而且还有正值和负值。

在离子化合物里，元素化合价的数值为：

正价数 = 1 个原子失电子的数目

负价数 = 1 个原子得电子的数目

在共价化合物里，一般情况下元素化合价的数值可以这样确定：

正价数 = 偏离该原子的共用电子对数目

负价数 = 偏近该原子的共用电子对数目

2）元素化合价的一般规律，各种元素在化学反应中所表现的化合价，有如下规律：

① 氢元素常为 +1 价，氧元素常为 -2 价。

② 金属元素显正价，非金属元素与氢或金属化合时显负价，与氧元素化合时显正价（氧只显负价除外）。

③ 化合物化学式中，元素的正价总数等于负价总数；单质中元素的化合价为零。一些元素的常见化合价见表2-2。

表2-2 一些元素的常见化合价

元素名称	化合价
H	+1
K, Na, Ag	+1
Ca, Mg, Ba, Zn	+2
Al	+3
Fe	+2, +3
Cu	+1, +2
Mn	+2, +4, +6, +7
F	-1
Cl, Br, I	-1, +1, +3, +5, +7
O	-2
S	-2, +4, +6
N	-3, +2, +4, +5
P	-3, +5
C	-4, +2, +4

化合价与离子电荷数在标记符号上是有区别的，例如：

元素化合价 $\overset{+1}{H}$ $\overset{+2}{Mg}$ $\overset{-4}{C}$

离子电荷数 Na^+ Mg^{2+} S^{2+} H^+ C^{4-}

3）掌握了元素化合价的规律，可以用于：①检查书写化学式是否正确（是否符合化学式中正价总数等于负价总数）；②从已知化学式中一部分元素的化合价推知另一元素的化合价；③根据化学方程式判断该反应是否属于氧化还原反应。

22. 化学方程式

用化学式表示化学变化的式子，叫做化学方程式。例如：

$$2KClO_3 \xrightarrow[\Delta]{MnO_2} 2KCl + 3O_2 \uparrow$$

书写化学方程式时要注意以下几点：（了解书写化学方程式的注意事项。）

1）必须是实际发生的反应。例如铜不能置换盐酸中的氢，不能写成 $Cu + 2HCl = CuCl_2 + H_2 \uparrow$，这样不会发生反应的化学方程式。

2）要"配平"化学方程式，使反应物和生成物中同种元素的原子总数相等，符合质量守恒定律。

3）当反应必须在一定条件下才发生时，要在 = 或 ⇌ 号的上下注明反应条件。

4）生成物是沉淀物时加注"↓"，是气体时加注"↑"。

5）化学式前用于等式两边配平关系的数值称为化学计量数，它可以用整数也可用分数。

二、化学反应及其基本类型 （熟练掌握质量守恒定律。）

在化学反应中，参加反应的各物质的质量总和，等于反应后生成的各物质的质量总和。这个规律叫做质量守恒定律。所有的化学反应都应遵守这个定律。这是因为反应前后反应物的原子转变成生成物的原子，反应前后元素的种类没有改变，原子的数目也没有改变的缘由。

1. 化学反应的四种基本类型   〔了解化学反应的四种基本类型。〕

（1）化合反应 这是两种或两种以上的物质生成另一种新物质的反应。例如：

$$2H_2 + O_2 \xrightarrow{\text{点燃}} 2H_2O$$

$$2CO + O_2 = 2CO_2$$

$$NH_3 + HCl = NH_4Cl$$

$$SO_3 + H_2O = H_2SO_4$$

（2）分解反应 这是一种化合物生成两种或两种以上的新物质反应。例如：

$$2KClO_3 \xrightarrow{MnO_2} 2KCl + 3O_2 \uparrow$$

$$H_2CO_3 \xrightarrow{\triangle} CO_2 + H_2O$$

（3）置换反应 这是一种单质与一种化合物反应生成新的单质和新的化合物的反应。例如：

$$2Zn + 2HCl = 2ZnCl_2 + H_2 \uparrow$$

$$Fe + CuSO_4 = FeSO_4 + Cu$$

发生置换反应需满足一定的条件，这些条件表现一些规律，见表2-3。

表2-3 置换反应发生的条件

置换类型	置换反应发生的条件
金属+酸	活泼金属（位于H之前）+非氧化性酸
金属+盐	较强金属（位于金属活动顺序前面）+较弱金属（位于金属活动顺序后面）阳离子
非金属+阴离子	较强非金属+较弱非金属阴离子

一些金属的活动顺序（强→弱）是：K、Ca、Na、Mg、Al、Zn、Fe、Sn、Pb、(H)、Cu、Hg、Ag、Au。

一些非金属的活泼性顺序（强→弱）是：F_2、Cl_2、Br_2、I_2、S。

注意：与水发生剧烈反应的金属（K、Ca、Na）和非金属（F_2）在与盐溶液发生反应时不是置换反应。

（4）复分解反应 这是两种化合物互相交换成分生成新的两种化合物的反应。常见的复分解反应有以下四种情况：

1）酸和碱中和：例如 $H_2SO_4 + 2NaOH = Na_2SO_4 + 2H_2O$

$$HCl + NaOH = NaCl + H_2O$$

2）酸和盐反应：例如 $H_2SO_4 + BaCl_2 = BaSO_4\downarrow + 2HCl$

$$2HNO_3 + K_2CO_3 = 2KNO_3 + CO_2\uparrow + H_2O$$

3）碱和盐反应：例如 $NaOH + NaHCO_3 = Na_2CO_3 + H_2O$

$$3NaOH + AlCl_3 = Al(OH)_3\downarrow + 3NaCl$$

4）盐和盐反应：例如 $BaCl_2 + Na_2SO_4 = BaSO_4\downarrow + 2NaCl$

$$CaCl_2 + K_2CO_3 = CaCO_3\downarrow + 2KCl$$

2. 氧化还原反应

> 掌握氧化还原反应和非氧化还原反应的本质区别。

有电子转移（得失或偏移，表现为某些元素化合价改变）的反应，称为氧化还原反应。不发生电子转移（反应物中元素的价态都不发生改变）的化学反应，称为非氧化还原反应。

例如：

$2Na + Cl_2 = 2NaCl$（反应中 $2e^-$ 转移；反应后，Na 价态升高，Cl 价态降低，是氧化还原反应）

$NH_3 + HCl = NH_4Cl$（反应后，价态却没有发生变化，所以是非氧化还原反应）

（1）氧化和还原 原子或离子失电子（表现为元素的价态升高）的反应叫做氧化。原子或离子得电子（表现为元素的价态变低）的反应叫做还原。例如：

$$\left.\begin{array}{l}Na - e^- \longrightarrow Na^+ \\ K^+ - e \longrightarrow K\end{array}\right\} Na、K^+ 被氧化$$

$$\left.\begin{array}{l}Cl_2 + 2e^- \longrightarrow 2Cl^- \\ Na^+ + e^- \longrightarrow Na\end{array}\right\} Cl_2、Na^+ 被还原$$

（2）氧化剂和还原剂 在反应中，失电子或所含某元素化合价升高的物质称为还原剂，得电子或所含元素化合物降低的物质称为氧化剂。在氧化还原反应中，还原剂被氧化，氧化剂被还原。例如：

$$\underset{(还原剂)(氧化剂)}{\underset{(被氧化)(被还原)}{\overset{0}{2H_2} + \overset{0}{O_2}}} \xrightarrow{点燃} \overset{+1-2}{2H_2O}$$

三、物质结构、元素周期律

1. 物质结构

（1）原子组成 　　　　　*了解原子的组成。*

1）原子：原子是由质子、中子、电子三种粒子组成的（氢原子没有中子为例外）。质子、中子组成原子核，电子在原子核的周围空间。这三种粒子的质量、电核各不相同：

原子 $\begin{cases} 原子核 \begin{cases} 质子——带1单位正电荷，相对质量为1.007 \\ 中子——不带电荷，相对质量为1.008 \end{cases} \\ 电子——带1单位的负电荷，质量为质子的1/1836 \end{cases}$

因为中子不带电荷，质子带正电荷，所以原子核带正电，电荷数也就等于质子数。从原子的电中性可知，原子的核外电子数等于核内质子数。按照原子中质子数的递增顺序把元素排列而得的编号，称为原子序数。所以，原子中，还有这样的数量关系：

原子序数 = 核电荷数 = 质子数 = 核外电子数

若以 X 代表元素符号，则某原子的粒子构成常用 $^A_Z X$ 表示。例如 $^{14}_7 N$，表示质子数为7，中子数为7，核外电子核数也是7，表示质子数为19，中子数为20，核外电子数为19。

2）同位素：同种元素的原子都有相同的质子数，但不一定有相同的中子数。有同种质子数而不同中子数的同种元素，互称为同位素。大多数元素都有3种同位素，例如碳元素的3种同位素是：$^{12}_6 C$、$^{13}_6 C$、$^{14}_6 C$。钾元素的3种同位素是：$^{39}_{19} K$、$^{40}_{19} K$、$^{41}_{19} K$。同种元素的各种位素，虽然质量数不同，但质子数相同，因而化学性质几乎相同。所以它们在元素周期表中占据同一位置。

（2）原子核外电子排布规律　　不同元素的原子，有不同数目的核外电子。这些电子在原子核周围高速运动时表现出一定的规律性。

1) 核外电子的分层排布：在含有许多电子的原子里，电子因能量大小不同分布在离核不同的区域内运动。能量最低的电子在离核最近的区域内运动，能量较高的电子在离核较远的区域内运动。因此，根据电子运动区域离核远近不同及能量的差异，把这些区域分成电子层，离核由近及远的电子层K、L、M、N、O、P等符号分别表示1、2、3、4、5、6电子层。表示原子内各电子排布情况，通常这样表示，例如H，用⊕1)表示；Na用⊕1)2)8)表示，这称为原子结构示意图，图中的小圆圈及里的"＋及数字"，表示原子核及核电荷数（质子数），一条弧线表示了一个电子层，弧线上的数字表示该电子层的电子数。

2) 核外电子分层排布规律

① 核外电子总是优先排布在能量较低的电子层里，然后依次排布在能量逐步升高的电子层里，这称为能量最低原理。

② 各电子层最多容纳的电子数目是 $2n^2$（n 代表电子层序数），即K、L、M层各最多能容纳2、8、18个电子。

③ 最外层电子数目不超过8个（K层为最外层时不超过2个）。

④ 次外层电子数目不超过18个。

2. 元素周期律

（1）元素周期律含义　元素的性质随其原子序数的递增而呈现出周期性的变化。

> 熟练掌握元素周期性的变化。

元素性质的周期性变化主要表现在：

1) 元素的金属性（失电子能力）从强到弱；非金属性（得电子能力）从弱到强的周期性变化。

2) 元素的最高正价从 +1 依次变至 +7 和0；非金属元素的负价从 -4 依次变至 -1 和0 的周期性变化。

3) 元素的最高氧化物及其水化物的碱性从强到弱，酸性从弱到强，气态氢化物的稳定性，从小到大的周期性变化。

4) 原子的半径从大到小（稀有气体例外）的周期性变化。

（2）元素周期律的实质　这是因为元素的原子核外电子排布呈现周期性变化而引起的元素性质的周期性变化。

（3）元素周期表　元素周期表是元素周期律的具体表现形式。

元　素

族周期	IA	IIA	IIIB	IVB	VB	VIB	VIIB		VIII	
1	1 H 氢 1.0079 $1s^1$									
2	3 Li 锂 6.941 $2s^1$	4 Be 铍 9.0122 $2s^2$								
3	11 Na 钠 22.990 $3s^1$	12 Mg 镁 24.305 $3s^2$								
4	19 K 钾 39.098 $4s^1$	20 Ca 钙 40.078 $4s^2$	21 Sc 钪 44.956 $3d^14s^2$	22 Ti 钛 47.867 $3d^24s^2$	23 V 钒 50.942 $3d^34s^2$	24 Cr 铬 51.996 $3d^54s^1$	25 Mn 锰 54.938 $3d^54s^2$	26 Fe 铁 55.845 $3d^64s^2$	27 Co 钴 58.933 $3d^74s^2$	
5	37 Rb 铷 85.468 $5s^1$	38 Sr 锶 87.62 $5s^2$	39 Y 钇 88.906 $4d^15s^2$	40 Zr 锆 91.224 $4d^25s^2$	41 Nb 铌 92.906 $4d^45s^1$	42 Mo 钼 95.94 $4d^55s^1$	43 Tc 锝 (98) $4d^55s^2$	44 Ru 钌 101.07 $4d^75s^1$	45 Rh 铑 102.91 $4d^85s^1$	
6	55 Cs 铯 132.91 $6s^1$	56 Ba 钡 137.33 $6s^2$	57–71 La-Lu 镧系	72 Hf 铪 178.49 $5d^26s^2$	73 Ta 钽 180.95 $5d^36s^2$	74 W 钨 183.84 $5d^46s^2$	75 Re 铼 186.21 $5d^56s^2$	76 Os 锇 190.23 $5d^66s^2$	77 Ir 铱 192.22 $5d^76s^2$	
7	87 Fr 钫 (223) $7s^1$	88 Ra 镭 (226) $7s^2$	89–103 Ac-Lr 锕系	104 Rf 钅卢 (261) $(6d^27s^2)$	105 Db 钅杜 (262)	106 Sg 钅喜 (263)	107 Bh 钅波 (264)	108 Hs 钅黑 (265)	109 Mt 钅麦 (268)	

镧系	57 La 镧 138.91 $5d^16s^2$	58 Ce 铈 140.12 $4f^15d^16s^2$	59 Pr 镨 140.91 $4f^36s^2$	60 Nd 钕 144.24 $4f^46s^2$	61 Pm 钷 (145) $4f^56s^2$	62 Sm 钐 150.36 $4f^66s^2$	63 Eu 铕 151.96 $4f^76s^2$

锕系	89 Ac 锕 (227) $6d^17s^2$	90 Th 钍 232.04 $6d^27s^2$	91 Pa 镤 231.04 $5f^26d^17s^2$	92 U 铀 238.03 $5f^36d^17s^2$	93 Np 镎 (237) $5f^46d^17s^2$	94 Pu 钚 (244) $5f^67s^2$	95 Am 镅 (243) $5f^77s^2$

第二章 电镀工专业基础知识介绍

周 期 表

注：
1. 相对原子质量录自1997年国际相对原子质量表，以 $^{12}C=12$ 为基准，元素的相对原子质量。
2. 商品Li的相对原子质量范围为6.94~6.99。
3. 稳定元素列有天然丰度的同位素；天然放射性元素和人造元素同位素的选列与国际相对原子质量表的有关文献一致。

			IIIA	IVA	VA	VIA	VIIA	0	电子层	0族电子数
								2 He 氦 4.0026 3 4 $1s^2$	K	2
			5 B 硼 10.811 $2s^22p^1$	6 C 碳 12.011 $2s^22p^2$	7 N 氮 14.007 $2s^22p^3$	8 O 氧 15.999 $2s^22p^4$	9 F 氟 18.998 19 $2s^22p^5$	10 Ne 氖 20.180 20 21 22 $2s^22p^6$	L K	8 2
			13 Al 铝 26.982 27 $3s^23p^1$	14 Si 硅 28.086 28 $3s^23p^2$	15 P 磷 30.974 31 $3s^23p^3$	16 S 硫 32.066 33 34 $3s^23p^4$	17 Cl 氯 35.453 $3s^23p^5$	18 Ar 氩 39.948 36 38 40 $3s^23p^6$	M L K	8 8 2
	IB	IIB								
28 Ni 镍 58.693 58 60 61 62 64 $3d^84s^2$	29 Cu 铜 63.546 63 65 $3d^{10}4s^1$	30 Zn 锌 65.39 64 66 67 68 70 $3d^{10}4s^2$	31 Ga 镓 69.723 69 71 $4s^24p^1$	32 Ge 锗 72.61 70 72 73 74 76 $4s^24p^2$	33 As 砷 74.922 75 $4s^24p^3$	34 Se 硒 78.96 74 76 77 78 80 82 $4s^24p^4$	35 Br 溴 79.904 79 81 $4s^24p^5$	36 Kr 氪 83.80 78 80 82 83 84 86 $4s^24p^6$	N M L K	8 18 8 2
46 Pd 钯 106.42 102 104 105 106 108 110 $4d^{10}$	47 Ag 银 107.87 107 109 $4d^{10}5s^1$	48 Cd 镉 112.41 106 108 110 111 112 113 114 116 $4d^{10}5s^2$	49 In 铟 114.82 113 115 $5s^25p^1$	50 Sn 锡 118.71 112 114 115 116 117 118 119 120 122 124 $5s^25p^2$	51 Sb 锑 121.76 121 123 $5s^25p^3$	52 Te 碲 127.60 120 122 123 124 125 126 128 130 $5s^25p^4$	53 I 碘 126.90 127 $5s^25p^5$	54 Xe 氙 131.29 124 126 128 129 130 131 132 134 136 $5s^25p^6$	O N M L K	8 18 18 8 2
78 Pt 铂 195.08 190 192 194 195 196 198 $5d^96s^1$	79 Au 金 196.97 197 $5d^{10}6s^1$	80 Hg 汞 200.59 196 198 199 200 201 202 204 $5d^{10}6s^2$	81 Tl 铊 204.38 203 205 $6s^26p^1$	82 Pb 铅 207.2 204 206 207 208 $6s^26p^2$	83 Bi 铋 208.98 209 $6s^26p^3$	84 Po 钋 (210) 210 $6s^26p^4$	85 At 砹 (210) 210 211 $6s^26p^5$	86 Rn 氡 (222) 220 222 $6s^26p^6$	P O N M L K	8 18 32 18 8 2
110 Uun ※ (269) 269	111 Uuu ※ (272) 272	112 Uub ※ (277) 277	……							

64 Gd 钆 157.25 152 154 155 156 157 158 160 $4f^75d^16s^2$	65 Tb 铽 158.93 159 $4f^96s^2$	66 Dy 镝 162.50 156 158 160 161 162 163 164 $4f^{10}6s^2$	67 Ho 钬 164.93 165 $4f^{11}6s^2$	68 Er 铒 167.26 162 164 166 167 168 170 $4f^{12}6s^2$	69 Tm 铥 168.93 169 $4f^{13}6s^2$	70 Yb 镱 173.04 168 170 171 172 173 174 176 $4f^{14}6s^2$	71 Lu 镥 174.97 175 176 $4f^{14}5d^16s^2$
96 Cm 锔 (247) 243 244 246 247 $4f^76d^17s^2$	97 Bk 锫 (247) 247 249 $4f^97s^2$	98 Cf 锎 (251) 249 250 252 $5f^{10}7s^2$	99 Es 锿 (252) 252 $5f^{11}7s^2$	100 Fm 镄 (257) 257 $5f^{12}7s^2$	101 Md 钔 (258) 258 $5f^{13}7s^2$	102 No 锘 (259) 259 $5f^{14}7s^2$	103 Lr 铹 (260) 260 $5f^{14}6d^17s^2$

注：本元素周期表由高等教育出版社化学室印制。
1998年2月

它的结构是：横行为周期，有7个横行，即有7个周期；纵行为族，有18个纵行，分为16族，其中7个主族（ⅠA～ⅦA），7个副族（ⅠB～ⅦB），1个第Ⅷ族，1个0族。

周期——具有相同的电子层数，并按原子序数递增顺序排布的一系列元素。元素数目较少的周期称为短周期，元素数目较长的周期称为长周期，第7周期的元素尚未完全发现，称为不完全周期。

主族——由短周期元素和长周期元素组成，同族元素原子的最外层电子数相同。

副族——全部由长周期元素组成。

（4）元素周期表与原子结构关系

$$原子序数 = 核电荷数$$
$$周期序数 = 电子层数$$
$$主族序数 = 最外层电子数$$
$$0族元素最外层电子数为8（氦为2）$$

（5）周期表中元素性质的递变规律　同一周期或同一主族的元素，它们的性质递变规律：

同周期元素，从左到右：①原子半径减小；②金属性减弱；③非金属性增强；④最高正价递增（从 +1→ +7）。

同主族元素，从上到下：①原子半径增大；②金属性增强；③非金属性减弱；④最高正价相同。

（6）元素的性质与原子结构的关系　元素的性质与其原子的最外层电子数、原子半径、核电荷数有着密切关系，其中原子的最外层电子数是影响元素性质的最主要因素，因为最外层电子数主要影响着原子得失电子难易及其数目多少。

元素的金属性强弱与以下几个因素的关系是：

最外层电子数越少（氦除外）

核电荷数越少

原子半径越大

} 失电子越容易，金属性越强

最外层电子数越多(8个电子除外)

核电荷数越多

原子半径越小

} 得电子越容易，非金属性越强

最高正价＝最外层电子数
负　价＝8—最外层电子数

四、常用的化学实验仪器

在电镀生产过程中，常用的化学实验仪器名称、主要用途、使用方法和注意事项见表2-4。

表2-4　常用化学实验仪器名称、主要用途、使用方法和注意事项

仪器名称	主 要 用 途	使用方法和注意事项
试管	用作少量试剂的反应容器	（1）装溶液不超过试管容积的1/2，需加热时可直接加热，溶液不要超过试管的1/3 （2）加热前试管外壁要擦干，用试管夹夹在试管的中上部位，在酒精灯外焰处加热 （3）加热时试管要倾斜约45°，试管口不能对着有人的方向
烧杯	用作配制溶液及较大量试剂的反应容器	在常温或加热时使用。加热时最好用石棉网垫底
平底烧瓶	用作反应容器。常用于装配不需加热的气体发生器	一般不用作加热的反应容器
玻璃棒	用于搅拌或转移液体	（1）搅拌溶液时，要避免碰撞容器 （2）转移液体时，左手夹持玻璃棒，棒的一端接触受液容器的内壁，右手拿盛溶液的烧杯，沿玻璃棒将溶液倒入容器中
锥形瓶	主要用于滴定实验。用作反应容器。也用作装配气体发生器	可加热。加热时最好用石棉网垫底
量筒	用于量度液体体积	（1）不能用作反应容器，不能加热，不可量热液体 （2）量度液体时，以液体的凹液面的最低点计算
移液管	用于精确量取一定量的液体	放液时，将移液管贴着容器壁慢放，最后残留在管内的液滴一般不能用口吹出

（续）

仪器名称	主要用途	使用方法和注意事项
容量瓶	用于准确配制一定体积和一定浓度的溶液	(1) 不能加热 (2) 不能用作反应容器 (3) 不能用作保存溶液 (4) 瓶塞不可调换
滴定管	盛装滴定溶液，计量滴定溶液体积。主要用于滴定实验	(1) 酸式滴定管只能用于盛装酸溶液，碱式滴定管只能用于盛装碱溶液，酸式滴定管和碱式滴定管切勿混用 (2) 读数时，视线与管内凹液面的最低处保持水平
托盘天平（砝码）	用于准确度要求不太高的称量（称至0.1g）	(1) 天平要平放，称量前要调整指针在静止时指在分度盘的"0"点 (2) "左物右码"，称量物放在左盘，砝码放在右盘。称量物不能直接放在称盘上 (3) 砝码要用镊子夹取，用完放回砝码盒
铁架台（铁夹、铁圈）	用于装置、固定、夹持、承托各种玻璃仪器。铁圈可用作漏斗架	用铁夹夹持玻璃仪器时，松紧必须适度
三脚架、蒸发皿	三脚架用于支撑受热容器。蒸发皿用于蒸发液体或浓缩溶液	(1) 蒸发皿可直接加热 (2) 蒸发溶液时，液量应以液面不超过离蒸发皿边缘1cm为宜
石棉网	用于垫受热容器下面，使其受热均匀	不要和水接触，以防石棉脱落和铁丝网锈蚀
酒精灯	用作加热的热源	(1) 灯内的酒精量不少于容量的1/4，不超过2/3 (2) 不能用另一酒精灯点燃 (3) 停用时，要用灯帽盖熄，不能用嘴吹熄

(续)

仪器名称	主 要 用 途	使用方法和注意事项
试管夹	用于夹持试管	试管加热时,用试管夹夹在试管口一端1/3~1/4处,手握试管夹的长柄,不要把拇指按在试管夹的短柄上
试管架	用于承放试管	—
干燥管	内装颗粒干燥剂,用于干燥气体	(1) 干燥剂置于球形部分,不宜过多 (2) 球形上、下部要填放少许玻璃纤维,以防止气流将干燥粉末带出 (3) 注意气体走向,大口进气,小口出气
U形干燥管	内装干燥剂,用于干燥气体	(1) 干燥剂用量不能装至进出气管部位 (2) 出气部位填放少量玻璃纤维,防止干燥剂粉末被带出
漏斗	用于过滤或向小口容器转移液体	过滤时,滤纸边缘应略低于漏斗边缘
胶头滴管	用于吸取和滴加少量液体	(1) 一支滴管用于取一种试剂,不能混用。滴加液体时不能与其他容器接触 (2) 只有洗净后才可吸取另一种试剂
药匙	用于取少量固体药品	取用过一种药品后,必须洗净,用滤纸抹干,方可取用于另一种药品

第二节 电化学基础知识

1. 电镀

电镀的基本过程是将工件浸在金属盐的溶液中作为阴极,金属板作为阳极,接通直流电源后,在工件表面就会沉积出金属镀层。例如以镀锌为例,将工件浸在锌酸盐的溶液中作为阴极,金属锌板作为阳极,接通直流电源后,在工件表面就会沉积出金属锌镀层。

2. 两类导体　　熟悉两类导体的本质。

能导电的物质称为导体。根据传导电流的电荷载体的不同,可将导体分为第一类导体和第二类导体。由电子来传导电流的导体,称为第一类导体或电子导体。像金属、合金、石墨、碳以及某些金属氧化物和碳化物,都属于这类导体。电镀生产中经常用到的各种导线、汇流排、导电棒以及各种阳极板等就属于这类导体。依靠离子的定向移动来传导电流的导体,称为第二类导体或离子导体。属于第二类导体的物质有:电解质溶液、熔融电解质和固体电解质。电解质溶液是最常见的第二类导体。电镀生产中经常用的脱脂溶液、浸蚀溶液以及各类电解液等,都属于这类导体。

3. 原电池

浸在电解质溶液中的两个电极,当其与外电路中的负载接通后,能够自发的将电流送到外电路中而作功,这类装置称为原电池或自发电池。或者说,凡能将化学能直接转变成电能的装置均称为原电池。在原电池中,电子流出的一极称为负极,电子流入的一极称为正极。从电流方向来说,电流流出的一极称为阳极,电流流入的一极称为阴极。

4. 电解池

浸在电解质溶液中的两个电极,与外加直流电源接通后,强制电流在体系中通过,从而在电极上发生化学反应,这种装置叫做电解池。在电镀生产中,是将直流电源的正极和负极,用金属导线分别接到镀槽(阳极)和工件(阴极),电源正极接阳极,电源负极接阴极,两个电极间就形成了电场,在这种电场的作用下,电解液中的阴、阳离子立即发生定向移动:阳离子移向阴极,而阴离子移向阳极。与此同时,金属阳离子在阴极上获得电子,发生还原反应,而阳极板上的金属原子失去电子,进行氧化反应,生成金属离子。

5. 电极和电极反应

在原电池和电解池里各有两个电极。这里指的电极是与电解质溶液相接触的第一类导体,例如汇流排、导电棒以及各种阳极板。在原电池或电解池中两个电极,电位较高的电极叫做正极,而电位较低的电极叫做负极。发生还原反应的电极叫做阴极,发生氧化反应的电极叫做阳极。上面所说的电极，实际上是第一类导体与第二类导体的串联体系。在这两类导体界面间有电子参加的发生氧化还原反应叫做电极反应：在阴极上发生的电极反应叫做阴极反应；在阳极上发生的电极反应叫做阳极反应。

6. 电极电位

某电极与标准氢电极组成一特殊原电池，其中标准氢电位为负极，所测得的这种原电池的电动势称为该电极的电极电位，或称为氢标准电极电位，用符号 φ 表示。原电池的电动势，指的是没有电流通过的、两个电极间的电位差，即

$$E = \varphi_+ - \varphi_- \tag{2-3}$$

式中　E——原电池的电动势（V）；

　　　φ_+——正极电极电位（V）；

　　　φ_-——负极电极电位（V）。

由于人为的规定标准氢电极的电极电位为零。所以实际测得的电动势就等于该电极的电极电位。

7. 平衡电位和非平衡电位

可逆电极在没有电流通过时，所具有的电极电位叫做平衡电极电位，简称平衡电位，也叫做可逆电位。不可逆电极在没有电流通过时，所具有的电极电位称为非平衡电位，也叫做不可逆电位。

参比电极：测某电极的电极电位时，必须选一个电位数值，已知的电极作为辅助电极，将它组成原电池，测出该原电池的电动势。这个辅助电极叫做参比电极。

8. 电流密度

要熟悉电流密度的定义和应用！

一般是指电极（如电镀工件）单位面积上通过电流的大小，通常用 A/dm^2 作为单位。

9. 极化

通常是指直流电流通过电极时，电极电位偏离其平衡电位的现象。在电流的作用下，阳极的电极电位向正的方向偏移，叫做阳极极化。阴极的电极电位向负的方向偏移，叫做阴极极化。

10. 主盐、导电盐

在电镀生产中溶质是多组分的，能提供镀液金属离子的盐称为

主盐，能提高镀液的导电能力的盐称为导电盐。例如锌酸盐镀锌溶液，氧化锌能给溶液提供Zn^+是主盐，氢氧化钠起络合和导电作用，所以氢氧化钠是导电盐；又例如焦磷酸盐镀铜溶液中，焦磷酸铜是供给镀液含铜量的称为主盐，硝酸盐具有提高工作电流密度上限的作用称为导电盐。

11. 电流效率

> 了解电流效率的定义。

电极上通过单位电量时，某一反应所形成的产物的实际质量与其电化当量之比，通常以百分比表示。

12. 法拉第定律（电解定律）：

> 熟练掌握法拉第定律。

1) 法拉第第一定律：电解时，电极上所形成的产物 m（析出或溶解的物质）的质量与电流 I 和通电时间 t 成正比，也即是与通过的电荷量成正比。可用下式表示为

$$m = kIt = kQ \quad (2-4)$$

式中　m——电极上析出（或溶解）物质的质量（g）；

　　　I——通过电极的电流（A）；

　　　t——通电的时间（h）；

　　　Q——通过的电荷量（C 或 A·h）；

　　　k——比例常数。

比例常数 k，表示电极上通过 1C 或 1（A·h）电荷量时，在电极上形成的产物的量 g，通常称为该产物的电化摩尔质量。其数值是由法拉第第二定律所决定的。

如果某物质的电化摩尔质量是已知的，则只要知道电镀槽中通过的电流和时间，就能用式（2-4）计算出电极上这种反应产物的质量。

2) 法拉第第二定律：电极上每析出（或溶解）1mol 的任何物质，所需要的电荷量为 96500C 或 26.8（A·h）。也就是说，用同等的电荷量通过各种不同的电解质溶液时，在电极上析出（或溶解）各物质的量与它们的摩尔质量成正比。

所谓摩尔质量，就是物质的相对原子质量（用 A 表示）与其化合价（用 n 表示）之比 E（即 A/n）。例如，用同样的电荷量（96500C），分别通过稀硫酸、硝酸银、硫酸铜三种溶液，则在阴极

上分别析出 1g 氢气、107.88g 银和 31.77g 铜,析出的量恰好分别等于它们的摩尔质量。

综合以上两个定律,可将电解定律归纳如下:电解时,在电极上析出(或溶解)的物质的量 m 与通过的电荷量 Q 及该物质的摩尔质量 E(即 A/n)的乘积成正比,可用下式表示为

$$m = \frac{E}{F}Q = \frac{A}{nF}Q \qquad (2\text{-}5)$$

式中　F——法拉第常数。即电解时,电极上析出(或溶解)1mol 物质时所需要的电荷量。由实验测得:F 为 96500C/mol 或 26.8(A·h)/mol;

　　　　E——物质的摩尔质量(g/mol);

　　　　Q——电解时通过的电荷量(C 或 A·h)。

将式(2-4)代入式(2-5),即可得到电化摩尔质量 k 与摩尔质量 E(即 A/n)之间的关系为

$$k = \frac{E}{F} = \frac{A}{nF} \qquad (2\text{-}6)$$

13. 电解

当外电流通过电解液时,在阳极和阴极上分别进行氧化和还原反应,将电能转变为化学能的过程。

14. 阳极电解

在外电流通过电解液时,以工件为阳极,进行氧化反应,并将电能转变为化学能的过程。

15. 阴极电解

在外电流通过电解液时,以工件为阴极,进行还原反应,并将电能转变为化学能的过程。

16. 化学腐蚀

金属和非金属在电解溶液、干燥气体和高温下发生化学作用而引起的腐蚀。

17. 不溶性阳极(惰性阳极)

电流通过时不发生阳极溶解反应的阳极。

18. 电化学

研究化学能和电能相互转变及与此过程有关现象的科学。

19. 电化学腐蚀

金属在电解质溶液中或金属表面覆盖液膜时，由于电化学反应使金属氧化的过程。

20. 电化当量

电极上通过单位电量[例如1（A·h），或1C]时，具有100%电流效率的电极反应所产生或消耗的物质的质量称为有关物质的电化当量，通常以g/C或g/(A·h)表示。

21. 电导率（比电导）

单位截面积和单位长度的导体之电导，通常以S/m表示。

22. 电泳

液体介质中带电的胶体微粒在外电场作用下相对液体的迁移现象。

23. 电动势

原电池开路时两极间的电势差。

24. 电极电势

在标准状态下，某电极与标准氢电极（不作负极）组成原电池，所测得的电动势称为该电极的氢标电极电势，或简称电极电势。各种电极的氢标电极电势可以表示出电极与溶液界面间电势差的相对大小。

25. 电解质

本身具有离子导电性或在一定条件下（例如高温熔融或溶于溶剂形成溶液）能够呈现离子导电性的物质。

26. 电解液

具有离子导电性的溶液。

27. 电离度

溶液中的电解质以自由离子存在的摩尔数与其总摩尔数之比。通常以%表示。

28. 去极化

在电解质溶液或电极中加入某种去极剂而使电极极化降低的现象。

29. 阴极性镀层

比基体金属的电极电势更正的金属镀层。

30. 阳极泥

在电流作用下，阳极溶解时产生的不溶性残渣。

31. 阳极性镀层

比基体金属的电极电势更负的金属镀层。

32. 扩散层

电流通过时在电极表面附近存在着浓度梯度的溶液薄层。

33. 杂散电流

在需要通过电流的线路以外的其他回路（例如镀槽槽体或加热器等）中流过的电流。

34. 体积电流密度

单位体积电解质溶液中通过的电流。通常以 A/L 表示。

35. 沉积速率

单位时间内镀件表面沉积出金属的厚度。通常以 μm/h 表示。

36. 局部腐蚀

腐蚀破坏主要集中在表面局部区域，而其他部分几乎未遭受腐蚀的一种现象。

37. 极化

电极上有电流通过时，电极电势偏离其平衡值的现象。

38. 极间距

原电池或电解槽中两电极（正、负极或阴、阳极）之间的距离。

39. 乳化

一种液体以极微小液滴均匀地分散在互不相溶的另一种液体中的现象。

40. 应力腐蚀

金属材料在应力和腐蚀环境共同作用下而发生的开裂现象。

41. 析气

电解过程中电极上有明显可见的气体析出现象。

42. 活化

消除电极表面的钝化状态的工艺步骤。

43. 浓差极化

电极上有电流通过时，由电极表面附近的反应物或产物浓度变化引起的极化。

44. 点腐蚀

在金属表面出现的点状腐蚀。

45. 氢脆

金属或合金吸收氢原子和应力存在下而引起的脆性。

46. 渗氢

金属工件在浸蚀、脱脂或电镀等过程中吸附氢原子的现象。

47. pH 值

氢离子活度 a_H^+（或近似地用浓度）的常用对数的负值，即 pH = $-\log a_H^+$。

48. 基体材料

能在其上沉积金属或形成膜层的材料。

49. 辅助阳极

为了改善被镀工件表面上的电流分布而使用的附加阳极。

50. 辅助阴极

工件上某些电流过于集中的部位附加某种形状的阴极，以避免毛刺和烧焦等缺陷，这种附加的阴极称为辅助阴极。

51. 晶间腐蚀

沿着晶粒边界发生的选择性腐蚀。

52. 溶度积

在一定温度下难溶电解质饱和溶液中相应的离子浓度的乘积，其中各离子浓度的幂次与它在该电解质电离方程式中的系数相同。

53. 微观覆盖能力

在一定条件下电镀液中金属离子在孔隙或划痕中电沉积的能力。

54. 槽电压

电解时单元电解槽两极间总电势差。

55. 整平作用

镀液使镀层表面比基体表面更平滑的能力。

56. 覆盖能力

在特定的电镀条件下，镀液沉积金属覆盖工件整个表面的能力。

57. 冲击电流

电镀过程中通过的瞬时大电流。

第三节　电镀常用术语

一、镀覆方法

1. 化学氧化

在没有外电流作用下，金属工件与电解质溶液作用，使金属工件表面生成一层氧化膜的处理过程。

2. 电化学氧化

金属工件浸入一定的电解质溶液中作为阳极，在直流电作用下，使其表面生成氧化膜的处理过程。

3. 阳极氧化

通常是指铝或铝合金制品或工件，在一定电解液中和特定的工作条件下作为阳极通过直流电流的作用，使其表面生成一层抗腐蚀的氧化膜的处理过程。

4. 钢铁发蓝（钢铁化学氧化）

将钢铁工件在加热的氧化性溶液中，使其表面形成通常成为蓝（黑）色的氧化膜的过程。

5. 磷化

钢铁工件在含有磷酸盐的溶液中进行化学处理，使其表面生成一层难溶于水的磷酸盐保护膜的处理过程。

6. 化学钝化

在没有外电流作用下，金属工件与电解质溶液作用，使其表面生成一层钝化膜的处理过程。

7. 电化学钝化

以浸入一定电解质溶液中的金属工件作为阳极，在直流电作用下，使其表面生成一层钝化膜的处理过程。

8. 化学镀

在经活化处理的工件基体表面上，镀液中金属离子被催化还原形成金属镀层的过程。

9. 闪镀

通电时间极短产生薄镀层的电镀。

10. 激光电镀

在激光作用下的电镀。

11. 浸镀

由一种金属从溶液中置换另一种金属的置换反应产生的金属沉积物,例如:$Fe + Cu^{2+} \rightarrow Cu + Fe^{2+}$。

12. 多层电镀

在同一基体上先后沉积上几层性质或材料不同的金属层的电镀。

13. 冲击镀

在特定的溶液中以高的电流密度,短时间电沉积出金属薄层,以改善随后沉积镀层与基体间结合力的方法。

14. 刷镀

用一个同阳极连接并能提供电镀需要的电解液的电极或电刷,在作为阴极的工件上移动进行选择电镀的方法。

15. 挂镀

利用挂具吊挂工件进行的电镀。

16. 滚镀

工件在回转容器中进行的电镀。适用于小型工件的电镀。

17. 脉冲电镀

用脉冲电源代替直流电源的电镀。

18. 塑料电镀

在塑料工件上电沉积金属镀层的过程。

19. 转化膜

金属经化学或电化学处理所形成的含有该金属化合物的表面膜层,例如锌或镉上铬酸盐膜或钢铁上的氧化膜。

20. 金属电沉积

借助于电解使溶液中金属离子在电极上还原并形成金属相的过程,例如电镀、电铸、电解精炼等。

二、镀前处理和镀后处理

1. 镀前处理

为使工件材质暴露出真实表面和消除内应力及其他特殊目的所需除去油污、氧化物及内应力等种种前置技术处理。

2. 镀后处理

为了增强防护性能、装饰性及其他特殊目的而进行的（如钝化、热熔、封闭和除氢等）电镀后置技术处理。

3. 粗化

用机械法或化学法使工件表面得到微观粗糙，使之由憎液性变为亲液性，以提高镀层与工件表面之间的结合力的一种非导电材料化学镀前处理工艺。

4. 磨光

借助粘有磨料的磨轮对工件进行抛磨，以提高工件表面平整度的机械加工过程。

5. 机械抛光

借助于粘有精细磨料和抛光膏的高速抛光轮，对工件进行轻微磨削和整平，从而获得光亮表面的机械加工过程。

6. 滚光

将工件装在盛有磨料和滚光液的旋转容器中进行滚磨出光的过程。

7. 刷光

用旋转的金属或非金属刷轮（或刷子）对工件表面进行加工，以清除表面上残存的附着物，并使表面呈现一定光泽的过程。

8. 喷砂

利用净化的压缩空气，将干砂流强烈地喷射到金属工件表面，进行清理或粗化的加工过程。

9. 抛丸

利用高速回转的叶轮，将弹丸抛向滚筒内连续翻滚的金属工件表面进行清洁或粗化的加工过程。

10. 有机溶剂脱脂

利用有机溶剂对油污的溶解作用，除去工件或制品表面油垢的过程。

11. 化学脱脂

在碱性溶液中，借助皂化和乳化作用，除去工件或制品表面的油污的过程。

12. 电化学脱脂（电解脱脂）

在含有碱的溶液中，以工件为阳极或阴极，在电流作用下，除去工件或制品表面油污的过程。

13. 乳化脱脂

用含有有机溶剂、水和乳化剂的液体除去工件表面油污的过程。

14. 化学浸蚀

在含酸溶液中或含碱溶液中，除去金属工件表面的锈蚀物和氧化物的过程。

15. 电化学浸蚀（电解浸蚀）

金属工件作为阳极或阴极在电解质溶液中进行电解，以清除工件表面氧化物和锈蚀物的过程。

16. 光亮浸蚀

用化学或电化学方法除去金属工件表面的氧化物或其他化合物，使之呈现光亮的过程。

17. 弱浸蚀

将金属工件在电镀前浸入一定的溶液中，以除去其表面上极薄的氧化膜并使表面活化的过程。

18. 强浸蚀

将金属工件浸在较高浓度和一定温度的浸蚀液中，以除去其上的氧化锈蚀物的过程。

19. 化学抛光

金属工件在指定的溶液中和特定的条件下，进行短时间的浸蚀，从而将工件表面整平，获得比较光亮表面的过程。

20. 电化学抛光

金属工件在合适的溶液中进行阳极极化处理，以使表面平滑、光亮的过程。

21. 逆流漂洗

工件的运行方向与清洗水流动方向相反的多道清洗过程。

22. 超声波清洗

用超声波作用于清洗溶液，以更有效地除去工件表面油污及其他杂质的方法。

23. 除氢

将金属工件在一定温度下加热或采用其他处理方法，以驱除金属内部吸收氢的过程。

24. 退火

退火是一种热处理工艺，它是将工件加热到一定的温度，保温一定时间，然后缓慢冷却的热处理工艺。经过退火处理，可消除镀层中的吸收氢，减小镀层内应力，从而降低其脆性；也可以改变镀层的晶粒状态或相结构，以改善镀层的力学性能或使其具有一定的电性、磁性或其他性能。

25. 封闭

在铝件阳极氧化后，为降低经阳极氧化形成氧化膜的孔隙率，经由在水溶液或蒸汽介质中进行的物理、化学处理。其目的在于增大阳极覆盖层的抗污能力及耐蚀性能，改善覆盖层着色的持久性或赋予别的所需要的性能。

26. 着色能力

染料在阳极氧化膜或镀层上的附着能力。

27. 着色

让有机或无机染料吸附在多孔的阳极氧化膜上，使之呈现各种色彩的过程。

28. 脱色

用脱色剂去除已着色的氧化膜上色彩的过程。

三、材料和设备

1. 汇流排

连接整流器与镀槽供导电用的铜排或铝排。

2. 阳极袋

套在阳极上，以防止阳极泥渣进入溶液的棉布或化纤织物袋子。

3. 绝缘层

涂敷在电极或挂具的某一部分，使该部位表面不导电的涂层。

4. 挂具（夹具）

用来装挂工件，以便于将它们放入槽中进行电镀或进行其他处理的工具。

5. 光亮剂

加入镀液中可获得光亮镀层的添加剂。

6. 助滤剂

为防止滤渣堆积过于密实，使过滤顺利进行而使用的细碎程度不同的不溶性惰性材料。

7. 阻化剂

能减小化学反应或电化学反应速率的物质，例如强浸蚀中使用的缓蚀剂。

8. 乳化剂

能降低互不相溶的液体间的界面张力，使之形成乳浊液的物质。

9. 润湿剂

能降低工件与溶液间的界面张力，使工件表面易于被溶液润湿的物质。

10. 添加剂

加入镀液中，能改进镀液的电化学性能和改善镀层质量的少量添加物。

11. 整平剂

在电镀过程中，能够改善基体表面微观平整性，以获得平整光滑镀层的添加剂。

12. 移动阴极

将被镀工件与极杠连接在一起并作周期性往复运动的阴极。

13. 离心干燥机

利用离心力使工件脱水干燥的设备。

14. 整流器

把交流电直接变为直流电的设备。

四、测试和检验

了解测试和检验常用术语及其含义。

1. 孔隙率

工件单位面积上针孔的个数。

2. 焊接性

镀层表面被熔融钎料润湿的能力。

3. 硬度

镀层抵抗其他物体刻划或压入其表面的能力，是镀层的一项重要力学性能。根据测定方法的不同，可用不同量值表示硬度，例如布氏硬度、洛氏硬度、维氏硬度、肖氏硬度和努氏硬度等。

4. 结合力

镀层与基体材料之间结合强度的量度，可用使镀层与基体分离所需的力来表示。

5. 脆性

镀层所能承受变形程度的能力，它主要决定于镀层材料及其内应力。

6. 剥离

由于某些原因（例如不均匀的热膨胀或收缩）引起的镀层表面层的碎裂或脱落。

7. 树枝状结晶

电镀时，在阴极上（特别是边缘和其他高电流密度区）形成的粗糙、松散的树枝状或不规则突起的沉积物。

8. 金属变色

由于腐蚀而引起的金属或镀层表面色泽的变化，如发暗、失色等。

9. 针孔

从镀层表面贯穿到镀层底部或基体金属的微小孔道。

10. 起皮

镀层呈片状脱离基体的现象。

11. 起泡

在电镀层中，由于镀层与底金属之间失去结合力而引起凸起状的缺陷。

12. 桔皮

类似于桔皮波纹外观的表面处理层。

13. 海绵状镀层

与基体材料结合不牢固的疏松多孔的沉积物。

14. 烧焦镀层

在过高电流密度下形成的黑暗色、粗糙松散、质量差的沉积物，其中常含有氧化物或其他杂质。

15. 麻点

在电镀过程中，由于种种原因而在电镀表面形成的小坑。

16. 霍尔槽

采用具有一定尺寸比例的梯形槽进行电镀试验，可观察不同电流密度下镀层的质量，从而研究多种因素对电镀的影响。

复习思考题

1. 什么叫物理变化和化学变化？并举例说明它们的区别。
2. 简述溶质、溶剂、溶液的概念，并举例说明。
3. 电镀溶液的浓度常有哪几种表示方法？
4. 有机物与无机物的区别是什么？
5. 什么是电镀、电流密度、电流效率？
6. 法拉第定律的内容是什么？

第三章

电镀常用原材料和设备

培训学习目标 通过本章的学习,了解电镀常用的原材料和设备,并熟悉原材料在镀液中所起的作用,掌握常用设备的正确操作。

第一节 电镀常用原材料

电镀常用的原材料有:酸(例如 HCl、H_2SO_4、H_3BO_3 等)、碱(例如 NaOH、KOH 等)、盐(例如 $NiCl_2$、$NiSO_4$、$SnSO_4$、$CuSO_4$ 等)、阳极(例如光亮镀锡用的锡板、光亮镀银用的银板等),以及各种少量的添加剂。

一、酸、碱、盐

> 掌握电镀常用的盐酸、硫酸、硝酸三大强酸的特性!

1. 盐酸

盐酸的化学式为 HCl,它是氯化氢的水溶液,俗称盐酸。浓盐酸中约含有质量分数为 37% 的 HCl,密度为 $1.19g/cm^3$,无色透明液体(工业生产的盐酸常含有 Fe^{3+} 杂质,而略显黄色),有强烈的挥发性和氯化氢刺激性气味。由于浓盐酸挥发出大量的 HCl 气体,所以才在空气中形成白雾。它是三大强酸之一,在电镀中用途广泛,例如金属除锈、浸蚀、铬镀层的退除等。

2. 硫酸

硫酸的化学式为 H_2SO_4,纯硫酸是无色、粘稠、油状液体,它是高沸点的强酸（质量分数为98%浓硫酸沸点为338℃），不易挥发，能与水任意比例混合，溶于水时放出大量的热。市场上销售的浓硫酸的密度为 $1.84g/cm^3$。浓硫酸的化学性质有：①强酸性，在水中全部电离。②强氧化性，它不但能氧化绝大多数活泼金属和不活泼金属，也能氧化不少的非金属和还原性氧化物。③吸水性，它能强烈地吸收水蒸气和其他物质中的水分。④脱水性，它能将一些含氢和氧的化合物以水的形式脱去其中的氢和氧。有机物遇到浓硫酸发生炭化，就是被脱水的结果。浓硫酸的吸水性和脱水性与它跟水形成水合物（H_2SO_4、H_2O 等）有关，在这过程中放出大量的热（所以在稀释浓硫酸时，要把浓硫酸缓慢加入水中，而不能相反）。它在电镀过程中的用途是除去金属表面的氧化皮、酸洗、电镀等。它在酸性镀锡溶液中，具有防止亚锡水解、降低锡离子浓度、提高溶液导电性能、提高阳极电流效率等作用，当溶液中硫酸含量不足时，亚锡离子易氧化成四价锡，发生水解。

3. 硝酸

硝酸的化学式为 HNO_3，纯硝酸是无色透明、有刺激性气味、易挥发的液体（沸点为83℃），能以任意比例与水互溶，常用的浓硝酸的质量分数约69%，密度为 $1.42g/cm^3$。质量分数为69%以上的浓硝酸在潮湿空气中冒烟，所以也叫发烟硝酸。它的化学性质有：①不稳定性，见光或受热会分解，浓度越高越容易分解。所以硝酸要用棕色瓶盛装并贮放于阴凉处。硝酸分解产生的 NO_2，可以溶解于硝酸中，这是浓硝酸常带微黄色的原因。②强氧化性，能把几乎所有金属（少数金、铂除外）及许多非金属（如碳、硫、磷）氧化。1体积的浓硝酸与3体积的浓盐酸的混合溶液称为王水。它能溶解金、铂等不能被硝酸溶解的金属。它在电镀中的用途是酸洗、出光等。

4. 磷酸

磷酸的化学式为 H_3PO_4，密度为 $1.7g/cm^3$，纯磷酸是无色的吸湿性晶体，易溶于水并能与水任意比例相溶。市场销售的浓磷酸是质量分数为83%~98%的无色透明油状液体。磷酸是没有挥发性、非氧化性、中强程度的三元酸，在水溶液中分三级电离。它在电镀中的用途是电化学抛光、化学氧化等。

5. 氢氟酸

氢氟酸的化学式为 HF，密度为 $1.12g/cm^3$ 的无色透明液体，在空气中易发烟和吸收水很快，可燃烧并使皮肤发炎，蒸气有刺激性气味、有毒，与硅反应生成四氟化硅气体。它在电镀中用途是酸洗不锈钢、清除型砂。

6. 冰醋酸

冰醋酸的化学式为 CH_3COOH，密度为 $1.06g/cm^3$ 的无色透明液体，低温下凝固为冰状晶体，有酸味，能与水、乙醇、乙醚和四氯化碳等有机溶剂相混合，不溶于二硫化碳，易燃，具有腐蚀性，能引起严重烧伤。它在电镀中的用途是中和碱液、调节有机溶液的 pH 值。

7. 硼酸

硼酸的化学式为 H_3BO_3，密度为 $1.43g/cm^3$ 的白色结晶粉末。它在镀镍溶液中起缓冲作用，能稳定镀镍溶液的 pH 值。它除了具有缓冲 pH 效果外，还能使镀层结晶细致，不易烧焦。若采用高电流密度时，应该采用硼酸含量较高的镀液，在氯化物镀锌溶液中也是缓冲剂，使溶液的 pH 值得以稳定。

8. 三氧化铬

> 熟悉三氧化铬俗称，并掌握它在铬酸盐彩色钝化溶液中起的作用。

三氧化铬的化学式为 CrO_3，密度为 $2.7g/cm^3$，俗称铬酐，它是紫红色片状结晶，易吸水潮解，有强腐蚀和强氧化性。它在镀铬溶液中，是提供金属离子的主盐。溶液中铬酐浓度低时，具有电流效率高、硬度高、分散能力好等优点，同时还可以减少铬酸的带出损失。缺点是溶液导电率低、需要较高的槽电压。提高溶液中的铬酐浓度，溶液的导电率提高，但槽电压低、分散能力变差、铬镀层硬度降低、铬酸带出损失多。它在铬酸盐彩色钝化液中是主盐，是成膜的主要成分，铬酐浓度高时，反应速度快、钝化时间短；浓度低时则相反。

9. 氢氧化钠

氢氧化钠的化学式为 NaOH，密度为 $2.13g/cm^3$，俗称火碱、苛性钠、烧碱。它在空气中容易潮解为白色固体，有强的腐蚀性，溶于水时放出大量的热，其水溶液是强碱。它与空气接触时，不但容易潮解，而且与空气中的 CO_2 反应生成 Na_2CO_3，所以氢氧化钠必须保存于密闭容器里。电镀前预处理脱脂用氢氧化钠的量很大。它在锌酸盐镀锌溶液中起导电作用，是锌的络合剂。在氰化镀铜溶液中也是起导电作用，如果溶液中氢氧化钠含量过高时，容易被分解造成碳酸盐并积累。在碱性镀锡溶液中，其主要作用是与锡盐形成稳定的络合物，可改善导电性能，有利于阳极正常溶解。随着碱浓度升高，极化作用增加、分散能力好，但电流效率降低。

10. 氢氧化铵

氢氧化铵的化学式为 NH_4OH，俗称氨水，密度为 $0.88g/cm^3$ 的有刺激性臭味的无色液体，易挥发，有强的腐蚀性，一般情况下用于调节溶液 pH 值用。

11. 氧化锌

氧化锌的化学式为 ZnO，密度为 $5.62g/cm^3$ 的白色粉末，溶于强酸和强碱溶液。它在锌酸盐镀锌溶液中是供应锌离子的主盐。锌含量高时，可提高电流密度，但镀层粗糙、分散能力差；若锌含量低，则沉积慢、电流效率降低。

12. 碳酸钠

碳酸钠的化学式为 Na_2CO_3，密度为 $2.5g/cm^3$，俗称纯碱。它是白色吸水性粉末，溶于水，不溶于醇，其水溶液呈碱性。与酸反应放出二氧化碳，它在电镀中的用途是脱脂、电镀。在氰化镀镉溶液中，它能提高镀液的电导率和均镀能力、改善镀层组织、使镀层光亮、结晶细致。含量过高时，会降低阴极极化作用，同时会影响镀层与基体金属的结合力。

13. 过氧化氢

> 了解过氧化氢的俗称，并掌握它在电镀中的用途。

过氧化氢的化学式为 H_2O_2，密度为 $1.44g/cm^3$，俗称双氧水。它是无色透明液体，显碱性，在弱酸性溶液中氧化性强。它在电镀中的用途是处理电解液中有机杂质。

14. 五水硫酸铜

五水硫酸铜的化学式为 $CuSO_4 \cdot 5H_2O$，密度为 $2.3g/cm^3$ 的蓝色透明结晶，溶于水，微溶于乙醇。它在酸性硫酸盐镀铜溶液中是提供铜离子的主盐。硫酸铜含量过低时，将降低电流密度、光亮度和电流效率；含量过高时，受溶解度的限制，在镀槽壁或极板上结晶析出，使镀液的均镀能力下降。

15. 七水硫酸镍

七水硫酸镍的化学式为 $NiSO_4 \cdot 7H_2O$，密度为 $2.0g/cm^3$ 的绿色结晶。硫酸镍是镀镍溶液中镍离子的主要来源。提高硫酸镍的含量，也就提高了电镀速度。

16. 六水氯化镍

六水氯化镍的化学式为 $NiCl_2 \cdot 6H_2O$，它是绿色结晶。氯化镍在镀镍溶液中有两个作用：一是能帮助阳极溶解；二是能提高溶液的导电率，从而降低了达到额定电流密度时所需的槽电压。

17. 硝酸银

硝酸银的化学式为 $AgNO_3$，密度为 $4.35g/cm^3$ 的白色或无色晶体。它是贵金属盐，在空气中易氧化变黑，与氯离子反应生成白色沉淀。它在光亮镀银中是主盐。银含量太高时，会使镀层结晶粗糙、色泽发黄、滚镀时还会产生桔皮状镀层；银含量太低时，会降低电流密度上限、沉积速度减慢、造成生产效率下降。在浸渍法化学镀银溶液中，是供给沉积银的主盐。化学镀银的还原速度，随银离子含量递增而加快，但银溶液浓度高时，溶液不稳定。因此，只能用中低浓度的溶液。在塑料电镀中，硝酸银活化液主要起氧化还原反应的催化作用。溶液中的银含量过低时，活化液稳定性差、使用寿命短；银含量过高时，会引起塑料件表面催化中心过多、使化学铜反应过快，从而得不到结合力良好的致密镀层。

18. 氯化银

氯化银的化学式为 AgCl，它是白色粉末，不溶于水。它在氰化物镀银溶液中是提供金属离子的主盐。银含量高时，会使镀层结晶粗糙、色泽发黄、滚镀时还会产生桔皮状镀层；银含量太低时，会降低电流密度上限、沉积速度减慢。

19. 氰化钠

氰化钠的化学式为 NaCN，它是白色粉状或球状的剧毒品，能与大多数金属离子生成络合物。它在氰化镀锌溶液中是络合剂。在氰化镀铜溶液中，能使铜氰络合物稳定，增大阴极极化，使镀层结晶细致，并使阳极正常溶解。在氰化镀镉溶液中必须有一定的游离氰化物，可使阳极极化作用降低，保证阳极正常溶解，稳定镀液并能提高阴极极化作用，以便获得均匀的镀层。

20. 氰化钾

氰化钾的化学式为 KCN，它是白色粉状或球状，在氰化物镀银溶液中是主要的络合剂。它和银生成银氰化钾络盐外，在溶液中还有一定的游离氰化钾。其作用是稳定溶液、提高阴极极化、使镀层细致均匀、促进阳极溶解、提高导电能力。

21. 氰化亚铜

氰化亚铜的化学式为 CuCN，它是浅灰绿色粉末，是剧毒品。在氰化镀铜溶液中，它是供给镀液铜离子的主盐。铜含量低时，阴极极化值增大、电流效率显著下降、允许的工作电流密度低；铜含量高时，电流密度大、整平作用可提高，但如果含量太高，会使高电流密度区镀层光泽不好。

22. 二水氰化金钾

二水氰化金钾的化学式为 $KAu(CN)_2 \cdot 2H_2O$，它是无色的，易溶于水，是氰化物镀金溶液的主盐。氰化金钾含量不足时，镀层结晶较细致，但阴极效率下降、允许的阴极电流密度上限降低、镀层易烧焦、有时镀层色泽浅；提高氰化金钾的含量时，电流密度上限上升、电流效率高，并且有利于镀层光泽；但含量过高时，镀液冷却后会有结晶析出、镀层粗糙、色泽易变暗、发红、发花。

23. 酒石酸钾钠

酒石酸钾钠的化学式为 $C_4H_4O_6KNa \cdot 2H_2O$，它是白色的结晶，在氰化镀铜溶液中是良好的阳极去极化剂，可促使阳极正常溶解。

24. 十二烷基硫酸钠

十二烷基硫酸钠的化学式为 $C_{12}H_{25}SO_4Na$，它是白色粉末，在普通型镀镍溶液中是比较有效的防针孔剂。它能降低溶液的表面张力，使氢气泡不易在阴极表面上停留，从而防止针孔的形成。其用量很少，一般在 0.1g/L。

25. 氯化锌

氯化锌的化学式为 $ZnCl_2$，它是白色粉末，溶于水、碱，是氯化物镀锌溶液的主盐。当锌偏低时，分散能力和深镀能力好，但允许电流密度上限值下降；锌偏高时则相反。

26. 硫酸锌

硫酸锌的化学式为 $ZnSO_4 \cdot 7H_2O$，它是无色，易溶于水，在硫酸盐镀锌溶液中是主盐。当锌浓度偏低时，镀层结晶较细；而锌浓度高时，镀层结晶粗、表面光泽差。

27. 硫酸镉

硫酸镉的化学式为 $CdSO_4$，它是无色的，易溶于水，是氨羧络合物镀镉溶液的主盐。镉的含量稍高时，允许的阴极电流密度大、沉积速度快；但含量过高时，会使镀层粗糙。

28. 氧化镉

氧化镉的化学式为 CdO，它是褐色粉末，微溶于水，易溶酸、碱，在氰化物镀镉溶液中是提供镉离子的主盐。阴极电流密度范围随镉含量的降低而降低。较高的镉含量，能提高允许的阴极电流密度范围上限值；当阴极电流密度相同时，镉的含量提高，阴极电流效率也相应提高。一般应控制在 35～40g/L。一但镉含量过高时，会使镀层结晶粗大、镀液的均镀能力下降。

29. 三水焦磷酸铜

三水焦磷酸铜的化学式为 $Cu_2P_2O_7 \cdot 3H_2O$，它是淡蓝色的结晶，易溶于水,是供给焦磷酸盐镀铜液含铜量的主盐。当铜含量过低时,镀层光亮性和整平性差、允许的工作电流密度范围小;铜含量过高时,焦磷酸钾也需相应增加。

30. 三水焦磷酸钾

三水焦磷酸钾的化学式为 $K_4P_2O_7 \cdot 3H_2O$,它是白色粉末,溶于水,是焦磷酸盐镀铜溶液的主要络合剂,由于溶解度较大,所以能相应提高镀液中的金属铜含量,从而提高工作电流密度,而且可获得结晶细致的镀层。焦磷酸钾除了与铜形成络盐外,还有一些游离的焦磷酸钾,能使络盐更加稳定,防止焦磷酸铜沉淀,提高镀液均镀能力,改善镀层结晶和阳极溶解。

31. 三水锡酸钠

三水锡酸钠的化学式为 $Na_2SnO_3 \cdot 3H_2O$,它是无色的,易溶于水,在碱性镀锡溶液中是提供金属离子的主盐,因此是镀液的主盐。提高锡酸钠浓度,有利于提高电流密度和电沉积速度,但分散能力略低,反之亦然。

32. 二水氯化亚铁

二水氯化亚铁的化学式为 $FeCl_2 \cdot 2H_2O$,它是无色的,易溶于水,在氯化亚铁镀铁溶液中是主盐。主盐浓度升高,允许的电流密度增加,沉积速度加快,但硬度下降,韧性提高,镀层易粗糙;主盐浓度过低,则沉积速度慢,脆性增加,硬度提高。

33. 五水硫代硫酸钠

五水硫代硫酸钠的化学式为 $Na_2S_2O_3 \cdot 5H_2O$,它是白色粉末,易溶于水,在非氰化物镀银电解液中是较好的络合剂。

34. 磷酸氢二钾

磷酸氢二钾的化学式为 K_2HPO_4,它是白色粉末,溶于水,是碱性氰化物镀金溶液的缓冲剂,能稳定镀液,还能改善镀层光泽。

35. 柠檬酸钾

柠檬酸钾的化学式为 $K_3C_6H_5O_7$,它是白色粉末,溶于水,在亚硫酸盐镀金溶液中具有络合和缓冲作用,并能改进镀金层与底层金属的结合力。

36. 氯化金

氯化金的化学式为 $AuCl_3$,它是黄褐色晶体,易溶于水,是亚硫酸盐镀金溶液的主盐。金含量较高时,允许的电流密度较高;金含量过低时,允许的电流密度范围窄、镀层色泽也差。

二、阳极

电镀常用阳极材料见表 3-1。

表 3-1 电镀常用的阳极材料化学成分(质量分数,%)

(一)铅锭

牌号	化学成分									标准
	Pb 不小于	杂质 不大于								
		Ag	Cu	Bi	As	Sb	Sn	Zn	Fe	总和	
Pb99.99	99.99	0.001	0.0015	0.005	0.001	0.001	0.001	0.001	0.001	0.01	GB/T 469—1995
Pb99.96	99.96	0.0015	0.002	0.03	0.002	0.005	0.002	0.001	0.002	0.04	

(二)铅锑合金

牌号	主成分		杂质含量 不大于								标准
	Pb 不小于	Sb	Ag	Cu	Bi	As	Sn	Zn	Fe	总和	
PbSb2	余量	1.5~2.5	—	—	—	0.010	0.06	0.008	0.005	0.005	0.2	GB/T 1472—1988
PbSb4		3.5~4.5	—	—	—	0.010	0.06	0.008	0.005	0.005	0.2	
PbSb6		5.5~6.5	—	—	—	0.015	0.08	0.01	0.01	0.01	0.3	

(三)锌锭

牌号	化学成分					标准
	Zn 不小于	杂质含量 不大于				
		Pb	Cd	Fe	Cu	
Zn 99.99	99.99	0.005	0.003	0.003	0.002	GB/T 470—1997
Zn 99.95	99.95	0.020	0.02	0.010	0.002	
Zn 99.5	99.5	0.3	0.07	0.04	0.002	

（续）

牌号	化学成分					标准
	杂质含量 不大于					
	Sn	Al	As	Sb	总和	
Zn 99.99	0.001	—	—	—	0.010	GB/T 470—1997
Zn 99.95	0.001	—	—	—	0.050	
Zn 99.5	0.002	0.010	0.005	0.01	0.50	

（四）镉锭

牌号	化学成分										标准
	Cd 不小于	杂质 不大于									
		Pb	Zn	Fe	Cu	Tl	As	Sb	Sn	总和	
Cd99.99	99.99	0.004	0.002	0.002	0.001	0.002	0.002	0.0015	0.002	0.010	YS/T 72—1994
Cd99.96	99.96	0.020	0.005	0.003	0.01	0.003	0.002	0.002	0.002	0.040	

（五）纯铜

牌号	代号	元素	化学成分											标准
			Cu+Ag	P	Ag	Bi	Sb	As	Fe	Ni	Pb	Sn	S	Zn	O	杂质总和	
一号铜	T1	最小值	99.95	—	—	—	—	—	—	—	—	—	—	—	—	—	GB/T 5231—2001
		最大值	—	0.001	—	0.001	0.002	0.002	0.005	0.002	0.003	0.002	0.005	0.005	0.02	0.05	
二号铜	T2	最小值	99.90	—	—	—	—	—	—	—	—	—	—	—	—	—	
		最大值	—	0.001	—	0.002	0.002	0.002	0.005	0.002	0.005	0.002	0.005	0.005	0.06	0.1	

（六）电解镍

牌号		Ni9999	Ni9990	标准
镍和钴总量 不小于		99.99	99.9	
钴 不大于		0.005	0.08	
化学成分	杂质含量 不大于			GB/T 6516—1997
	C	0.005	0.01	
	Si	0.001	0.002	
	P	0.001	0.001	
	S	0.001	0.001	
	Fe	0.002	0.02	
	Cu	0.0015	0.02	
	Zn	0.001	0.002	
	As	0.0008	0.001	
	Cd	0.0003	0.0008	
	Sn	0.0003	0.0008	
	Sb	0.0003	0.0008	
	Pb	0.0003	0.001	
	Bi	0.0003	0.0008	
	Al	0.001	—	
	Mn	0.001	—	
	Mg	0.001	0.002	

（七）锡锭

牌号		Sn99.90	Sn99.95	标准
化学成分	Sn 不小于	99.90	99.95	
	杂质不大于			GB/T 728—1998
	As	0.008	0.003	
	Fe	0.007	0.004	
	Cu	0.008	0.004	
	Pb	0.040	0.010	
	Bi	0.015	0.006	
	Sb	0.020	0.014	
	Cd	0.0008	0.0005	
	Zn	0.001	0.0008	
	Al	0.001	0.0008	
	总和	0.10	0.050	

(八) 银锭

牌号	化学成分									标准
	Ag 不小于	杂质含量 不大于								
		Bi	Cu	Fe	Pb	Sb	Pd	Se	Te	总和	
IC-Ag99.99	99.99	0.0008	0.003	0.001	0.001	0.001	0.001	0.0005	0.0005	0.01	GB/T 4135 —2002
IC-Ag99.95	99.95	0.001	0.025	0.002	0.015	0.002	—	—	—	0.05	

(九) 金锭

牌号	化学成分								标准
	Au 不小于	杂质含量 不大于							
		Ag	Cu	Fe	Pb	Bi	Sb	Si	
IC-Au99.99	99.99	0.005	0.002	0.002	0.001	0.002	0.001	0.005	GB/T 4134 —2003

牌号	化学成分							
	Au 不小于	杂质含量 不大于						
		Pd	Mg	As	Sn	Cr	Ni	Mn
IC-Au99.99	99.99	0.005	0.003	0.003	0.001	0.0003	0.0003	0.0003

三、添加剂

1. 锌酸盐镀锌溶液中常用的添加剂

(1) **DE 和 DPE 添加剂** 能细化结晶，提高镀液的分散能力和深镀能力。这类添加剂的分子中含有多个极性基团，属多聚型表面活性剂，能在很宽的电位范围内在阴极表面上产生特性吸附，会使离子放电步骤缓慢，从而提高了阴极极化，有效地控制 OH^- 对电极过程的活化作用，因而避免了海绵状镀层的生成。

(2) **光亮剂** DE 型镀液不加光亮剂时，镀层光泽欠佳，加入香草醛或 ZBD-88 光亮剂后，镀层细致，光泽好。

(3) **锌酸盐光亮剂** 将 BZN99 型光亮剂加入到镀液中有明显的光亮作用，可显著地改善镀层质量。

2. 氰化镀锌溶液中常用的光亮剂

现在有些小五金产品以镀锌作防护-装饰层，要求镀层光亮平滑，另外为保护环境，普遍应用低铬或超低铬钝化且要求镀层光亮，因此开发了一批氰化镀锌通用的光亮剂，如 BZN98、氰锌—92、CKZ—840、WD—90、890、碱锌—10、HT 氰化镀锌光亮剂等。这类光亮剂大都是脂肪族胺类的聚环氧化物，并含有含氮杂环及表面活性剂，具有提高极化、细化结晶、整平和光亮作用。

3. 氯化物镀锌溶液中常用的光亮剂

目前市售的氯化物镀锌光亮剂种类很多，性能亦有差别。但都包含有主光亮剂、载体光亮剂和辅助光亮剂等三个基本成分。

（1）主光亮剂　这是一种能产生显著的光亮和整平作用的有机物，例如香豆素、香草醛、苄叉丙酮等，其中以苄叉丙酮效果较好。它难溶于水，必须靠载体光亮剂增溶，使其均匀分散在镀液中。

（2）载体光亮剂　一般是采用聚醚类非离子表面活性剂，如聚氧乙烯脂肪醇醚类、聚氧乙烯烷基酚醚类、高分子聚醚或聚醇类等是主要选择对象。载体光亮剂能起细化结晶和增加主光亮剂的溶解度等双重作用。

（3）辅助光亮剂　主要是提高低电流密度区的光亮度，与主光亮剂相配合，发挥协同效应，能明显地扩大光亮电流密度范围，以便获得全光亮的镀层。辅助光亮剂一般选用不饱和芳香族羧酸或其磺酸盐，例如苯磺酸钠、亚甲基二萘磺酸钠等等。

最近开发的新型光亮剂能克服上述光亮剂容易产生的盐析现象（由于氯化钾的浓度大于 250g/L，光亮剂的载体就会从溶液中析出，造成溶液混浊）。

4. 焦磷酸盐镀铜溶液中常用的光亮剂

焦磷酸盐镀铜光亮剂的类型比较多，其中对于含有巯基杂环化合物有一定效果，但多数的巯基化合物在镀液中容易分解，而 2-巯基苯骈咪唑或 2-巯基苯骈噻唑的效果较好，它不但能使镀层光亮，还具有一些整平作用，并能提高电流密度。

5. 全光亮酸性镀铜溶液中常用的添加剂

（1）光亮剂　含巯基的杂环化合物或硫脲衍生物，这一类化合物，既是光亮剂又是整平剂。现在市售代表性的有：乙撑硫脲（N）、乙基硫脲、甲基咪唑啉硫酮、2-四氢噻唑硫酮、2-巯基苯骈噻唑等。

(2) 聚二硫化合物　这一类化合物是良好的光亮剂，市售有代表性的有：聚二硫二丙烷磺酸钠（SP）、苯基聚二硫丙烷磺酸钠等。

(3) 聚醚化合物　这类光亮剂实质上是表面活性剂，采用的是非离子型和阴离子型，除了具有润湿作用可以消除铜镀层产生针孔和麻砂现象外，还可以提高阴极极化作用，使镀层的晶粒更为均匀、细致和紧密，并且还有增大光亮范围的效果。其不足之处是因为在阴极上产生一层肉眼看不见的憎水膜，所以镀铜后必须在除膜溶液中除膜，然后方可镀镍，以保证镀层的结合力。

6. 酸性镀铜溶液中常用的添加剂

酸性镀铜的添加剂由三个部分组成：主光亮剂载体、主光亮剂、整平剂。

(1) 主光亮剂载体　常采用的有聚乙二醇或 OP 乳化剂。这些表面活性剂在电极表面上吸附比其他添加剂都要强。单独加这类表面活性剂，并不能获得光亮镀层，必须与其他添加剂配合使用才能达到效果。

(2) 主光亮剂　聚二硫二丙烷磺酸钠（SP）、NN-二甲基硫代氨基甲酰基丙烷磺酸钠（TPS）属于这一类光亮剂。这类光亮剂单独添加可起到有光亮作用，如与光亮剂载体配用，则会得到更佳光亮的光亮区。

(3) 整平剂　其作用是改善镀液的整平作用，并能改善低电流密度区的光亮度和整平性，分子结构上差异很大的化合物都可以作整平剂，大多数为杂环化合物、染料等。

7. 氰化镀铜溶液中常用的添加剂

光亮氰化镀铜主要采用中等浓度的镀液，或者在高浓度酒石酸钾钠镀液中加添加剂，添加剂大致分为以下三类：

(1) 金属化合物　如铅、硒、碲、铋等。常用的铅盐可以以铅酸钠或醋酸铅形式加入，常作为滚镀铜镀液的光亮剂，铅能与铜共沉积所以要经常添加，用量为 $0.015 \sim 0.03 \text{g/L}$，含量在 0.08g/L 以上，会使镀层粗糙，产生脆性。

(2) 硫化合物　如硫氰酸钾、硫代硫酸钠、硫脲、硫酸锰等。

若采用硫酸锰作氰化镀铜溶液的光亮剂,硫酸锰必须与酒石酸盐及硫氰酸盐同时使用,而且采用周期换向电源才能获得光亮镀层。硫代硫酸钠可以改善镀层结晶和颜色,但不能使镀层达到光亮程度。

(3) 有机化合物　如碱铜99A是全有机化合物组成的组合光亮剂,对镀层外观、镀液管理、生产效率等方面都有优良作用,因为能省去镀后抛光,所以应用广泛。

8. 普通镀暗镍溶液中常用的防针孔剂

十二烷基硫酸钠是比较有效地防针孔剂。它能降低镀液的表面张力,使氢气泡不易在阴极表面上停留,从而防止了针孔的形成。

在镀暗镍镀液中,所用的防针孔剂,大多是氧化剂,最常用的是双氧水,其用量为体积分数30%的双氧水 1~3mL/L,其缺点是它参与阴极反应,使 H^+ 氧化,因而分解较快,需要经常补充。

9. 镀光亮镍溶液中常用的添加剂

根据光亮剂的作用,一般将光亮剂分为初级光亮剂(第一类光亮剂或载体光亮剂)、次级光亮剂(第二类光亮剂)和辅助光亮剂。

(1) 初级光亮剂(第一类光亮剂或载体光亮剂)　其作用是使镀层的结晶细小,并给予镀层一定的光泽,因此在镀镍中加入初级光亮剂可获得结晶细致的半光亮镍镀层。

常用的初级光亮剂有:糖精、苯亚磺酸钠、对甲苯磺酰胺、苯磺酸、1,3,6-萘三磺酸钠等。

(2) 次级光亮剂(第二类光亮剂)　其作用是与初级光亮剂配合使用,可以获得全光亮、整平性和延展性良好的镀层。如单独使用虽可以获得光亮的镀层,但镀层光亮范围狭窄、张应力高、有脆性。

目前,应用较广的次级光亮剂有:1,4-丁炔二醇及其衍生物、香豆素、N-1,2二氯烯丙基氯化吡啶、N-烯丙基溴化喹啉、甲醛等。

市场上供应的次级光亮剂有:BE、BP、PK、791、816、912、811等,都是丁炔二醇与环氧乙烷、环氧丙烷、环氧氯丙烷、吡啶的反应产物,或它们两次加成后的磺化产物。

(3) 辅助光亮剂　辅助光亮剂与初级光亮剂和次级光亮剂配合使用,能提高出光速度和整平速度,改善覆盖能力,有利于采用厚铜、薄镍工艺并能减少镀层的针孔。

常用的辅助光亮剂有：烯丙基磺酸钠、烯丙基磺酰胺、乙烯磺酸钠等。

10. 酸性镀锡溶液中常用的添加剂

镀锡添加剂包括光亮剂和稳定剂两种：

（1）镀锡光亮剂　大多数都是主光亮剂，由载体光亮剂和辅助光亮剂复配而成。

1）主光亮剂：以芳香醛、不饱和铜以及胺作主光亮剂者较常用，例如1,3,5-三甲氧基苯甲醛、O-氯苯甲醛、苯甲醛等。

2）辅助光亮剂：单独使用主光亮剂不能获得全光亮镀层，与辅助光亮剂配用能起协同效应，能细化结晶、扩大光亮区。辅助光亮剂有：脂肪醛和不饱和羰基化合物，如甲醛、异丙叉丙酮等。

3）载体光亮剂：由于大多数主光亮剂和部分辅助光亮剂不溶于水，有的在电镀中因发生氧化、聚合等容易从镀液中析出，所以需用载体光亮剂增溶，同时它还有润湿和细化结晶等功能。载体光亮剂有非离子型表面活性剂，例如OP类和平平加类。

（2）锡液稳定剂　以亚锡盐为主盐的酸性镀锡溶液，如果不加稳定剂3个月内就会发生镀液混浊，难以镀出合格产品。目前市售的酸性镀锡稳定剂大都是由络合剂、还原剂和抗氧剂复配而成。例如BSN83、FS-1、NSR-8405等。

11. 氰化物镀银溶液中常用的光亮剂

AG2002A、AG2002B、TO—1、TO—2为无硫氰化光亮镀银的光亮剂。

所有添加剂在电镀过程中或在溶液进行处理后都有相应的消耗量，应随时补加，以少加勤加为好。

第二节　电镀常用设备

一、电镀前预处理常用设备及使用

由于许多电镀制品和零件材料种类繁多，其性质和表面状况不一样，对镀层的性能要求也不尽相同，所以镀前处理的方法很多，其中机械处理方法包括磨光、抛光、滚光、刷光、喷砂等。

1. 喷砂机

喷砂是采用洁净的压缩空气，将砂子喷到工件的表面上，以清除工件表面上的毛刺、锈蚀物、熔渣和焊渣等。

喷砂操作方法如下：

1）使用的砂子尺寸和压缩空气的压力大小，应根据工件的材料、形状、表面状态以及工作表面加工质量的要求而定。

2）操作时，应先关好喷砂机的门，然后缓慢打开压缩空气阀，喷嘴对准工件需要喷砂的部位，不断调整压缩空气的压力大小，反复进行喷射，直到工件表面的污垢全部喷掉为止。

3）对于要求局部喷砂的工件，应将不需要喷砂的部位保护起来，以免被砂粒打坏。通常可以采用套塑料管或者进行包扎。

4）喷砂后的工件应及时进行表面外理，一般是浸入50g/L 磷酸钠溶液中，可储存几天。否则，其清洁的工件表面又会很快氧化生锈。

5）喷砂用的压缩空气，应经过油水分离进行脱脂和除水。

2. 滚光机

滚光是将工件装入有滚光液的滚筒中，随着滚筒的旋转而进行磨削，从而使工件获得光亮的表面。

滚光操作方法如下：

1）滚光用的磨料粒子，必须大于或小于工件的每一个孔，以防工件带眼处被堵塞。

2）工件的装载量一般占滚筒容积的 70%，滚光液则加至滚筒容积的 95% 左右。

3）滚筒的转速应控制在 45～65r/min 的范围内较好。

4）滚光之后的工件表面，应干净、无油、无锈、无氧化皮并具有一定的粗糙度，而工件的形状不应受到破坏，不能有划痕、倒边、倒角及螺纹损伤等现象。

3. 刷光机

刷光是利用黄铜丝轮或钢丝刷，在刷光机上或用手工对工件表面进行清理加工的处理操作。它能除去金属表面的锈蚀物和污垢。

由于黄铜丝和钢丝都有弹性，经刷光后的工件几何形状不会改变。

刷光操作方法如下：

1）刷光时，一般都采用合适的刷光液，可采用水或溶液。镀后工件的刷光常用水。钢铁工件的镀前刷光，除采用水以外，还可采用磷酸三钠溶液和碳酸钠溶液。

2）刷光轮的转速一般控制在1500～2800r/min。直径大的刷光轮，应采用较大的转速。硬质材料的工件，也应采用较高的转速。

3）刷光时，注意刷子不要压得太紧，否则刷子损耗较快，刷光质量也较差。

4）手工刷光主要用于电镀前除去工件表面的污物。机械刷光常用于工序间的中间工序。

4. 抛光机

抛光是利用抛光轮和精细磨料抛光膏，对工件表面进行轻微切削和研磨，以除去工件表面的细微不平部位的处理方法。大多作为磨光的后续工序，以进一步提高工件的表面质量。

抛光操作方法如下：

1）抛光操作时，先将抛光轮的转速调到20～35m/s，对于形状简单、表面较硬的镀件，转速可大些；形状复杂、表面较软的镀件，转速应调小些。

2）根据被抛光镀件的材料，选择合适的抛光膏，并在抛光轮的工作面上涂抹，再把镀件压向抛光轮适当位置，其用力的大小、抛光时间长短、手的动作等全凭抛光的实践经验。操作过程中，应不断地涂抹抛光膏，反复地进行抛光，直至达到整平镀件表面光亮度符合要求为止。

抛光时并不切削金属，只是抛去氧化皮，其金属损耗约占镀层重量的5%～20%。因此，抛光既可用于镀前表面处理，也可用于镀后加工。

5. 振动研磨机

平底振动研磨机主要适用于金属、有色金属和非金属制成的各种工件的去毛刺、去锈、倒圆和光亮抛光。特别适用于形腔复杂工件的表面光整加工。经振动研磨机光整加工后的工件，不仅保持原有的形位精度,而且能降低工件表面粗糙度值1~2级。该机适用于大批量、中等或较小尺寸工件的表面光整加工。

平底振动研磨机操作方法如下:

1)根据工件的材质、形状、大小及加工要求等因素,选择恰当的研磨石。

2)研磨石与工件装入比例要合理,一般为1:1~10:1,其中粗加工为2:1,精加工为6:1。

3)合理选用研磨剂和正确的添加量。

4)水的添加量要适当。

5)根据工件的加工状况来确定研磨时间。

6)工件研磨前必须进行脱脂和去污处理。

6. 抛丸清理机

QZR—900型履带式抛丸清理机是利用高速回转的叶轮,将弹丸抛向滚筒内连续翻滚的工件,从而达到清理的目的。它适用于各行业的小型工件的清砂、除锈、去氧化皮和表面强化,特别对不怕磕碰的工件清理强化更为适用。

QZR—900型履带式抛丸清理机操作方法如下:

1)将弹丸按规定量加入滚筒内,然后放入工件,关闭室门,准备开车。

2)起动除尘器风机。

3)将抛丸器的时间继电器调至所选择的抛丸清理时间,选择"自动"操作系统,当达到规定时间后,机器即停止工作,同时蜂鸣器发出鸣响信号。

二、电镀常用设备及工装

电镀生产的设备,主要包括各种镀槽及其辅助设备(如加热、冷却、导电等装置)、各种滚镀设备、各种型式的电镀自动生产线、直流电源设备和其他辅助设备(如通风设备、过滤设备)等。对于氧化设备,因其槽子结构与电镀槽基本相同,只作简单的介绍。

1. 镀槽及其辅助装置

镀槽主要部件包括槽体、衬里、加热装置、冷却装置、导电装置和搅拌装置。

（1）槽体　制造槽体的材料有钢板、搪瓷、聚丙烯板材、硬聚氯乙烯板材、钛板、玻璃钢、有机玻璃等。选用材料应根据储放溶液的性质和溶液的温度而定。

一般生产情况下，采用钢板焊制的槽体较为普遍，因为它具有强度高、坚固耐用、耐碱液腐蚀、材料供应充沛、焊制方便、加衬里后可用于酸性镀液。钢板通常采用低碳钢（常用牌号为 Q235、Q235F）。设计槽体壁厚时应视材料的强度而定。原则上应与槽体尺寸大小成正比。例如 2m 以上的槽体，壁厚应为 6～10mm，以免过分笨重又浪费材料。

陶瓷槽：具有良好的耐腐蚀性能，有足够的密闭性和热稳定性，也有一定的耐热性和机械强度。但陶瓷性能脆，应避免碰撞、震动和局部过热或局部骤冷，不允许直接用火焰加热，不能用于易燃易爆介质。

有机玻璃槽：是热塑性塑料，有很好的透光性、耐腐蚀性、电绝缘性。缺点是性质脆、硬度低、耐热差。

聚氯乙烯硬质槽：常用的颜色有灰色、白色，其特点是耐腐蚀性强、电气绝缘性能可靠、耐高温及耐压性能高。

聚丙烯槽：一般为乳白色半透明状，它具有热性好、电气绝缘性能可靠、无毒、机械强度高、具有优良的化学稳定性。

PE 聚乙烯槽：一般为白色半透明状，具有无毒、低温柔韧性、抗曲挠性好、耐化学腐蚀性优良。

（2）衬里　钢槽体内部所放的防腐材料通称为衬里。如果溶液对槽体无腐蚀作用，就不需要衬里。但是有时为了防止镀槽漏电，也可用塑料衬里。

衬里材料有铅、钛、硬聚氯乙烯、软聚氯乙烯、聚丙烯、聚乙烯、橡胶、玻璃钢等。

衬里的厚度视所用材料而定。例如聚乙烯硬板，一般为 4～6mm，聚乙烯软板一般为 4～5mm。

（3）导电装置　导电极棒是用来悬挂工件和极板，并且起输送电流作用。极棒通常用黄铜棒、黄铜管、纯铜管制成，它支承在镀槽口的绝缘座上,由汇流条或软电缆连接直流电源。

接触导电座常用的有V形和平面两种,用黄铜制成。导电座型式按输导电流大小而定。一般电流小于2500A的时候选用V形导电座;电流大于2500A时选用平面导电座,并且保证接触良好。

黄铜棒（H62）的许用电流见表3-2。

表3-2 黄铜棒（H62）的许用电流

直径/mm	10	12	16	20	25	30	35	40	50
电流/A	120	150	240	350	470	620	780	950	1350

纯铜管的许用电流可按表3-3选用。

表3-3 纯铜管的许用电流　　（单位：A）

外径/mm		20	30	40	50	60	70	80	90	100
壁厚/mm	2	344	490	630	750	865	990	1100	1200	1320
	2.5	380	540	690	835	975	1100	1230	1350	1460
	3	415	590	760	920	1060	1200	1330	1470	1660
	4	470	675	840	1040	1200	1370	1530	1690	1850
	5	560	735	950	1150	1340	1520	1700	1900	2070

通常,电镀槽的导电极棒可按表3-4选用,表中已考虑支承工件重量。

表3-4 按常用电镀槽尺寸选用导电极棒（单位：mm）

电镀槽名义尺寸		600×500×800	800×600×800	1000×800×800	1200×800×800
一般电镀槽	黄铜棒	φ12	φ16	φ20	φ25
	黄铜管	20×3	25×4	30×4	35×4.5
镀铬及电抛光槽	黄铜棒	φ16	φ20	φ25	φ28
	黄铜管	25×4	30×4	35×4.5	35×4.5

了解溶液的加热方式。

（4）溶液加热装置　加热溶液的方式一般有蒸汽加热和电加热。

1）蒸汽加热装置：采用通以蒸汽的金属管间接加热电镀（或电

解）槽时，应注意绝缘，以防电腐蚀或击穿。如连续工作的镀槽应用槽壁保温，加热管与槽壁间距应达2～3倍的管外径。开始加热操作时，必须将加热管内的冷凝水排净，并应检查加热管是否漏气。加热时如有气泡不间断地涌出液面，则表明溶液中加热管漏气，应及时修理或更换。

2）电加热装置：一般用于溶液的保温。电镀生产中，经常使用插入式电加热器，加热器的保护管用不锈钢或钛合金等材料制成。

3）加热管的结构形式：常用的蒸汽加热管的结构形式，有蛇形管、排管；电加热管有U字形、螺旋形。

a. 蛇形加热管结构简单，制作方便，但多处传热时较困难。如用钛管或铅锑合金管作加热管时，蛇形管较适宜，可以减少焊缝。

b. 排管下部有水封，凝结水容易排出，加热效率高，又因不受结构上的限制，易于多设传热面积。

c. U形电加热管结构简单，制作方便，但有局部受热现象，易于损坏。

d. 氟塑料加热管是为解决腐蚀介质混酸加热的，可用于镀铬、氟硼酸镀铅、不锈钢酸洗、钛合金酸洗等镀槽的加热。

e. 水套加热结构复杂，热效率低，用于衬铅的钢镀槽。温度不高的镀槽也可用软聚氯乙烯塑料镀槽和水套加热（如氢氟酸、硝酸混合溶液槽，可用软聚氯乙烯塑料套衬在框架中或多孔的钢槽中，再用蛇形管在水套内加热）。用蛇形管在水套内加热溶液时，蛇形管的长度可近似地按高温液槽计算，并适当的增大传热面积。

f. Ss系列不锈钢电加热器、F_4E系列"三高"氟塑料电加热器，适用于高腐蚀、高浓度、高温度条件下使用。

(5) 溶液冷却装置　溶液冷却方式有槽内冷却管冷却、槽外换热器冷却以及临时性冷却。

> 熟悉溶液的冷却方式。并掌握溶液的冷却介质。

槽内冷却管冷却的优点是结构简单，容易制造，不需专门的换热器和溶液循环泵。缺点是占镀槽内部尺寸，所需换热面积较大。

槽外换热器冷却的有单向安装O形换热器、双向安装U形换热器、双向安装O形换热器等。它们的优缺点与冷却管冷却的优缺点恰好相反，并且镀槽结构较简单，由于是液体循环，还起到了搅拌作用。

常用的冷却介质有自来水、冷冻水、氨、氟利昂-12 等。

冷却管的结构基本上与加热管的结构相似，有立式排管、蛇形管、螺旋形管。

> 熟练掌握溶液搅拌装置的型式。

（6）搅拌装置　搅拌能使镀液均匀，还可使镀件周围的镀液不断更新，从而提高电流密度，加快沉积速度。在脱脂过程中，能把脏物和溶解的油脂冲离镀件，从而改善脱脂效果。搅拌装置的形式有压缩空气搅拌、机械搅拌、镀液循环搅拌等。

1）压缩空气搅拌：这是将净化后的压缩空气经有孔的管道喷入镀槽底部镀液中，使镀液激烈的翻滚，空气则从镀件下方上升到镀件上方，并且起到搅拌镀液的作用。这种装置具有使用简便，可用管道输送到指定槽内，可起到调节搅拌镀液强度等优点。但不适用于含有易氧化成分的镀液。例如酸性镀锡镀液，如采用压缩空气搅拌，则会将镀液中的二价锡氧化成四价锡。此外，压缩空气搅拌可能存在油或其他杂质使镀液污染，并使镀层产生麻点等缺点。因此要对镀液进行连续过滤或定期过滤。

2）机械搅拌：有阴极水平移动或垂直移动两种。其中阴极水平移动用得较普遍。

阴极移动装置是通过阴极进行上下或左右移动（移动速度一般为 $1.5 \sim 5 m/min$，移动距离为 $50 \sim 150 mm$），从而起到镀液搅拌作用。使用阴极移动装置时，应特别注意导电杠和挂具、导电杠和电缆的紧密接触。

3）镀液循环搅拌：将镀液在镀槽外用热交换器加热或冷却或连续过滤的过程中来实现搅拌的目的。其装置是由镀液循环泵、玻璃管电加热器、冷却水套等组成。需要降温时，可向水套加冷水冷却。镀液循环搅拌的特点是不仅对镀液进行了搅拌，而且还对镀液进行了过滤。

2. 电镀挂具

> 了解挂具设计需符合的要求。

电镀挂具的功能是悬挂各种镀件，并且使镀件能获得符合工艺要求的质量。由于各种镀件的形状不同，电镀作业又不一样，镀层厚度的均匀性悬殊很大，这与电镀挂具设计的好坏有着密不可分的关系。挂具的设计必须符合：挂具的结构应保证镀件镀层厚度的均匀一致；应使镀件装卸时操作方便，生产效率提高；要选择合理的挂具材料和绝缘材料；要有足够的导电面积，保证挂具与镀件接触良好，并且满足工艺要求；尽量使镀件与挂具接触面积小。

(1) 镀锌、镀镉常用挂具

1) 镀锌、镀镉常用挂具的设计要求：对钢铁工件来说，锌、镉镀层起着化学保护作用，因此要求镀层覆盖完好，厚度分布均匀，因此挂具设计必须满足以下要求：

① 导电部分必须导电良好，最好用纯铜制作。装挂工件的挂钩及其他部分可用普通钢材制作。

② 镀锌电解液多为碱性锌酸盐溶液或氯化物溶液，对金属材料无强腐蚀作用，所以对于镀锌、镀镉的挂具材料的耐蚀性要求不是很高。

③ 镀锌工件一般多为机械产品，有的面积较大，或重量很大，而镀锌的阳极电流密度又不是很大，为了使工件镀层厚度均匀且全部覆盖，在电镀过程中需要更换工件的装挂位置，因此所设计的挂具应易于移位。

④ 制作挂具时，尽可能使工件与挂具接触面积小一些，这样有利于电镀层的均匀分布。

⑤ 挂具除与工件部位和导电部位接触外，其他部分应进行绝缘处理，这样有利于节约能源并提高生产效率。

2) 镀锌、镀镉常用挂具设计形式：见图3-1。

(2) 镀铜、镀镍常用挂具

1) 镀铜、镀镍常用挂具的设计要求：目前镀铜、镀镍大多为装饰电镀的中间层，大多采用光亮电镀工艺，因此对挂具的设计需满足以下要求：

① 导电部分必须用导电良好的纯铜制作。

② 挂具与工件接触面积要尽量小，方可避免挂具与工件抢电，造成工件与挂具接触处出现镀层亮度不够的缺陷。

③ 挂具不与工件接触的部分必须绝缘，而且绝缘一定要完好无损，并且要有一定的厚度，这样可防止绝缘层部分因电流过度集中，

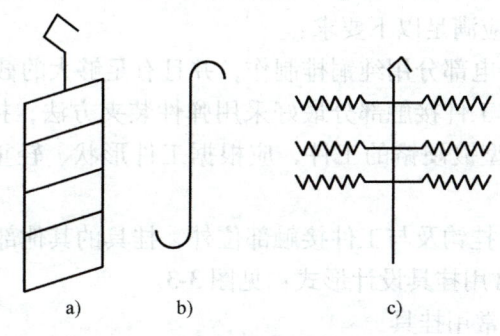

图 3-1 镀锌、镉常用挂具设计形式

a）适用于长螺杆、小轴等工件　b）适用于圆形或形状相似的工件
c）适用于片状小件

在电镀过程中起渣、结瘤，甚至发花，影响镀层质量，降低镀液性能。

2) 镀铜、镀镍常用挂具设计形式见图 3-2。

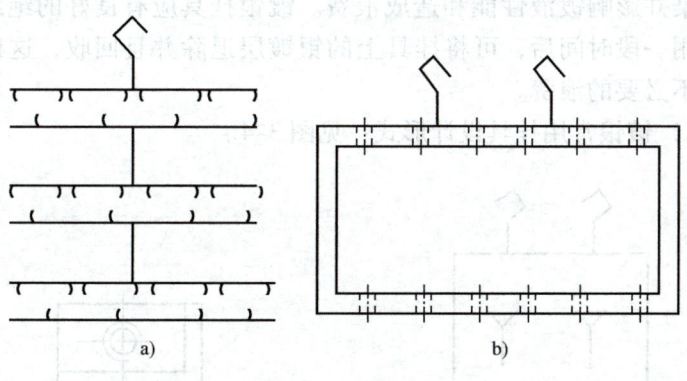

图 3-2 镀铜、镀镍常用挂具设计形式

a）适用于圆圈类型工件　b）适用于框架式小齿轮镀铜

(3) 镀铬常用挂具

1) 镀铬常用挂具的设计要求：镀铬工艺与其他镀种比较，最大差别就是阴极电流密度比其他镀种大得多，一般为 $30A/dm^2$ 左右，镀装饰铬时稍微低一点。镀硬铬的电流密度要高些。因此，镀铬挂

具应考虑到适应大电流通过时因发热而不影响导电的性能。所以镀铬挂具的设计应满足以下要求：

① 挂具导电部分用纯铜排制作，并且有足够大的截面积。

② 挂具与工件接触部分最好采用弹性装夹方法，接触面积尽量要小。对于大型镀硬铬的工件，应根据工件形状、轻重来设计夹具和吊具。

③ 除导电挂钩及与工件接触部位外，挂具的其他部位要绝缘。

2）镀铬常用挂具设计形式：见图3-3。

（4）镀银常用挂具

1）镀银常用挂具的设计要求：镀银与其他镀种比较阴极电流密度小，所以镀银挂具要求导电效果特别好。镀银挂具设计需满足以下要求：

① 挂具必须用纯铜制作。在某些情况下，考虑挂具的强度时，挂具的支杠材料可选用不锈钢。

② 银为贵金属，镀液比较昂贵，若挂具绝缘不当，镀液将会受到污染并影响镀液性能和造成浪费。镀银挂具应有良好的绝缘，挂具使用一段时间后，可将挂具上的银镀层退除并且回收，这样可以造成不必要的浪费。

2）镀银常用挂具设计形式：见图3-4。

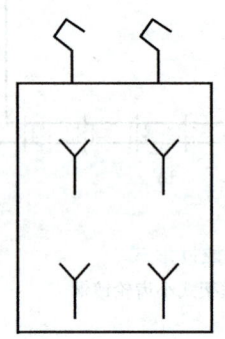

图3-3 镀铬常用挂具设计形式
（适用于汽车灯反光镜镀装饰铬的挂具）

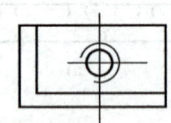

图3-4 镀银常用挂具形式
（适用于小形有孔的工件）

综上所述,电镀挂具所用的材料应有足够的电气性能,而且对镀液不能造成污染。

3. 过滤设备

在电镀实际生产中,对于不允许搅动槽液的工艺,在生产时可以进行经常性的循环过滤;对于不宜搅动槽液的工艺,则可进行定期过滤。通常槽液过滤的方法有自然沉降法(先静置槽液,后取上层清液)、常压过滤法(用滤纸、滤布过滤)和加压过滤法。目前大多数采用加压过滤法(即采用过滤机过滤)。

国内生产的过滤机,基本上有三种类型:①以滤布为过滤介质的过滤机,适应性强,阻力小;②以多孔塑料为介质的过滤机,精度高,化学性能稳定,耐腐蚀;③缠绕型过滤机,过滤精度高,适用范围广。

(1)过滤机的使用与维护

1)使用前,要检查过滤机盖上的橡胶圈要稳、平、正,旋紧螺栓,以防漏水。

2)起动前,首先打开减压阀,然后再往过滤机内注满水,再打开水泵阀和净水阀。

3)过滤机的压力过大时,可打开减压阀,借助槽内注液,可以减小压力。

4)停止过滤时,关闭水泵阀门,打开污水阀,排除污液。

5)更换滤布时,先打开过滤机盖,拧下螺母,换上吊环,把吊杠上的吊钩挂在吊杠上,摇动钢丝绳的摇把,把整个滤芯提起少许,转动吊杠放在支架上,才可拆换。安放滤布时,要注意橡胶圈的密封,以防影响过滤效果。安装滤芯时,要与筒底孔的位置对正,并用力压紧拉杆,锁紧螺母。

6)接通电源时,注意调整电动机的正反转。

7)当滤布被杂质堵塞时,要将滤布拆下清洗。清洗时,应用水或酸洗至露出布纹为止。

8)过滤停止时,要用清水冲洗水泵及阀门内外的污垢,以防止腐蚀性液体将水泵阀门腐蚀损坏。

(2)几种常用过滤机简介

1) 脱脂过滤机：电镀工件在电镀之前必须经过化学脱脂和电解脱脂甚至超声脱脂，以除掉工件表面油污和抛光膏等残留物，保证工件表面和溶液完全接触，从而得到完美无缺的优良的镀层。

最新开发的脱脂过滤机，可使油水分离过滤吸附在一个分离筒内完成，并且通过排油和压油，延长滤芯的使用寿命，其外形见图3-5。

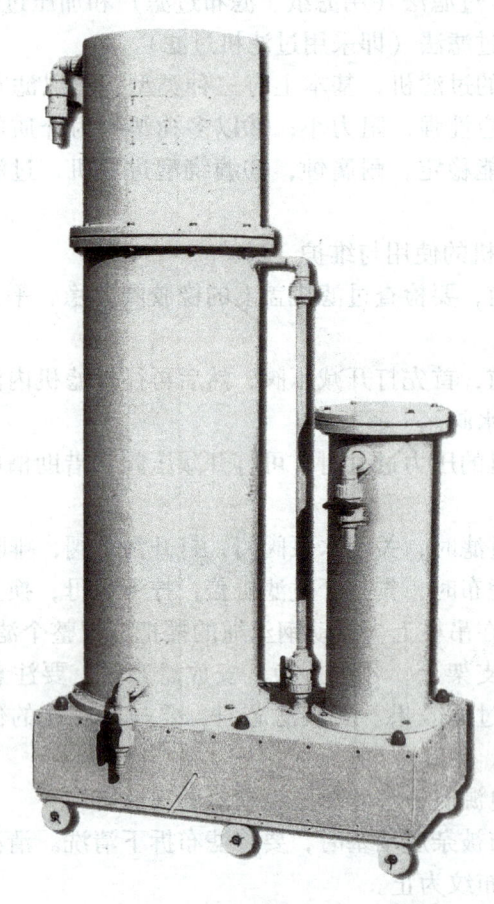

图 3-5　脱脂过滤机外形图

2）循环过滤型过滤机：适用于各种电镀溶液的循环过滤。采用 PD 一次性注塑成型，具有耐高温、耐高压、耐酸碱等特性，并且滤芯过滤面积大、精度高、操作简单、清洗方便，其外形见图 3-6。

图 3-6　循环过滤型过滤机外形图

3）化学镀过滤机：采用 PP 及其他特殊材料，水泵采用四氟乙烯材料制成，因而在工作状态下，镀液经过的部位都无任何金属与之接触，避免了镀液在机体内的镍磷沉降。该机主要是由筒盖、过滤器、车架、水泵四大部分组成。过滤器以蜂房线绕滤芯表面，液体经滤芯过滤后排出，其外形见图 3-7。

4）多效旁路过滤机：这是国内首创带旁路系统的电镀溶液净化

图 3-7 化学镀过滤机外形图

设备,它主要适用于电镀镍生产中镀液的连续循环过滤。它采用过滤筒和旁路过滤筒双筒结构,对在主过滤筒去除固态微粒杂质的清洁镀液再次分流出总量的 10%～20% 引入旁路过滤筒内,通过旁路系统内 DPNT-1 型处理剂的吸附作用,吸附镀液中的铜、铁、铅、锌等离子杂质和有机杂质,然后再与其余 80%～90% 流量的清洁镀液一起返回镀槽,在连续循环过滤中,能有效地不断去除各类有害杂质,一般只按期清洗滤芯及调换处理剂,即可大大延长镀液的大处理周期,从而稳定了电镀质量,并减少了大处理废液对环境的污染,其外形见图 3-8。

4. 通风设备

电镀车间空气中的有害物最大允许浓度必须符合国家《工业企

图 3-8 多效旁路过滤机外形图

业卫生标准》的规定,因此,要设有通风设备。各工序产生有害物见表 3-5。

表 3-5 各工序产生的有害物

工 序 名 称	温度/℃	所产生的有害物
机械磨光	—	金属磨料和砂轮材料的细粒
机械抛光	—	油雾和棉毛灰尘
在滚桶内干磨	—	金属和磨料的微粒
在滚桶内酸或碱打光	—	酸雾或碱雾和氢气
喷砂清理	—	砂尘或铁粉
化学脱脂	80~90	碱雾气、水蒸气

(续)

工序名称	温度/℃	所产生的有害物
电解脱脂	60~80	氢、碱雾气、水蒸气
黑色金属的酸液腐蚀	20~60	氢、酸雾气、亚砷酸、砷化氢
有色金属的酸液腐蚀	18~25	氮的氧化物、酸雾气
有机溶剂脱脂		有机溶剂蒸气
在热水中洗涤	70~90	水蒸气
铝的化学抛光	100~130	氮的氧化物、酸雾
铝的电解抛光	60~80	铬酸雾气
铝的阳极氧化硫酸法	3~25	氢、酸雾
铝的阳极氧化铬酸法	40~50	氢、铬酸雾气
钢的氧化处理	140~150	氢、碱雾气、水蒸气
氰化物镀锌、镉、铜、银、金等	18~60	氢、氢氰酸、水蒸气、氨镀液雾气
镀铬	45~70	氢、铬酸雾气、水蒸气
镀铁	18~110	氢、镀液雾气、水蒸气
碱性镀锡、锌	15~75	氢、碱雾气、水蒸气
酸性电镀用空气搅拌	25~50	镀液雾气
磷化处理	95~98	磷化液雾气、水蒸气
氧化处理	20~98	氧化处理液雾气
铬酐钝化处理	30~50	铬酸雾气
碱性溶液内退除铬镀层	18~25	碱雾气、氢

了解常用的通风形式。

常用的通风形式有局部抽风和全面抽风。局部抽风设备用在硝酸、铬酸、氢氟酸等酸性和含有氰化物碱性槽及磨、抛光机旁，使产生的有害气体（或雾）灰尘排出。全面抽风，多用在工作面积不大的辅助工房，如仓库、化验室等或工作点无固定位置及局部抽风不能有效地排除情况下。一般电镀车间多采用的是局部抽风。

（1）研磨抛光的通风设备　研磨抛光机应该设计专门的通风吸尘防护罩，尽可能把研磨轮及抛光轮的整圈包住，打开角度应便于更换抛（磨）轮。

1）排风量应按抛（磨）轮的直径尺寸大小而定，根据经验可按下列数据进行估算：

砂轮、钢丝轮：按每 1mm 轮径排出风量 $2m^3/h$ 估算。

布轮、绢轮：按每 1mm 轮径排出风量 $6m^3/h$ 估算。

2）设备选用

① 通风机选用。研磨抛光所产生粉尘中含有砂粉、金属微粒和棉毛灰尘，在风管内流速比较大，阻力也大，加上除尘设备，风压降落较多。因此选用中压离心式通风机作排风机，风压以 1470～1764Pa（150～180mmH_2O）左右为宜。

② 风管选用。风管内表面要求光滑，转弯处曲率半径（R）越大越好，三通的尖角越小越好，最好为 15°，以减小管内阻力。

研磨轮和抛光轮的通风管道不可相互连接，因为研磨时砂轮和金属摩擦能产生火花，而抛光轮上有抛光膏油，抛光时产生油雾和棉毛灰尘，而且又都是摩擦过程，周围空气温度较高，含油质空气和棉毛灰尘遇到火花易发生燃烧或爆炸，故风管必须分开。

③ 防尘设备。研磨抛光排出的含有金属微粒和粉尘的有害气体，若直接排放，会影响周围环境，又可能飞回车间，因此必须净化处理。常用的除尘净化处理设备见表 3-6。

表 3-6 常用的除尘净化处理设备

名 称	材 料	应用范围	除尘能力	装设位置
旋风式除尘器	钢板	清除磨光和抛光所产生的砂尘	仍有细小微粒未清除，如在内壁喷水，可提高除尘效果	装在通风机之前或之后，设在屋顶上或墙壁上
立式水清尘器	钢板	清除磨光所产生的砂尘	除尘较净	装在通风机之前或之后，设在屋顶上或墙壁上
惯性分尘器	薄钢板	清除磨光所产生的砂尘	使 95% 的空气净化，用 5% 体积气流带动砂尘前进	装在旋风式除尘器之前、通风机之后

(续)

名　称	材　料	应用范围	除尘能力	装设位置
联合除尘设备	钢板、砖瓦、混凝土等	清除磨光所产生的砂尘	除尘净	装在通风机之前
楔形滤网式除尘室	砖、混凝土、铁丝网	清除抛光所产生的棉毛、灰尘	除尘效果好，增加喷水可把灰尘除得更净	装在通风机之前
清尘池	砖、混凝土	清除磨光或抛光所产生的灰尘	除去大部分灰尘，不够洁净	装在出风口处
水过滤器	水、砾石水、混凝土等	清除磨光所产生的砂尘	除尘较净	装在通风机之前或之后

（2）电镀槽通风设备　产生有害气体的镀槽上必须安装排风设备。

1）排风量的确定：电镀槽的通风量有多种计算方法，可根据液面的大小确定排风量，即按每平方米液面上应吸走多少平方米的气体而定，并应考虑镀液的化学性质、镀液温度和镀槽宽度。排风量确定后，再确定送风量，送风量应为排风量的 80%～85%。

2）设备的选用

① 通风机。通风机有离心式和轴流式两种。在通风工程中常用的是低压与中压通风机，选用时应根据排送空气的性质而定。

② 风机电动机功率计算。通风机选定后，电动机功率（P）可按下式计算：

$$P = \frac{pQ}{1000 \times \eta\, \eta_i \times 3600} K \qquad (3-1)$$

式中　P——电动机功率（kW）；

　　　p——通风机总风压（Pa）；

　　　Q——风量（m³/h）；

　　　η——通风机全压效率（一般为 0.35～0.6，最大为 0.65）；

　　　η_i——机械效率，一般 V 带传动时取 0.9～0.95；

　　　K——电动机容量安全系数，见表 3-7。

表 3-7　电动机容量安全系数

电动机功率/kW	K（离心式通风机）	K（轴流式通风机）
0.5 以下	1.5	1.1
0.5~1.0	1.3	1.1
1.0~2.0	1.2	1.1
2.0~5.0	1.15	1.1
>5.0	1.1	1.1

③ 风管。排风管道的布置方式有架空敷设、地面敷设、地沟敷设和地下室敷设等。

a. 架空敷设施工较方便，易于工艺设备的调整。但由于风管纵横布置，影响车间美观。

b. 地面敷设是敷设在车间地坪上，其优点与架空敷设相似，特别适用于有行车和生产自动线的车间，但占据了车间一定的面积，溶液又易滴在风管上面，易被腐蚀。

c. 地沟敷设，虽然没有上述两种缺点，但生产调整比较困难。

d. 地下室敷设的优点是车间噪声小，设备集中，车间整齐。缺点是施工要求高，投资大。

④ 通风管的管内风速和截面积计算。根据有关资料推荐的通风管内的风速数据见表3-8，仅供参考。

表 3-8　风管内的流速

气体中所含物质名称	管内流速/（m/s）	举　例
蒸汽、气体、烟雾	8~10	用于电镀
普通工业尘埃	16~20	用于抛光
屑粒	18~25	用于研磨喷砂
清洁空气	25 以下	用于送风

管内流速选定后，若排风量是已知的，则可按下式计算风管的截面积：

$$S = \frac{Q}{3600v}(\mathrm{m}^2) \tag{3-2}$$

式中 S——风管截面积（m^2）；

Q——风管排风量（m^3/h）；

v——管内风速（m/s）。

⑤ 排风罩

a. 排风罩的结构形式。有单侧、双侧和周边三种。制造材料有金属和塑料两种。

b. 排风罩的计算。由槽排出的风量和罩口风速可求得吸风罩口的截面积，罩口截面积除以罩长就是顺风罩口宽度，计算公式为

$$B_{单侧} = \frac{Q}{3600vL} \qquad B_{双侧} = \frac{Q}{7200vL} \qquad (3-3)$$

式中 B——吸风罩口宽度（m）；

Q——该槽应吸去的风量（m^3/h）；

v——罩口风速（m/s）；

L——罩长（m）。

（3）采用局部抽风时的注意事项

1）砂轮机与布轮抛光机的抽风管道不能合并。

2）氰化物槽与碱槽的抽风管道可以合并，但氰化物槽管道不能与酸槽抽风管道合并。

掌握局部抽风时的注意事项。

3）有机溶剂脱脂（汽油、三氯乙烯、四氯化碳等）均应有单独的抽风系统并且考虑防火防爆措施。

4）工作前，先打开抽风机，清除积累的有害气体。下班时，必须关好抽风机。

5）吸风罩及抽风管道大多采用塑料制造，严禁踩踏及重物积压或敲击。

6）为防止液雾带入抽风管道，工作镀槽液面不宜过高，应保持低于槽口顶端 100~200mm。

（4）几种国产风机简介

1）无油离心鼓风机：输出空气不含油，符合生产使用要求，可用于电镀槽液的空气搅拌。结构牢固轻巧，主要由铝合金材料制造而成，防锈力强，工作稳定，效率高，其外形见图3-9。

2）塑料耐腐蚀风机：塑料耐腐蚀风机采用 PVC 材质，具有强

图3-9 无油离心鼓风机外形图

度高、重量轻、耐腐蚀性能好、不易老化、噪声低等优点,适用于排送一定浓度的腐蚀性气体,配用功率有1.1kW、4kW等,其外形见图3-10。

图3-10 塑料耐腐蚀风机外形图

5. 电器设备

电镀车间常用的电镀设备主要有直流电源和输电线路。

(1) 电源设备 直流电源是电镀的主要设备之一,直流电源主要有:直流发电机、硅整流半波或全波电源、晶闸管整流电源、高频开关电源和脉冲电源等,电源的输出波形对镀层的性能、质量有较大影响。因此，要根据所镀工件的要求和镀种合理选择电源型号和规格。

1）直流发电机：是由机壳、轴承架、电枢、励磁绕组及电刷等组成。工作时，交流电动机带动直流发电机作旋转运动，切割磁力线而产生电流，通过换向器，将直流电源输送给电刷，电刷将电流从发电机引出供给电镀生产使用。直流发电机具有运行可靠、电流波形平滑、负载能力大等优点。

要使直流发电机组运转正常，需要正确的维护保养。

① 直流发电机应在空荷下起动和停止工作。

② 不能长期使电机超负载工作，发现温升太高时，应立即停止工作，让其降温并检查电机。

③ 运转不正常时，禁止使用。

④ 工作时，注意防止发生短路，否则会烧坏电机绕组。

⑤ 要经常检查电刷情况，发现电刷跳火时应调整电刷的接触面，更换或修理电刷。

> 应了解硅整流电源的工作原理。

⑥ 轴承应及时加油，防止和减少机械磨损。

2）整流器：电镀车间常用的整流器有硒整流器、硅整流器、晶闸管整流器等。硅整流器是将220V和380V交流市电经调压器调整、变压器降压、整流元件整流后输出连续可调的直流电供电镀使用的电源。整流器具有转换效率高，调节方便，噪声小，体积小以及无机械磨损等优点，可直接安装在镀槽边，节约导电材料。

整流器一般是由机壳、整流元件、电源变压器、电压调节装置及降温风机或冷却水管等组成。

整流器的使用与维护注意事项：

> 熟练掌握整流器的使用及维护。

① 起动前，先检查整流器及其线路、管道、油位等情况，然后接通水源，将调节旋钮调到最小处，才允许起动。

② 起动后，空载调节电压至最大处。在此过程中，应检查是否振动、声音异常、仪表指示跳动、接头处是否有电火花产生等不正常现象。如一切正常后，才可使用。

③ 将电压平稳地调到所需要的数值。无负载时，正负极不能短

路，严禁超载使用。运行中，应特别注意仪表指示是否正常、整流器有无振动、声响、气味、温度、水温、水流量、油位等。如发现异常现象，应立即停机断电。

④ 工作完毕后，去掉负载，停机断电。

⑤ 应在负载情况下通、断电源。

⑥ 不能超负载工作，特别要防止短路、冲击电流，以免击穿整流元件。

⑦ 温度不能超过70～80℃，否则元件易烧损。在没有降温装置或降温装置损坏的情况下，禁止使用整流器。

⑧ 注意安全，防止漏电，造成人身事故。

3）国产脉冲电源简介

> 了解数控双脉冲电镀电源的工作原理。

① 数控双脉冲电镀电源，即同期换向脉冲电源，它是在输出一组正向脉冲电流之后引入一组反向脉冲电流，正向脉冲时间长反向脉冲持续时间短，大幅度、短时间的反向脉冲所引起的高度不均匀阳极电流分布，使镀层凸处被强烈溶解而整平，可用于镀金、银、稀有金属、镍、铜、锌、锡、铬及合金等；铜、镍等的电铸；电解电容的敷能；铝、钛等制品的阳极氧化；精密零件的电解抛光等，其外形见图3-11。

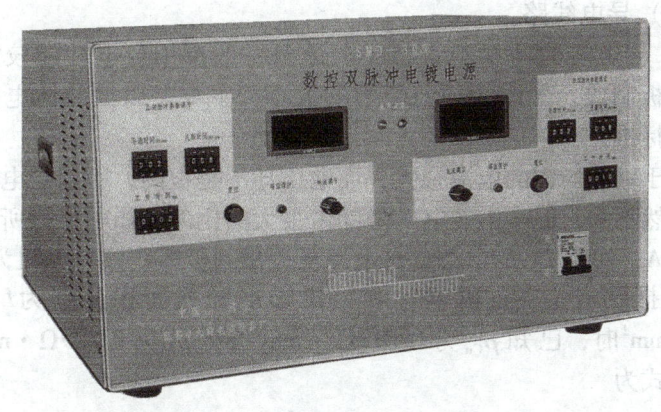

图3-11 数控双脉冲电镀电源外形图

② 单脉冲电镀电源，实质上是一种通断直流电镀电。其机理为：脉冲电镀过程中，当电流导通时，脉冲（峰值）电流相当于普通直流电流的几倍甚至几十倍，正是这个瞬时高电流密度使金属离子在极高过电位下还原，从而使沉积层晶粒变细；当电流关断时，阳极区附近放电离子又恢复到初始浓度，浓差极化消除，这有利于下一个脉冲周期继续使用高的脉冲（峰值）电流密度，同时关断期内还伴有对沉积层有利的重结晶及脱附等现象。单脉冲电镀电源是在数控双脉冲电镀电源的基础上研制而成的，它保留了单向输出的全部特性，用于电镀金、银、镍、锡、合金时，可明显改善镀层的功能性，用于防护-装饰性电镀（如装饰金）时，可使镀层色泽均匀一致，亮度好，耐蚀性强，其外形见图3-12。

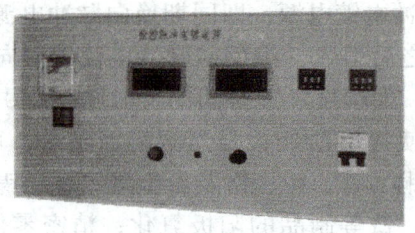

图3-12　单脉冲电镀电源外形图

（2）导电线路

1) 导电能力与材料选择：汇流条一般都用导电性能较好的铜板、铝板制成。导体的导电能力的大小，主要是以该导体电阻率的大小为标准。

由于镀槽所需的电流很大，而电压却不是很高，所以导电线路的电阻虽然不大，但产生的电压降却占很大的比例。如电镀槽所需电流为1300A，使用7V的电源，自电源至镀槽的极棒线路总电阻为R_{Cu}和R_{Al}。根据欧姆定律，以铜排和铝排长度和截面积分别为$L=15m$，$S=120mm^2$时，已知ρ_{Cu}为$0.017\Omega\cdot mm^2/m$，ρ_{Al}为$0.029\Omega\cdot mm^2/m$，代入下式为

$$R=\rho\frac{L}{S} \tag{3-4}$$

$$R_{Al} = \frac{0.029 \times 15}{120}\Omega = 0.004\Omega \qquad R_{Cu} = \frac{0.017 \times 15}{120}\Omega = 0.002\Omega$$

$$U_{Cu} = 1300A \times 0.002\Omega = 2.6V \qquad U_{Al} = 1300A \times 0.004\Omega = 5.2V$$

U_{Cu}为铜汇流排的总电压降，U_{Al}为铝汇流排的总电压降。

铜排和铝排相比，铜排要降去总电压的36%左右，64%左右的电能用在电镀上，而用铝排要降去总电压的71%，仅约29%的电能用在电镀上，为了充分利用电能，导体材料的选择和尺寸的计算是很关键的。

由以上可知，导体材料要求电阻率小的，而变阻材料要求电阻率大的。

2）直流导体截面积计算：电镀用直流电流量一般不小，因此直流配电线路的截面积要按母线的截流量来选择。通常情况下选择汇流排截面积时，要符合该槽中的总电压降在10%左右，即总电压降（U）为

$$U = \frac{2LI\rho}{S} \tag{3-5}$$

式中　U——线路上允许的总电压降（V）；
　　　ρ——导体电阻率（$\Omega \cdot mm^2/m$）；
　　　S——导体截面积（mm^2）；
　　　L——单根导电条长度（mm）；
　　　I——电路中电流（A）。

有分支路时，要逐段计算电压降，将从电源至该镀槽电流经过的各段电压降相加：

$$U = U_1 + U_2 + U_3 + \cdots + U_n$$

进行截面积计算时，取电压降和电流为一般值，其计算公式为

$$S = \frac{2LI\rho}{U} \tag{3-6}$$

例如：有一镀槽要通过电流为400A，汇流排单根长度为9m，允许电压降为1V，用铜作汇流排材料，试计算选用铜导体汇流排的截面积为多少？

解：将已知数据代入式（3-6）计算

$$S = \frac{2LI\rho}{U}$$

$$= \frac{2 \times 9 \times 400 \times 0.017}{1} \text{mm}^2 = 122.4 \text{mm}^2$$

此汇条排的截面积选定后，即可求出总电压降。

3）直流导体汇流排的安装

① 安装在木板上，特点是取材方便，价格便宜，但要先进行涂防腐漆或浸油处理。

② 安装在酚醛布板或硬聚氯乙烯上，要将厚 7~10mm 的酚醛布板或硬聚氯乙烯板开好槽后将汇流排放在槽内，这样耐腐蚀和绝缘性能较好。

③ 安装在低压绝缘子上，将汇流排用硬塑料夹板或钢夹板固定在绝缘子上，要固定牢靠，绝缘性能好，但安装较复杂。

④ 汇流排过墙隔板安装，需在墙上预留孔和安装预埋件，洞大小可根据汇流排的大小而定。汇流排与汇流排之间距离一般为 6~7cm。

4）配电盘：配电盘是调节镀槽电流、电压的设备。它由电流表、电压表和可变电阻器及绝缘安装板等组成。一般都是安装在操作比较方便的槽子一侧。

配电盘使用的可变电阻器有几种形式，常用的是闸刀式电阻、线绕旋转式电阻和石墨旋转式电阻。在电流较小的情况下，可用滑线电阻，也可直接用励磁挡来控制镀槽电压和电流。

配电盘上所用的直流电流表、电压表的规格，视生产规模所选用。电压表并联在电路上，有"＋"号线柱接阳极，"－"号或没有标记的线柱接阴极。电流表串连接在电路上，接线的方法同电压表一样。注意：不同容量的电流表配有不同的分流器，不能混用。

配电盘用的安装板，一般通常用夹布胶木板或石棉板等绝缘材料制成。

配电盘作用是通过改变输入电阻来调节输出到镀槽的电压及电流。镀槽的实际电流及电压，通过配电盘的电流表及电压表来读数。

三、电镀后处理常用设备

电镀后处理一般情况下是干燥。干燥镀件的方法很多,有压缩空气吹干、热水烫干、电炉烘干、烘箱烘干和离心甩干机甩干等。常用的干燥设备有:电热干燥箱、离心甩干机和蒸汽烘箱等。

1. 电热干燥箱(烘箱)

电热干燥箱用于干燥镀件。其结构是由箱体、电热装置、空气搅拌装置及温度测调装置等部分组成。

烘箱的温度测调装置有两种形式:一种是电接点温度计式测试装置,当温度超过时,水银接点接通线路切断电源;另一种是热电偶测调装置,利用两种不同的金属热电势差来测调温度。

烘箱的使用与维护需符合以下要求:

1)经常检查地线是否牢固可靠。
2)定期清理箱内掉落的工件和污染物。
3)箱内不允许存放食品、饮料等,以防中毒。
4)使用前,注意检查电接点温度计测调装置是否准确可靠。
5)镀件放入烘箱前,应先将镀件积存的水倒掉,最后一道水洗最好采用热纯水清洗。

2. 离心甩干机

离心甩干机有标准的,也有非标准自制的。其使用与维护要求如下:

1)镀件经热纯水清洗后,趁热将镀件装进甩干机料筐中,以适当的转速旋转,借助离心力使镀件脱水干燥。
2)应经常或定期检修甩干机,其润滑部位定期加油,以保持清洁、运转自如。
3)镀件装入离心甩干机时不宜太满,起动前必须将盖子盖好,并将甩干机周围清理干净,以免甩出镀件或其他物品砸伤人。
4)取料筐时,一定要待离心甩干机完全停止转动后再进行,决不可在离心甩干机旋转时强制停转。

3. 热风式离心烘干机与离心式甩干机的形式见图3-13。

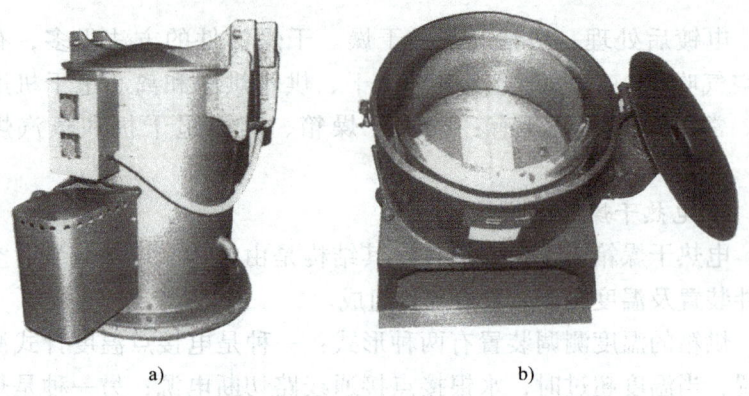

图3-13 热风式离心烘干机、离心式甩干机外形图
a) 热风式离心烘干机 b) 离心式甩干机

四、电镀半自动与自动生产线

电镀自动线能使电镀工艺过程中的脱脂、浸蚀、电镀、清洗、后处理等各道工序全部自动进行，具有可提高生产效率、改善劳动条件、减轻劳动强度、稳定镀层质量、减少操作人员等优点。

1. 滚镀设备

滚镀设备有水平（卧式）滚筒镀槽、潜冲滚镀槽、钟形滚镀槽、微形滚镀机和自动滚镀机等。

滚镀特点：可节省大量的装卸镀件工时，并且增加镀件的一次装入量；滚镀生产效率比吊镀高出4~6倍；滚镀可使镀件不断的反复滚动，代替了镀液搅拌，同时镀件又不断地相互摩擦，可提高镀层的光亮度，而且还能提高镀层质量；电镀时不使用挂具，节省了挂具上的无效镀层，并且节约了电能和金属原材料。但滚镀也受到一定的限制，例如对容易贴合的薄片、弹簧、要求保持棱角的镀件、容易碰损的镀件等，一般不适宜滚镀。

（1）水平（卧式）滚镀槽 水平（卧式）滚镀槽由槽体、滚筒、传动装置及导电装置等组成。

1)槽体的尺寸:要根据滚筒的大小而定,通常情况下,阳极距滚筒的距离为 70~150mm,镀液水平面距槽口约 70~100mm,槽底距滚筒为 300mm。滚镀时,滚筒浸入镀液的深度一般以滚筒的内径计,有 1/2、1/3、2/3……。根据实践经验,一般工件滚镀时,以 2/3~4/5 浸入式时电流效率比较高。

2)滚筒的结构:一般由滚筒体、滚筒门、阴极导电装置、小齿轮、大齿轮、吊架、轴承和左右墙板等组成。

滚筒为多边形(一般为六角形),长度约为直径的 1.25~1.8 倍(也有 2.8 倍的)。

滚筒体由钻有许多小孔的壁板制成,孔的密度和孔径的大小对滚镀的质量是有一定影响的。常用的小孔孔径为 $\phi 2 \sim \phi 9$mm,视镀件的最小尺寸而定。钻孔的密度一般为 300 孔/dm^2,小孔一般是钻直孔,孔径大一些较好。当镀件端部尺寸小于 1.8mm 时,可钻与筒壁成 45°的斜孔,而孔径仍用 $\phi 2$mm,但斜孔的倾斜方向与滚筒旋转方向相反,可防止镀件漏出。

滚筒材料根据槽温选用,槽温低于 60℃时,可选用聚氯乙烯板材或有机玻璃;槽温大于 65℃时,可选用布质层压板或聚丙烯板材。

滚筒壁厚一般取 6~12mm,小滚筒一般取 3~5mm。滚筒壁薄时,导电性好,但强度差,易损坏;壁太厚时,则电力线不易透过,影响沉积速度和均镀能力。

阳极电流是通过镀槽口上的 V 形导电座、滚筒架上的接触导电轴、导电轴的软电缆、阴极而传给镀件。这一导电过程是否连续、稳定对镀层质量有很大影响。

3)滚筒的传动结构形式

① 总轴传动多台滚筒。这是滚镀生产线常用的传动结构形式,由电动机经减速器、总传动轴、每个工位的正交斜齿轮、小齿轮、滚筒上的大齿轮等使滚筒转动。由于总轴传动距离较长,一般用万向联轴器连接,一般约 2m 左右,视具体情况而定,为了便于啮合,降低制造安装精度,齿轮模数一般取大于或等于 5mm。

② 单机传动可分两种形式。一是滚镀槽上设一传动机构;另一是每个滚筒上设一套传动机构,由电动机、减速器、离合器、小齿

轮传至大齿轮。

滚筒的转速与镀种、镀件有关。常用的镀种与转速的选择可参考表3-9。

表3-9 滚镀镀种与转速

滚镀镀种	滚筒转速/（r/min）	滚镀镀种	滚筒转速/（r/min）
镀锌	6~8	镀镍	10~12
镀镉	6~8	镀锡	8~10
镀铜	10~12	镀铬	0.5~1

滚筒的装料量可根据经验确定，一般是滚筒容积的1/4~1/3，最大不能超过1/2。装料少，产量低，而且镀件翻滚不均匀；装料过多，也会造成镀件翻滚不良，镀件镀层不均匀，而且沉积速度减慢。

（2）倾斜式潜钟滚镀槽 倾斜式潜钟滚镀槽由钟形滚筒镀槽、机架、转动机构、俯仰机构等组成。

滚筒敞口断面一般制成圆形或八角形，滚筒轴线与水平夹角为40°~45°，筒壁上钻有许多小孔。

（3）微型滚镀机 微型滚镀机有自带传动与不带传动两种。一般当镀件尺寸和批量较小时（每次不超过2kg），可采用微型滚镀机。它主要是由滚筒、滚筒架、导电挂钩和传动系统等组成。

（4）滚筒镀铬槽 滚筒镀铬槽已广泛应用。它主要是由滚筒、槽体、导电装置及传动系统组成。

由于镀铬工艺的特殊性，滚筒的阳极和筒壁与一般的不一样，筒壁用方格铁丝网制成，滚筒的截面积呈圆形，中心轴是实心铜棒，也是阳极导电杆，轴上装有不容性内阳极，导电杆和阳极不随滚筒旋转。阴极电流自阴极V形导电座、滚筒的导电铜轴、法兰盘、铜导电条等传给镀件。滚筒装载量一般不超过5kg，镀件在溶液中的浸没深度为滚筒直径的30%~40%，槽体与挂镀用的镀铬槽没有原则上的区别，只有滚镀铬槽中无外阳极（保护筒壁铁丝网用的小块外阳极除外），因此不设置阳极导电杆。

（5）几种滚镀机简介

1）变速滚镀机：该机材质采用强力耐冲击的PC板，具有

"透"、"高"、"薄"三大特点。它用于钕铁硼镀件的滚镀锌、镍、铜等。广泛用于无线电、仪器、仪表、钟表、制笔、五金等行业小型工件的滚镀生产,以及实验室滚镀实验、新工艺研究等,其外形见图3-14。

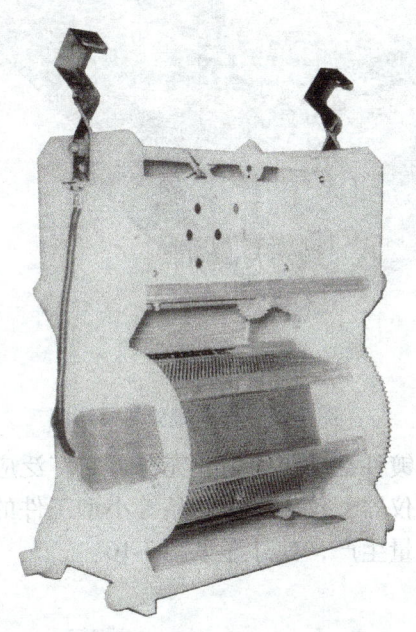

图3-14 变速滚镀机外形图

2)双向变速滚镀机:该机是在变速滚镀机基础上增加换向装置,可实现滚筒的周期换向,使镀件翻动更均匀、充分。正、反转时间均为1~15min可调,停止时间为1~15s可调。

3)多头滚镀机:该机具有"小而多"、"透、高、薄"、"不夹件"、多转速滚筒、周期换向等五大特点,是钕铁硼镀件规模化电镀生产的理想设备。另外,该机还可用于无线电、仪器、仪表、钟表、制笔、五金等行业小型工件的滚镀生产,其外形见图3-15。

4)单体式滚镀机:该机材质采用全聚丙烯,耐高温,抗老化、性能好。聚丙烯滚筒耐磨性好,寿命大大提高。另外,可实现滚筒

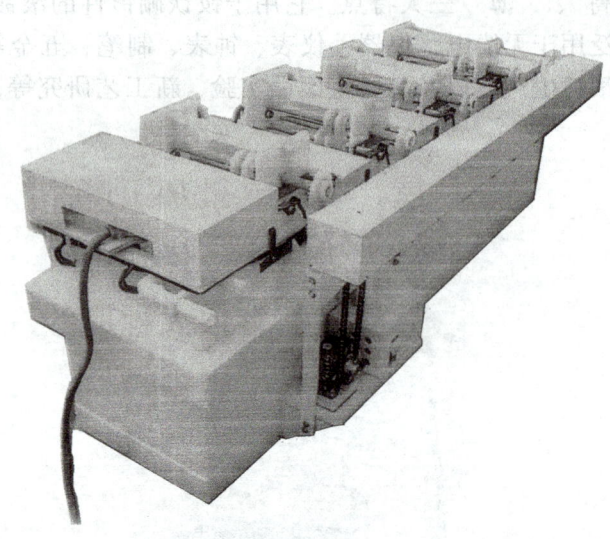

图 3-15 多头滚镀机外形图

的周期换向，使镀件翻动更均匀、充分。它广泛应用于电力、五金、家电、无线电、仪器、仪表、小商品等小型工件的滚镀锌、镍、锡、银合金等，可批量生产，其外形见图 3-16。

图 3-16 单体式滚镀机外形图

5)全PP手摇升降滚镀机:该机有设计合理的滑轮与滚动轴承配合的传动机构,可使滚筒的手摇提升轻松自如,全PP升降轨道耐腐蚀性强,适于环境恶劣的电镀车间使用,滚筒载重量有20kg、30kg、40kg、50kg等规格,其外形见图3-17。

6)升降平移式滚镀机:该机是由单体式滚镀机和升降平移部分组成,电动控制滚筒升降,既可单机使用,也可多台组合成滚镀生产线。滚筒载重量有20kg、30kg、40kg、50kg等规格,其外形见图3-18。

图3-17 全PP手摇升降滚镀机外形图

图3-18 升降平移式滚镀机外形图

7)化学镀膜滚镀机:该机材质采用全聚丙烯,既耐高温,又能满足强酸清理滚筒金属渣的工艺要求。滚筒转速低于电镀滚筒,有利于金属层的化学沉积。可用于小型工件化学镀镍、磷、铜、锡、金等。可节省劳动力,提高劳动生产率,其外形见图3-19。

8)振镀机:该机彻底解决了滚镀的浓差梯度问题,是小型工件滚镀机的换代产品,而且也是国家实用新型专利产品。适用于针状、细小、薄壁、易擦伤、高精度、钕铁硼等镀件的电镀,其外形见图3-20。

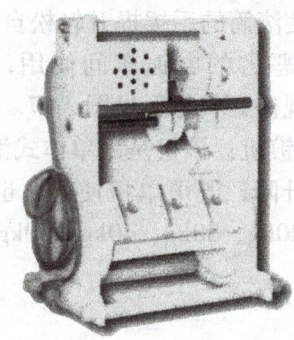

图 3-19 化学镀膜滚镀机外形图

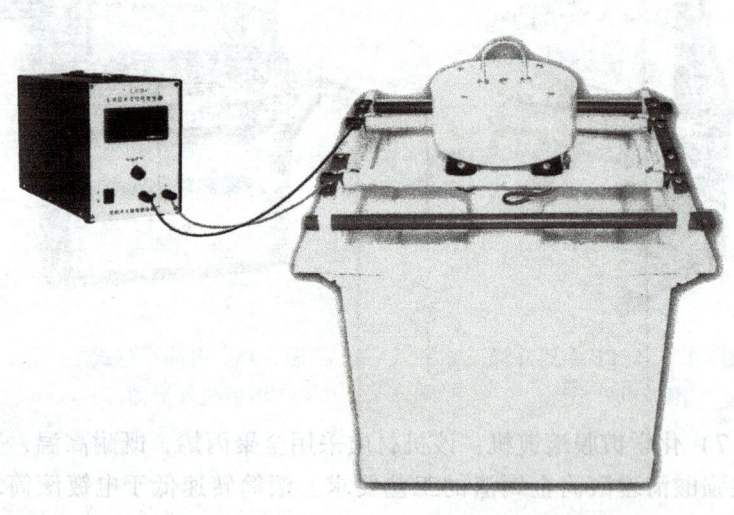

图 3-20 振镀机外形图

2. 直线式电镀自动线

直线式电镀自动线是根据工艺流程要求,把一些工艺槽以直线形排列,在上面设有电动行车、运载阴极棒、挂具和镀件,按照编排好的工艺顺序进退、升降等，可自动控制行车，也可手动控制。按电镀方式可分为滚镀和挂镀自动线，两者对行车的要求基本相似。

直线式电镀自动线的行车一般配置一台，如不能满足工艺要求，可安装两台或两台以上的行车，每台行车都在一定的区域段内运行。应设计防止两台行车撞车的措施。

（1）镀槽的尺寸和布置　直线式电镀自动线常用矩形槽，槽体内尺寸，既要满足工艺和产量的要求，又应确保最大镀件（包括挂具）进出。其长度要根据产量和车间面积计算而定。所有槽长度要求一律，宽度则有所区别。如设有阴阳极镀槽，包括电解去油槽等，其宽度为镀件横向尺寸加大于或等于600~700mm；电镀槽以单阴极计，其宽度为镀件横向尺寸加大于或等于700~800mm。双阴极（即五根极棒）可小于单阴极的加倍数，可节省一阳极和加热管等的占据部位。

镀槽在布置时，应特别注意各种镀液的相互影响，如铜、镍、铬一步法自动线中，镀铬液进入其他镀液中，会造成严重的电镀故障。为了防止镀铬液污染其他镀液，应避免镀铬后的镀件在其他镀槽上方运行，因此最好把镀铬槽布置在卸架的一端。为了防止铬雾的影响，镀铬槽旁不宜布置其他镀槽，只能安装对铬雾影响不大的镀槽，如回收槽、清洗槽等。

（2）行车的形式和结构　直线式电动自动线大多数都使用双轨门式行车。行车由行车架、升降装置、行车轮（主动轮和从动轮）及传动系统组成。水平运行传动系统由电动机、减速器、传动轴组成。驱动行走主动轮带动从动轮，使行车前进或后退。传动站一般设在行车中央，对称布置，主动轮传动轴长度相等。升降钩由电动机、减速机、链轮、链条，使之沿升降架上的导向轮升降。

行车停点位置要求严格，同时电动机在断电后又有惯性，所以要有可靠的制动装置，现在大多采用阻容制动，制动力虽小且有一定惯性，但停车较稳，装置简单。

环形电镀自动线的特点是在生产过程中各工艺槽均处负荷状态，因而效率高，适用于大批量生产工艺成熟的产品。但机械结构复杂，投资较多，改变工艺困难，在这里不作介绍。

(3) 电镀自动线的操作注意事项

> 了解电镀自动线操作的注意事项。

1) 开车前,应全面检查自动线的机械传动设备和电气控制设备的完好性、可靠性和安全性。

2) 试车运转时,应按"先手动、后自动"的原则进行。出现故障时,先切断总电源,停止工作,查清事故后,用手动方式处理。

3) 搞好绝缘,防止漏电,要特别注意镀槽与地面、机架、加热管、水管、搅拌管和风道等之间的绝缘。

4) 按工艺规定悬挂工件。避免超过或少于工艺规定的电镀面积。

5) 保持工件与挂具、挂具与导杆、导电杆与导电座之间的接触良好。

6) 工件出槽时,注意防止工件从挂具上脱落,并尽量减少镀液带出量。

7) 工件入槽时,注意防止工件漂浮并带电入槽。

(4) 几种国内自动生产线简介

1) 龙门式镀锌自动生产线:其外形见图3-21。

图3-21 龙门式镀锌自动生产线外形图

2) 镀硬铬自动生产线:其外形见图3-22。

3) 滚镀自动生产线:其外形见图3-23。

图 3-22　镀硬铬自动生产线外形图

图 3-23　滚镀自动生产线外形图

五、电镀试验常用仪器

霍尔槽是对电镀溶液进行试验最有效的试验仪器之一，吸取一定量的少量电镀溶液，在很短的试验时间内，就可以得到在较宽的电流密度范围内电镀溶液的各项性能指标,从而非常方便地对电镀溶液进行维护和调整。它已经成为电镀工艺控制不可缺少的试验工具。

1. 霍尔槽

(1) 霍尔槽结构 霍尔槽是一种简便而快速的小型电镀试验槽,其底面呈梯形,通常采用有机玻璃或硬聚氯乙烯等绝缘材料制成。它有固定的形状和尺寸。阴、阳极分别置于不平行的两边,常用的容量有 1000mL、267mL 两种。为了便于添加物换算或每升含有多少克,在 267mL 的霍尔槽中只加入 250mL 镀液。霍尔槽的形状见图 3-24,尺寸见表 3-10,图中 b 的内侧是放阳极位置,c 的内侧是放阴极的位置。

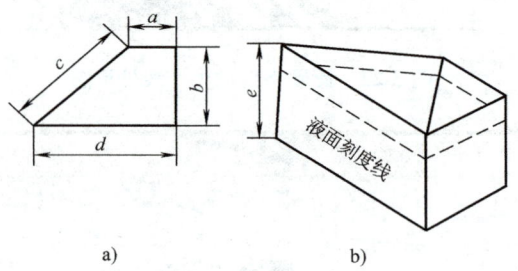

图 3-24 霍尔槽结构示意图

a) 霍尔槽的俯视图 b) 霍尔槽的整体图

表 3-10 霍尔槽尺寸

内腔尺寸/mm	可容 1000mL 溶液	可容 267mL 溶液
a	119	74.6
b	86	63.5
c	127	101.7
d	213	127
e	81	63.5

(2) 霍尔槽试验装置

1) 霍尔槽试验线路:见图 3-25,图 a 是整流器设有电流表和电压表的原理图，电压表并联在线路中，电流表串联在线路中；图 b 是电镀试验专用的小型整流器线路接线图，内装有调压变压器和电流表、电压表，接线方便。

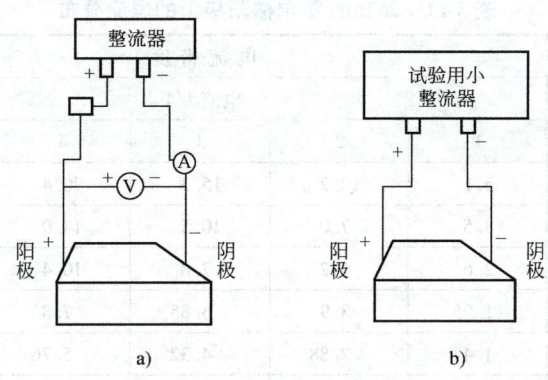

图 3-25　霍尔槽试验装置示意图
a）整流器设有电流表和电压表的线路图
b）电镀试验专用的小型整流器接线图

2) 霍尔槽试验用的电极及材料：霍尔槽的阴极和阳极均为长方形的平面薄板，对于 250mL 霍尔槽，阳极尺寸为 63mm×70mm，厚度为 1mm 左右，所用的材质与生产用的阳极相同；阴极尺寸为 101mm×70mm，厚度为 0.25~1mm，阴极材质可用铜片、黄铜片、不锈钢片或铁片等。当试验镀镍、氰化镀铜或氰化镀铜锡合金液时，阴极选用不锈钢片和铁片比较好。当试验硫酸盐镀铜溶液时，阴极用铜片或黄铜片为好。如果需要用铁片作硫酸盐镀铜溶液试验的阴极时，试验前最好预镀一层镍。对于 1000mL 霍尔槽，所用的阴、阳极材料及厚度与 250mL 霍尔槽相同，其阴极尺寸为 125mm×90mm，阳极尺寸为 85mm×90mm，目前大多数单位都采用 250mL 的霍尔槽做试验。

3) 霍尔槽阴极上的电流分布：霍尔槽阴极上的电流分布与距阳极距离的远近有很大关系，离阳极近的一端电流密度大，称为近端；距阳极远的一端电流密度小，称为远端。根据试验得知，阳极样板上近端的电流密度比远端大 50 倍，因而一次霍尔槽试验便能观察到相当宽的电流密度下所获得的镀层。为了方便应用，现已将采用的 267mL 霍尔槽阳极上电流密度分布列于表 3-11。

表 3-11　267mL 霍尔槽阳极上的电流分布

距阳极近端 距离/cm	电流密度 电流 I/A				
	1	2	3	4	5
1	5.1	10.2	15.3	20.4	25.5
2	3.5	7.0	10.5	14.0	17.5
3	2.6	5.2	7.8	10.4	13.0
4	1.95	3.9	5.85	7.8	9.75
5	1.44	2.88	4.32	5.76	7.2
6	1.02	2.04	3.06	4.08	5.1
7	0.67	1.34	2.01	2.68	3.35
8	0.37	0.74	1.11	1.48	1.85
9	0.10	0.2	0.30	0.4	0.5

（3）霍尔槽试验操作

1）样板准备：按照上述的霍尔槽试验用的电极及材料，准备好阴极样板。对于同一种镀液，试验用的阴极样板材料和表面状态尽量相同。阴极样板在使用前最好用 280#、320#、400# 水磨砂纸打磨。砂磨方向要一致，砂纹要平直，砂平后要清洗干净。清洗后的样板要在体积分数为 3%～5% 的稀硫酸或 1:1 盐酸溶液中活化干净后待用。

2）试验操作：按霍尔槽试验装置连接好线路。量取 250mL 镀液，置于 267mL 霍尔槽中，要使镀液的温度控制在指定的范围内，放入准备好的阳极和阴极，使它们紧贴在自己的槽壁上。然后将电源正极接阳极，负极接在阴极上，接触面一定要导电良好。打开电源，调节电流到试验所需的数值（一般电流常取 1～2A，镀铬用 5～10A），试验时间一般为 5min 或 10min，特殊情况下可自定时间。试验结束后，取出样板，充分清洗和干燥。如果样板需保存，应涂上漆后再干燥；如不需保存，将样板镀层绘图记录。

> 掌握阴极样板镀层外观的表示方法。

3）阴极样板镀层外观的表示方法：为了便于对比和总结，需将试验所得阴极样板上的镀层状况绘图记录或直接保存，同时也要把镀液的成分和操作条件一同记下，绘图时常用的记录镀层状况的符号见图 3-26。

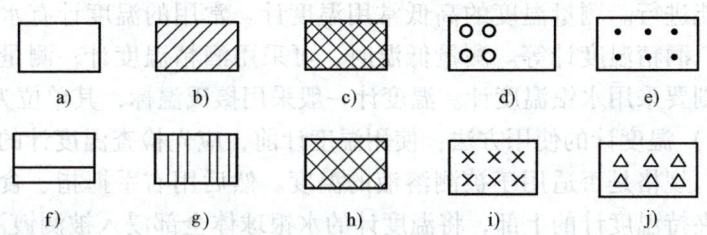

图 3-26　镀层状况符号示意图

a）光亮　b）暗　c）烧黑或粗糙　d）点蚀或起泡　e）针孔或麻点
f）半光亮　g）条带状　h）树枝或粉末状　i）脆性或裂开　j）露底

（4）霍尔槽试验操作注意事项

1）试验用的镀液一定要有代表性：如果是从生产镀槽中取样，将镀液一定要充分搅拌均匀，并从槽子的不同位置采取，混合后待用。这样才能使所取镀液成分与镀槽中镀液成分一致。霍尔槽试验加料时，如果是可溶性固体，可直接加入镀液中，搅拌至完全溶解后才可应用。不宜直接加入镀液的原料，要尽可能地配成浓溶液，按量加入，搅拌均匀后待用。

2）试验镀液温度：要与实际生产时相同，生产时要加温的镀液，霍尔槽试验用的镀液也要加温。有的霍尔槽不配置加温装置。通常将镀液放在烧杯中加热至高于指定温度上限 3~5℃，然后倒入霍尔槽里，待温度下降至操作温度上限时开始试验，经 5~10min 后，温度可能下降到指定温度的下限左右，这时试验温度就在指定的范围里了。冬天因温度下降很快，最好将霍尔槽放在盛有热水的容器里在做试验，这是隔水保温，可防止试验温度降温太快而影响试验结果。在电镀生产中,有的镀液需要搅拌或阴极移动,而霍尔槽中的阴极不能移动,可用玻璃棒以手工轻微搅拌镀液,或着装上小型搅拌装置。试验中是否需要搅拌,要根据实际生产情况而定。

2. 温度计、密度计、pH 值试纸

温度计、密度计、pH 值试纸是做霍尔槽试验必需用的工具和材料。因此,需要了解它们的作用、性质及使用方法。

(1) 温度计　在做霍尔槽试验时,镀液的温度需在一定的范围内才能进行。测量温度的高低常用温度计。常用的温度计有水银温度计、酒精温度计等。测量低温时,可采用酒精温度计;测量高温时,则要采用水银温度计。温度计一般采用摄氏温标,其单位为℃。

1) 温度计的使用方法:使用温度计前,应先检查温度计的测量范围、规格是否适用于被测溶液的温度。然后用右手拇指、食指及中指夹持温度计的上部,将温度计的水银球体全部浸入被测镀液中,仔细察看温度计水银上升移动情况,待水银上升完全停止时,这时水银高度所对应的温度刻度就是该镀液的温度值。读完数再将温度计取出。如果温度计没拿出时不便读数,可在温度计上做一记号,拿出后再读数。

2) 使用温度计时注意事项

① 温度计必须浸入规定的温度范围内测温。

② 测量温度时,液温必须在温度计的规定刻度范围内。

③ 玻璃温度计使用时要小心,不能将温度计作搅拌镀液用。

④ 使用时,切勿让温度计与容器壁接触,也不要使温度计接触正在加热容器的底部,以防水银球破裂。

⑤ 温度计最好专用,以免被测溶液相互污染。

⑥ 用完后的温度计应立即洗净、擦干,小心地放置在安全位置。

⑦ 当水银温度计不小心掉在地上,水银流出时,应马上将硫粉盖在水银上,使其相互反应生成硫化汞沉淀而不挥发,因为水银蒸气被人吸入体内,会引起慢性中毒。

⑧ 当温度计不小心折断碎片割伤皮肤时,应立即将伤口处的玻璃片取出,用蒸馏水洗净伤口,涂上碘酒或红药水,最后用纱布包

扎。

使用温度计测量溶液温度时,温度计的刻度数有时与溶液的实际温度发生一定的偏差,这种误差是很正常的。

各种温度计允许的误差见表3-12。

表3-12 温度计允许误差表 (单位:℃)

名 称	温度范围	分 度 值				
		0.1或0.2	0.5	1	2	5
		允 许 误 差				
水银温度计	-35 ~ -1	±0.3	±1	±1	±2	—
	0 ~ 100	±0.2	±1	±1	±2	±5
	101 ~ 200	±0.4	±1	±2	±2	±5
	201 ~ 300	±1.0	±2	±3	±4	±5
	301 ~ 400	±1.5		±4	±4	±10
	401 ~ 500	—		±5	±5	±10
酒精温度计	-80 ~ -51	±1	±2	±3	±5	—
	-50 ~ -31	±0.8	±2	±2	±4	—
	-30 ~ 100	±0.4	±1	±2	±4	—

(2)密度计 在做霍尔槽试验时,各种溶液的光亮剂、添加剂的密度测定经常用到密度计。密度计的单位有 g/cm^3 和 g/mL。根据使用的范围不同,密度计的大小和形状也不一样,但基本上分为两类:一类是测量比水密度大的液体;一类是测量比水密度小的液体。

1)密度计使用方法:测量液体密度时,先把液体注入比较大的量筒中,然后将密度计擦干净(不要用水冲,以免影响测量结果),用手扶住上端,慢慢放入溶液中,待其完全稳定后,仔细看密度计上的读数(注意从液体凹面最低处的水平方向看),并将结果记录下来。

熟练掌握密度计的使用方法及注意事项。

2)使用密度计时注意事项

① 测量溶液密度时,一定要选适当范围的密度计,注意量筒中

的溶液不要装得太满,以免影响测量结果的准确度。

② 不要使密度计与量筒壁接触,否则影响正确的读数。

③ 不能快速的将密度计放入溶液中,以防密度计损坏。

④ 测量完毕后,将密度计洗净,用干净布擦干,放回密度计盒内妥善保存。

(3) pH 试纸 电镀试验时,经常需要测量溶液的 pH 值,常用到 pH 试纸。pH 值是表示溶液的酸、碱性强弱的。pH 值是 7 时,溶液呈中性;当 pH < 7 时,溶液呈酸性;当 pH > 7 时,溶液呈碱性。pH 值越大,碱性越强;pH 值越小,酸性越强。

掌握pH试纸的使用方法。

1) pH 试纸使用方法:取一条试纸浸入欲测的溶液中,0.5s 后取出,此时试纸颜色发生变化,将试纸上的颜色与标准色板比较,便可得到溶液的 pH 值范围。

2) 使用 pH 试纸时注意事项

① pH 试纸搁置时间较长,就会失效,因此不能长时间存放。

② pH 试纸测试准确性比较差,不同厂家生产的试纸即使是同种规格的,但测出的 pH 值也会有差别,因此使用时要注意试纸的种类和规格。

③ pH 试纸在日光下、空气中,或遇酸、碱性物质,或气体都能变质,因此应在密闭干燥处储存,勿受潮湿。

④ 市场上销售的 pH 试纸,有广泛试纸和精密试纸两种,其规格及使用说明见表 3-13。

表 3-13 pH 试纸的规格和使用说明

试 纸 规 格	使 用 说 明
pH 广泛试纸 1~4	pH 值 1~4,间隔 1,遇酸性呈玫瑰色至橙色,灵敏度 0.5
pH 广泛试纸 4~10	pH 值 4~10,间隔 1,遇酸性变红,遇碱性变蓝紫色,灵敏度 0.5
pH 广泛试纸 9~14	pH 值 9~14,间隔 1,遇碱性呈不同粉红色及紫红,灵敏度 0.5

（续）

试纸规格	使用说明
pH 广泛试纸 1~14	pH 值 1~14，间隔 1，遇碱性呈深黄色及紫红色，灵敏度 0.5
pH 万用试纸 1~10	pH 值 1~10，灵敏度 0.5
pH 万用试纸 1~12	pH 值 1~12，灵敏度 0.5
精密试纸	规格多，可根据需要选择，所有试纸显色反应间隔为 0.2~0.3，灵敏度比广泛试纸高

复习思考题

1. 电镀常用的三大强酸是什么？它们有哪些特性？
2. 挂具的设计需要符合哪些要求？
3. 电镀自动线的操作注意事项有哪些？
4. 电镀试验前，需要做哪些准备工作？霍尔槽试验后，记录符号有哪些？

第四章

电镀前预处理

培训学习目标 通过本章的学习，了解电镀前预处理的意义及分类；掌握各种机械整平方法的操作；了解脱脂的意义及常用方法，掌握各种脱脂方法的操作；了解除锈的意义及分类，掌握浸蚀的操作；掌握化学抛光和电化学抛光及活化的操作。

第一节 概 述

一、电镀前预处理的意义

为了使工件材质露出真实表面和消除内应力及其他特殊目的，而需要除去工件表面的油脂、氧化物、内应力等符合电镀要求所采取的处理，称为电镀前预处理。实践证明，电镀生产过程中出现的质量事故，30%左右是由于被镀工件电镀前预处理不良造成的。因此，被镀工件的电镀前预处理工作在电镀生产过程中具有十分重要意义。为了提高产品一次合格率和生产效率，被镀工件在电镀前一定要仔细地进行表面预处理，而且必须严格遵守电镀前预处理的工艺要求。

电镀过程是在被镀工件和电镀溶液相接触的界面上发生电极反应的电化学过程。电极反应若要顺利进行，先决条件就是必须保证镀液和被镀工件表面之间有着良好的接触。然而送到电镀车间进行处理的工件往往不是平滑、光亮、干净的，例如金属制品或工件在电镀之前，往往需要进行机械加工、防锈处理等，在这些过程中，不可避免的有油脂、金属粉末、污垢等粘附于表面。另外，金属制品或工件在热加工时会有氧化皮产生；在运输、存放过程中，由于处理不妥，也会有锈蚀物和氧化膜产生。当被镀工件表面附着油污、锈蚀物、氧化皮时，在电镀过程中该处就没有电化学反应发生，因此就不会形成镀层；当被镀工件表面有局部的点状油污、锈蚀物、氧化皮时，则会使镀层不致密，而且多孔，工件受热时镀层会出现小气泡，甚至鼓泡；当被镀工件表面附着极薄的甚至肉眼几乎看不见的油膜或氧化膜时，虽然也可以得到外观正常、结晶致密的镀层，但由于油膜或氧化膜的存在，镀层与基体的结合不牢固，工件在使用过程中受到外力冲击、冷热变化等时，镀层便会开裂、脱落。

镀层与基体金属的结合主要是通过以下三种方式进行的，即由于基体表面的微观不平而发生的机械附着；镀层延续基体相或扩散入基体的金属间力的结合；基体金属表面与镀层金属的分子间力的结合。而只有当镀层与基体金属之间发生分子间力和金属间力的结合时，镀层与基体的结合才是牢固的。当被镀工件表面存在油垢、锈蚀物、氧化物时，将在被镀工件与电镀溶液之间形成中间夹层，阻碍电极反应的顺利进行，从而影响镀层与基体的结合力。因此，在电镀之前，一定要将工件表面彻底处理干净，才能保证获得结合力好、耐蚀性能强的合格镀层。

工件上的油垢、锈蚀物、氧化皮等杂质，若没有完全处理干净便进行电镀，还会污染镀液，增加镀液中的有害杂质，以致引起镀液不能正常工作，甚至报废，缩短溶液的使用寿命，造成不应有的损失等。

综上所述，可以看出，电镀前预处理是电镀生产中的一个非常重要的环节。因此，在电镀之前，一定要根据被镀工件材料的性质、表面状况及表面处理的质量要求，选择和安排合适的表面处理工艺，把被镀工件表面的油污、锈蚀物、氧化皮等彻底清除干净。

二、电镀前预处理的分类

常用的电镀前预处理工艺可分为以下几类：

1. 机械处理

主要有磨光、机械抛光、滚光、振光、刷光、喷砂（喷丸）和抛丸等，目的是将被镀工件表面整平，清除被镀工件表面的划痕、毛刺、厚的氧化皮以及对被镀工件表面的粗化等。

2. 化学处理

主要有有机溶剂脱脂、碱性化学脱脂、化学浸蚀及化学抛光、化学活化等，化学处理是利用被镀工件表面与溶液相接触时所产生的各种物理和化学反应，将被镀工件表面的油污、锈蚀物、氧化皮等清除的方法。

3. 电化学处理

主要有电化学脱脂、电化学浸蚀及电化学抛光、电化学活化等，目的是用于强化化学脱脂和化学浸蚀过程，或用于自动生产线电镀前的脱脂和浸蚀。

4. 超声波处理

主要有超声波除蜡、超声波脱脂及超声波清洗等，这是将超声波场引入脱脂、清洗过程中，目的是用于对形状复杂或表面处理要求极高的被镀工件的电镀前处理。

第二节　机械整平

一、磨光

1. 磨光的目的与原理

（1）目的　磨光是借助粘有磨料的磨轮，对被处理工件进行抛磨，以提高工件表面平整度的机械加工过程。磨光的主要目的，是使被处理工件粗糙不平的表面变平整、光滑；其次，还可以除去被处理工件表面的毛刺、锈蚀物、氧化皮、砂眼、沟纹、气泡等。

（2）原理　磨光是运用安装在磨光机上的弹性磨光轮或磨光带来进行的。粘在磨光轮工作面上的磨料颗粒具有很高的硬度和许多棱角，这相当于无数个小刀刃不规则地排布在磨光轮工作面上。当磨光轮高速旋转时，这些小刀刃与相接触的被处理工件表面凸起部分接触并削去一薄层,从而使被处理工件表面逐渐变得较为平整、光滑。

2. 磨光轮

(1) 磨光轮的种类　磨光轮一般为弹性轮,是用皮革、粗细毛毡、棉布、各种纤维织品及高强度纸等制成,因制作材质不同其刚性依次降低。磨光轮的硬度,除了与所用材质有关之外,还与材质的组合、缝制方法等有关。

(2) 磨光轮的制作　磨光轮的制作过程,一般是缝片、烘干、粘胶、压实、干燥、加工中心孔、切边修整、轮沿处用胶粘剂粘上磨料,烘干后即可使用。

磨光轮粘结磨料的操作规程:

1) 将骨胶或皮胶的胶粒碾碎,用水浸泡 6~12h,使胶膨胀,再加入一定比例的水。磨料粒度、胶粘剂与水的比例见表 4-1。

表 4-1　不同磨料粒度下胶粘剂与水的比例

质量分数 (%) 胶液成分	粒度/目[①]				
	24~36	46~60	80~100	120~150	180~280
胶粘剂	50	45~40	35~33	33~30	30~23
水	50	55~60	65~67	67~70	70~77

① 目为非法定计量单位,与法定单位换算关系举例如下:24~36 目,相当于 0.80~0.50mm,180~280 目,相当于 0.08~0.05mm。

2) 在水浴中加热至 60~70℃,使胶粘剂与水融溶,持续约 4h,温度应该控制在 65℃±5℃范围内,防止高温条件下胶粘剂分解失去粘结能力。

3) 磨光轮、磨料在粘结前于 60~80℃预热。

4) 用胶粘机或手工涂刷胶液,待第一层胶完全干后再刷下一层,并立即滚压所需型号的磨料,要粘均匀并压紧。

5) 在烘箱中于 60℃下进行干燥,或常温下干燥 24h 以上。

> 磨光轮的选择和使用是要点。

(3) 磨光轮的选择　对于形状简单、硬度较高、表面粗糙值大的被处理工件，应选用硬度比较高的磨光轮；对于形状复杂、硬度较低（例如有色金属）、切削量小的被处理工件，应选用硬度比较低（弹性比较大）的磨光轮，防止材质软的工件被处理后形状改变；对于被处理工件的表面粗糙度值要求比较低时，应选用弹性比较大的磨光轮。

（4）磨光轮圆周速度的选择　磨光是靠磨光轮的高速旋转，将被处理工件表面由粗糙不平变为比较光滑的过程。磨光轮旋转的圆周速度，直接影响被处理工件表面的粗糙度。一般情况下，圆周速度越高，磨光的精度越低。精磨所用的磨光轮圆周速度应该低于粗磨的圆周速度。当被处理工件的材料越硬、形状越简单、表面粗糙度值要求不高时，磨光轮圆周速度应该高些。但是，圆周速度过低，生产效率低；圆周速度过高，磨光轮损坏快，使用寿命短，增加成本。所以，应该选择适当的磨光轮圆周速度。表 4-2 为几种常用材料所用的磨光轮圆周速度。

表 4-2　几种常用材料所用的磨光轮圆周速度

被加工材料	磨光轮圆周速度/（m/s）	
	粗磨	精磨
形状不复杂的钢制品	28~35	20~30
形状复杂的钢制品	18~25	15~25
铸铁、镍、铬	20~25	20~25
铜及其合金，银，锌	—	13~18
铝及其合金，锡，铅	—	10~15

磨光轮圆周速度的计算公式为

$$v = \frac{\pi d n}{60} \tag{4-1}$$

式中　v——磨光轮的圆周速度（m/s）；
　　　π——圆周率；
　　　d——磨光轮的直径（m）；
　　　n——磨光轮轴的转速（r/min）。

由式(4-1)可以看出，磨光轮的圆周速度取决于磨光轮的直径和转速，即磨光轮的直径越大、转速越高，则其圆周速度就越大。在生产过程中，可以改变其中任一条件来调整磨光轮的圆周速度。例如，当磨光机轴的转速不变时，可以更换不同直径的磨光轮。

（5）磨光轮的使用与维护

1）新磨光轮要先经过刮制，使布轮平衡，然后再粘金刚砂。

2）磨光轮经过长时间使用后，其边缘处会磨损、失去平衡或出现沟槽等现象，这时应该重新刮制，重新粘磨料。

3）磨光轮经过长时间使用后，表面磨料处于钝态，且大部分也已脱落，这时就需要将磨光轮上的磨料全部刮掉，重新粘磨料，否则便会影响工件的磨光质量和生产效率。

4）磨光轮应保持干燥。

5）磨料、砂子型号不允许相混。

6）各种型号磨光轮，应该分类、分号、标名保管，专号使用，防止因为混用而影响磨光质量。

3. 磨光带

（1）磨光带结构　磨光带由衬底、胶粘剂和磨料三部分组成。衬底是使用不同类型的纸、布制成；胶粘剂一般为骨胶、皮胶、合成树脂胶等。磨料则根据要求来选用。磨光带是由安装在电动机轴上的接触轮（主动轮）带动，另一端为从动轮，使磨光带具有一定的张力，以便对工件进行磨光。

（2）磨光带磨光特点　与磨光轮相比，磨光带的特点如下：

1）使用寿命长，磨削面积大，生产效率高。

2）选用不同轮径的接触轮调节磨光带的松紧，可对不同材质的工件进行磨光。

3）使用不同类型的接触轮，可以对精度要求不同和复杂程度不同的工件进行磨光。

4）操作过程时，工件冷却速度快，便于手持工件，且工件不容易变形。

5）采用合成树脂胶来粘结磨料的磨光带，可以进行湿磨。

（3）磨光带的使用与维护

1）使用磨光带进行磨光时，磨料、磨光带速度、接触轮类型和硬度以及是否润滑等磨光参数的选择,要根据被处理工件的材质、形状、表面状态和磨光质量要求确定。

2) 在选用硬接触轮时,磨光带可调紧一些;选用软接触轮时,可略松一些。接触轮越硬,对工件的磨削量越大,表面越粗糙,磨料损耗越大。

3) 磨光带应保存在阴凉、通风环境中。

4) 为了防止磨料脱落,采用骨胶或皮胶粘结磨料的磨光带不允许受潮。

5) 磨光带上粘附的油污一般可在运转时用毛刷刷去;而用合成树脂胶粘结磨料的磨光带可用三氯乙烯除去。

6) 各种型号接触轮、磨光带,应分类、分号、标名保管,防止混用。

4. 磨料

> 磨料的选择和使用是要点,必须理解、掌握。

(1) 磨料的种类及用途　常用的磨料有天然金刚砂、人造金刚砂(碳化硅)、人造刚玉(氧化铝的质量分数为90%~95%)、硅砂、硅藻土、浮石等。天然金刚砂用于一般金属的磨光;人造金刚砂用于青铜、黄铜、铝、锌、锡等低强度和铸铁、碳素工具钢等材料的磨光;人造刚玉用于可锻铸铁、淬火钢、锰青铜等有韧性、强度高的材料的磨光;硅砂通用于磨光、抛光材料,也可用于滚光、喷砂等;硅藻土用于黄铜、铝等软金属及其合金的磨光;浮石用于磨光、抛光软金属、木材、皮革、橡胶、塑料、玻璃等。人造刚玉具有一定的韧性,脆性较小,颗粒的棱面较多,所以应用比较广泛。

(2) 磨料粒度的选择　磨料的粒度分为若干等级,通常是用筛分法测定。所用筛子的号码,则用单位面积上(cm^2)上的孔数来表示,筛子的号码越小,筛孔越大。人们就以磨料所能通过筛子的号码来表示此磨料的粒度。磨料的号数越大,颗粒越细;号数越小,则颗粒越粗。磨光时,根据被处理工件的材质、表面状态和磨光等级及类别,来选用磨料的粒度。被处理工件的材质越硬,选用的磨料粒度尺寸应越大,磨料的目数应越小。磨光一般步骤为:粗磨(磨料粒度为20~80目),磨削量大,用于除去氧化皮、锈蚀物、毛刺等，磨光表面比较粗糙；中磨（磨料粒度为100~240目），磨削量中等，用于磨去粗磨后的磨痕，为精磨做准备；精磨（磨料粒度为240~360目），磨削量较小，可获得比较平滑的表面，为镜面抛光做准备。

5. 磨光的操作

> 磨光的操作是重点，应该熟练掌握。

1）磨光操作过程中，必须严格遵守"磨光安全操作规程"。

2）磨光操作前，若被处理工件表面的油污比较多和氧化皮比较厚，可以考虑先进行脱脂和除锈（喷砂等）处理，这样能够提高生产效率。

3）磨光操作前，先起动抽风机。

4）根据被处理工件的材质、形状、大小、表面粗糙度和磨光质量要求，选择适宜的磨光轮或磨光带。

5）将磨光轮（或磨光带）安装在电动机轴（或接触轮）上，把转速调节至合适的速度。

6）把工件压向旋转的磨光轮（或磨光带）适当部位，其用力大小、磨光手法、磨光时间长短等全凭磨光人员的实践经验。

7）磨光过程中，应先以工件表面中间向左右两边磨，然后再按同样的顺序由边缘向中间磨。磨光操作时，要统一工件与磨光轮的走向。磨光的方向，开始时向左右呈倾斜式，然后呈纵向式，最终的方向应是呈纵向，并保持工件上的磨光方向一致。

8）反复进行磨光，直至整平工件表面、提高光亮度，并保持工件外观光亮度均匀一致。

9）磨光软金属（如铝等）时，应注意避免工件局部过热，因为这样有可能引起变形，或因过热所产生的痕印而造成镀层质量不好。

10）磨光轮使用一段时间后，要及时清除表面上的污物。

11）工作完毕后，应关闭电动机和抽风机。

6. 磨光产品的质量要求

磨光后的工件表面，应无油污、锈蚀物和氧化皮等，具有比较低的表面粗糙度值，但工件不允许变形，也不能有划痕、倒边、砂眼、麻坑等缺陷。

二、机械抛光

1. 机械抛光的目的与原理

（1）目的　机械抛光的目的是为了消除被处理工件表面的细微不平，使其具有镜面般的外观。机械抛光可以用于被镀工件在电镀前的预处理，也可以用于电镀后对镀层的精加工。在电镀前处理中，机械抛光是在精磨基础上进行的；电镀后的机械抛光，是为了使装饰性或防护-装饰性镀层增加表面光泽度。

（2）原理　机械抛光是采用安装在抛光机上的抛光轮来完成的。抛光机与磨光机相似，只是抛光机使用抛光轮，且转速更高。抛光时，在抛光轮的工作面上周期性地涂抹抛光膏，同时将被处理工件的表面用力压向处于高速旋转状态下的抛光轮工作面，借助于抛光轮的纤维和抛光膏的作用，使被处理工件表面获得镜面般的外观。

机械抛光的机理与磨光不同。机械抛光时，没有明显的金属被切削下来，因此无显著的金属消耗。目前一般认为机械抛光机理是：由于高速旋转的抛光轮与被处理工件表面摩擦产生的高温，可以使工件表面发生塑性变形，填平了被处理工件表面的微观凹处；同时，抛光时产生的高温，也可使被处理工件表面迅速生成一层极薄的氧化膜，当这层氧化膜被抛除后，露出的基体表面又被氧化，如此循环，直到抛光结束，最后获得了平整光滑的表面。

2. 抛光轮

（1）抛光轮的制作　抛光轮是由棉布、亚麻布、丝毛毡等缝制成薄圆片，为了使抛光轮足够柔软，缝线与轮边应该保持足够大的距离。

（2）抛光轮的转速选择　抛光轮的圆周速度比磨光轮稍高，并且与被处理工件的材质有关。一般来说，钢铁、镍、铬等硬质金属抛光，抛光轮的圆周速度为 30~35m/s，转速为 1800r/min 左右；铝及其合金、铅、锡等软质金属抛光，抛光轮的圆周速度为 18~25m/s，转速为 1200r/min 左右。

（3）抛光轮的维护与保管

1）抛光轮经过长时间使用后，其边缘处会磨损、失去平衡或出现沟槽等现象,这时应该重新刮平再使用。

2)抛光轮使用一段时间后,其表面上抛光膏若久未清除,就达不到对抛光轮松软和弹性的要求。因此生产过程中,抛光轮表面要经常清理,可采用带齿的钢板打磨掉陈旧的抛光膏。

3)各种型号抛光轮,应该分类、分号、标名保管,专号使用,防止混用而影响抛光质量。

3. 抛光膏

> 抛光膏的选择是要点,应该理解、掌握。

(1)抛光膏的种类 机械抛光常用的抛光膏有白色抛光膏、红色抛光膏和绿色抛光膏三种。它们是由金属氧化物粉末、各种油脂以及辅助材料等制成。白色抛光膏是由白色高纯度的无水氧化钙和少量氧化镁粉末等制成;红色抛光膏主要成分是红褐色的三氧化二铁粉末;绿色抛光膏主要成分是绿色的三氧化二铬粉末。

(2)抛光膏的选择 白色抛光膏中的氧化钙粉末非常细小,呈圆形,无锐利的棱面,适用于镍、铝、铜及其合金以及胶木和有机玻璃等软质金属和非金属抛光及要求高光洁度的精抛光;红色抛光膏中的三氧化二铁具有中等硬度,适用于钢铁工件的抛光,也可用于细磨;绿色抛光膏中的三氧化二铬是一种硬且锋利的粉末,适用于硬质合金、不锈钢及铬镀层等抛光。

4. 机械抛光的操作

> 机械抛光的操作是重点,应该熟练掌握。

1)机械抛光操作过程中,必须严格遵守"机械抛光安全操作规程"。

2)机械抛光操作前,若被处理工件表面的油污比较多和氧化皮比较厚时,可以考虑先进行脱脂和除锈(如喷砂等)处理,这样能够提高生产效率。

3)机械抛光操作前,先起动抽风机。

4)根据被处理工件的材质、形状、大小、表面粗糙度和机械抛光质量要求,选择适宜的抛光轮和抛光膏。

5)将抛光轮安装在电动机轴上,把转速调节至合适的速度。

6)把抛光膏涂抹在旋转的抛光轮的工作面上,再把工件压向抛光轮适当部位,其用力大小、抛光手法、抛光时间长短等全凭抛光人员的实践经验。

7）抛光过程中，应先以工件表面中间向左右两边抛，然后再按同样的顺序由边缘向中间抛。抛光的方向，开始时左右呈倾斜式，然后呈纵向式，最终的方向应是呈纵向，并保持工件上的抛光方向一致。

8）当抛光轮走至工件边沿时，需要减小抛光轮与工件之间的压力，防止抛损工件。

9）抛光过程中，抛光膏要少添勤添，保持抛光轮松软。

10）如此周期性地涂抹抛光膏，反复进行抛光，直至整平工件表面、提高光洁度，并保持工件外观光亮度均匀一致。

11）抛光软金属（如铝等）时，应注意避免工件局部过热，因为这样有可能引起变形，或因过热而产生的痕印，造成镀层质量不好。

12）抛光轮使用一段时间后，要及时清除其表面上的污物。

13）工作完毕后，应关闭电动机和抽风机。

5. 机械抛光产品的质量要求

机械抛光后的工件表面，应无油污、锈蚀物和氧化皮等，具有均匀一致、比较高的表面光亮度，但工件不允许变形，不能有划痕、倒边、砂眼、麻坑等缺陷。

三、滚光

1. 滚光的目的与原理

（1）目的　滚光是将被处理工件装在盛有磨料和滚光液的旋转容器中进行滚磨出光的过程。滚光主要是用于大批量的小型工件及难于磨光和抛光工件的表面处理，亦可用于镀后的镀层光泽处理。

（2）原理　滚光是把被处理工件、磨料、滚光液装入滚桶中，由于滚桶的不断转动，使工件之间、工件与磨料之间相互摩擦，加上滚光液的化学作用，以除去被处理工件表面的毛刺、锈蚀物、油污等，从而获得平滑而光洁的表面。

2. 滚桶

（1）滚桶的材料　一般是采用硬质木材，如硬杂木、柏木等，也可使用6~10mm厚的钢板。

（2）滚桶的类型

1) 倾斜式开口滚桶：此种滚桶为多边桶形，磨削能力较低，常用于轻度滚光，也用于对工件的干燥、出光。

2) 卧式封闭滚桶：此种滚桶为六边或八边桶形，从滚桶开口处将工件、磨料和滚光液一起加入，进行水平旋转滚光，应用最广泛的就是这种滚桶。

3) 卧式浸没式滚桶：此种滚桶的结构与滚镀的滚桶相似。滚光过程中，把滚桶浸入滚光液中，进行水平旋转滚光，磨削下来的锈蚀物、金属屑等滚桶上的小孔中流出，滚光液不断更换，有利于提高滚光速度和滚光效果，并且减少了滚光后对工件的清洗量。

(3) 滚桶的形状　滚桶的形状有圆形、六边形、八边形等，多边形滚桶比圆形滚桶应用多。因为多边形滚桶的桶壁离中心轴的距离不等，又有一定的角度，从而使滚动的工件经常变动位置，增加了相互碰撞、摩擦的机会，所以使被处理工件磨削均匀、滚光时间短、生产效率提高。

(4) 滚桶的尺寸　滚桶的尺寸主要是指其直径和长度，尺寸的选择取决于加工工件的大小、形状和装载量。一般来说，滚桶的直径为300～600mm，长度为600～800mm或更长一些。生产实践证明，选择大尺寸的滚桶，装载量大，压力和摩擦力也大，被处理工件表面的切削量也相应增大，可缩短滚光时间，提高滚光质量。但对于易变形和损坏的工件应采用小滚桶。

(5) 滚桶转速的选择　滚光时间随滚桶转速增加而缩短，但对某一滚桶而言，都有一个最佳的转速，低于或高于此转速，便会延长滚光时间。因为滚桶转速过高时，离心力增大，使被处理工件贴在滚桶壁上，随着滚桶一起做圆周运动，从而使工件之间相互碰撞和摩擦作用减少；滚桶转速过低时，单位时间内被处理工件间相互碰撞和摩擦作用也变小了，滚光效果下降，也延长了滚光时间。滚桶转速通常在40～60r/min。滚桶直径较大的应选用略小的转速；滚桶转速大时，可以相应提高装载量。

(6) 滚桶的装载量　在通常情况下，工件和磨料占滚桶容积的70%，而对于较重的工件或有螺纹工件，可将装载量提高到滚桶容积的80%～90%，从而可减少碰撞，防止工件变形和螺纹损坏。

3. 滚光磨料

（1）滚光磨料的种类　常用的滚光磨料有金刚砂、硅砂、人造刚玉、人造金刚砂、陶瓷磨料、钢珠、铁砂、贝壳、碎皮革、锯末、胡桃核等。其中，金刚砂的硬度高，磨削力大，使用寿命长，应用比较多；钢珠磨料的磨削力强，不易破碎，光饰效果也较好；动植物磨料用于湿法滚光过的工件，进行最后的出光干燥，有时也与其他磨料一起使用。

（2）滚光磨料的选择　根据被处理工件的材质、形状和滚光质量要求，来选择磨料的种类、形状及尺寸。一般情况下，金属工件采用硬质磨料；塑料工件通常采用硬质磨料与动植物磨料混合使用；滚光质量要求高的工件，应使用形状比较圆滑的磨料，常用的是钢球（珠），对软质金属应采用玻璃球或瓷球；对于有孔眼的工件，应选用磨料可以完全通过或完全不能通过孔眼，以防止磨料堵塞工件的孔眼。

4. 滚光溶液

进行滚光时，若被处理工件表面有大量油污和锈蚀物时，应先脱脂和除锈；若油污和锈蚀物较少时，可直接滚光。当滚光兼顾脱脂时，应向滚桶内加入稀碳酸钠、肥皂等具有脱脂作用的滚光液；当兼顾除锈和少量油污时，应加入稀硫酸、缓蚀剂、乳化剂等滚光液。有时需在碱性、酸性溶液中交替进行滚光，以使油污和锈蚀物除去得更彻底。但应特别注意，最后在酸性介质中结束滚光时，应把工件上的酸性溶液清洗干净，并将工件放在稀碳酸钠溶液中，防止残余的酸性溶液腐蚀工件。滚光液应该加至滚桶容积的95%左右。

不同材料的滚光工艺规范见表4-3。

表4-3　不同材料的滚光液工艺规范

溶液成分及工作条件	黑色金属		铜及其合金	锌及其合金
	1	2		
硫酸	15~25	—	5~10	0.5~1
氢氧化钠	—	20~30	—	—
皂角粉	3~10	3~10	2~3	2~5
滚光时间/h	2~3	1~2	2~3	2~4

5. 滚光的操作

滚光的操作是重点,应该熟练掌握。

以卧式封闭滚桶为例,滚光的操作:

1)将滚桶盖打开,将选择适宜的磨料、滚光液与被处理工件一起放入滚桶中,装载量一般为滚桶容积的70%,滚光液则加至滚桶容积的95%左右。

2)将滚桶盖拧紧,放入机器滚光室内,关上室门,开动电动机,开始滚光。

3)滚光是为了除去工件上的毛刺时,应减少磨料数量。而一般工件滚光时,应有一定数量的磨料,可防止工件划伤。

4)有弹性要求和带螺纹的工件,不适宜进行滚光处理。

5)进行滚光处理的工件,不应有砂眼、划痕等缺陷。

6)滚光铜件和钢铁件的磨料要分开,不能混用。

7)滚光液使用一段时间后,浓度会逐渐降低,失去作用,所以应及时更换滚光液。

8)到了滚光时间后,先关闭电源,再打开室门,松开滚桶盖,检查被处理工件是否符合滚光后质量要求。若不符合要求,应继续进行滚光。

9)工作结束后,关闭电源。

6. 滚光产品的质量要求

滚光处理后的工件表面,应无油污、锈蚀物和氧化皮等,还应具有均匀一致的、相对较低的表面粗糙度值,但工件不允许有变形,也不能有划痕、倒边和螺纹损坏等缺陷。

四、振光

1. 振光的目的与原理

(1)目的 振光主要是用于大批量小型工件及难于磨光和抛光工件的表面处理,亦可用于镀后的镀层光泽处理。

(2)原理 将装有被处理工件和磨料介质的容器,借助于振动电动机或电磁系统的作用来带动容器做上下、左右或旋转运动,使工件与磨料相互摩擦,达到光饰目的。

2. 振光的方法及特点

常用的振光方法，有普通振光、旋转振光、离心盘振光、往复式振光等。普通振光机有桶形振动机和碗形振动机。常用的是碗形旋转振动机。

振光比滚光的效率高，适用于加工比较大和小的工件，一次加工量大，可以自动卸料，并且在处理过程中可随时检查、控制工件表面质量，特别适用于批量生产。但是，振光不适用于处理要求精密和脆性大的工件，也不能获得表面粗糙度值很低的表面。

3. 振光磨料

（1）磨料的种类　常用的磨料有鹅卵石、硅石、氧化铝、碳化硅、钢珠和陶瓷球等，有时也可用木屑、皮革等有机磨料。

（2）磨料的选择　根据被处理工件的材质、形状、大小及振光后表面要求等来选择适当的振光磨料。对于黑色金属中的铸锻件去毛刺，其表面粗糙度要求不高时，应选用质地坚硬、切削能力强且成本低、粒度粗的氧化铝磨料；对于黑色金属工件的去毛刺和倒钝其锐边，并且表面粗糙度值要求较小时，可以选用具有一定切削能力、且切削性能不易改变和粒度比较细的氧化铝磨料；对于黑色金属工件表面粗糙度值要求较小时，应选用切削性能不易改变、粒度更细的氧化铝磨料和淬火钢球等；对于有色金属工件去毛刺时，可选用粒度较细的碳化硅磨料等；对于提高有色金属工件表面光亮度和金属光泽时，可选用粒度更细的碳化硅磨料、陶瓷球等；对于易变形工件，除用氧化铝或碳化硅磨料外，还要与木屑、皮革、核桃壳等有机磨料混合使用。

（3）磨料形状大小的选择　对于铸锻件去毛刺时，应选用形状不规则和尺寸较大的磨料；对于精度高的工件，应选用形状规则和尺寸较小的磨料；对于易变形工件（薄片状、细长件等），应选用尺寸较小的磨料；对于有螺纹工件，应选用无尖棱且尺寸较小的磨料；在加工空心及带槽的工件时，应选用形状规则的磨料，并且要保证大磨料比孔、槽大，小磨料应稍小于孔、槽尺寸的1/3；在采用陶瓷球或淬火钢球抛光工件圆弧表面时，球的半径应稍小于工件圆弧表面的半径，并且为了有效地抛光工件的其他表面，要大小球同时使用。

4. 振光参数的选择

(1) 磨料与工件的装载比例　磨料与工件的装载比例要合理，如果比例不当，振光时就会擦伤工件表面或降低生产效率、浪费磨料。实践证明，磨料包围工件时振光效果最好。通常采用磨料与工件的装载比例为 1:1～10:1，粗加工时可选用 2:1，精加工时可选用 6:1。

(2) 磨料和工件的装载量　一般工件和磨料的装载量占振光机容积的 85%～90% 为好。衡量装载量是否合适的简单方法是：工件和磨料在振动过程中既能翻滚自如，又能不溢出槽外。

(3) 振光液的选用和添加量　选用合理的振光液和正确的添加量，可以使处理后的工件光亮美观，保持与提高工件表面的金属光泽，起到清洗工件表面、软化工件表面，以加速磨削、减少磨料对工件的冲击作用。

振光液的种类很多，它是由碱液和多种表面活性剂配制而成，也有呈中性和酸性的振光液，要根据工件和振光质量要求来选择。

振光液的添加量要参考水的添加量。一般情况下，用于去毛刺粗磨时添加量较少；抛光时，添加量比较多。因为振光液有效工作时间比较短，往往在振光过程中需要补充添加振光液和水。

(4) 水的添加量　水的用量一般为工件和磨料体积分数的 3%～5%。若水量过少，振光过程中缓和冲击与润滑作用就会减少，工件表面容易产生划痕；水量过多，则会产生工件和磨料的不规则运动，影响振光效果。

(5) 振光时间　振光时间应根据被处理工件的加工情况来确定，一般是在工艺试验的基础上，由实践经验来找出最佳时间。

5. 振光的操作　　振光的操作是重点，应该熟练掌握。

1) 在振光前，必须将工件进行脱脂处理，否则将降低振光容器内补橡胶或聚氨酯的使用寿命以及振光的效果。

2) 将磨料和被处理工件按适当比例和装载量加入振光机的容器内，并加入合适的振光液和水。

3）起动机器，开始振光。

4）待振光时间结束后，选择适当的分离筛；插入或转动翻板，使工件与磨料自动分离。

5）将振光后工件进行清洗、干燥、防锈等处理。

6）若使用钢球磨料时，使用前应对钢球做除锈处理，不应使用锈蚀严重的钢球；振光结束后，应立即把钢球浸入亚硝酸钠溶液中做防锈处理。

7）工作完毕后，切断电源。

6. 振光产品的质量要求

振光处理后的工件表面，应无油污、锈蚀物和氧化皮等，还应具有均匀一致的、相对较高的表面光亮度，但工件不允许有变形，也不能有划痕、倒边和螺纹损坏等缺陷。

五、刷光

1. 刷光的目的与原理

（1）目的　利用各种刷子来除去工件表面上的锈蚀物、氧化皮、毛刺、棱角、残余油污和浸蚀残渣等，并使工件具备一定光泽；有时也用于对工件基体表面进行装饰性底层加工，如缎面修饰、丝纹刷光等。

（2）原理　一般是采用刷光机，利用刷光轮上的弹性金属丝端面侧峰具有的切刮能力，或手工使用各种刷子，有时借助水或溶液，对工件表面进行处理的过程。经过刷光处理的工件几何形状不会改变。

2. 刷光轮

（1）刷光轮的类型　刷光轮按其制作的材料，可分为金属丝刷光轮和非金属丝刷光轮。金属丝刷光轮常用的金属丝类型，有黄铜丝、钢丝、不锈钢丝等。非金属丝刷光轮常用的制作材料，有猪鬃等动物毛和天然或人造纤维等。刷光轮按其制作方法和形状，可分为成组的辐射刷光轮、波形辐射刷光轮、短丝密排辐射刷光轮、普通宽面刷、条形宽面刷、杯形刷光轮等。

（2）刷光轮的选择　根据被处理工件的材质、表面状况和刷光要求,来选择刷光轮的材料和形状。当工件材料比较硬时,应选择硬金属丝刷光轮;工件材料较软时,则选择软金属丝、天然或人造纤维刷光轮;钢铁工件应选用钢丝刷光轮;铜及其合金工件应选用铜丝刷光轮或其他软刷光轮。

各种形状的刷光轮适用范围为:成组的辐射刷光轮,用于除去工件表面的锈蚀物、焊渣、旧漆层等,也用于除去网状传送带网孔中的残留物;波形辐射刷光轮,一般用于清除工件表面的污物或锈蚀后的挂灰,也用于手工刷平工件表面和缎面修饰、丝纹刷光等装饰性处理;短丝密排辐射刷光轮,主要用于去除毛刺、棱角、棱边等;普通宽面刷,用于清理工件表面,如冶金工厂的板材电镀、涂漆等生产线上;条形宽面刷,用于在使用普通宽面刷会因受力刷光轮不稳定的场合,作为补充和辅助使用;杯形刷光轮,用于工件表面去除毛刺、清理一般污物和浸蚀后的挂灰,也用作丝纹刷光,还适用于便携式电动工具上使用;其他各种小型刷光轮,则用于工件内型面的清理和去毛刺等。

3. 湿法刷光液

刷光过程中,借助水和溶液进行处理工件的方法,称为湿法刷光。在刷光过程中,刷光液从刷光机上部的一个特制容器滴到刷子或工件上,有时也直接用水管将水流至刷光轮或工件上。一般常用的刷光溶液,有质量分数为 3% ~5% 的磷酸钠稀溶液和碳酸钠稀溶液。镀前刷光时,如需去污,则宜采用具有脱脂功能的清洗液;镀后工件刷光时,最好使用清水作刷光液。

4. 刷光参数的选择

在刷光过程中,要根据被处理工件的材质、表面状况和刷光技术指标要求来选择刷光参数及刷光轮。

(1) 清理工件表面 为了清除被处理工件表面的锈蚀物、氧化皮、焊渣、旧漆层等时,需要高的切削力,应选用比较硬的钢丝刷光轮和高的转速,一般刷光轮的旋转速度应在 2000r/min 以上;为了清除被处理工件表面的一般污物或锈蚀物后的挂灰,需要较低的切削力,应选用比较软的黄铜丝、猪鬃或纤维丝刷光轮和相对适中的转速,一般刷光轮的旋转速度可控制在 1800~2000r/min 之间,此时可采用干刷,也可采用湿法刷光。

(2) 清除毛刺　清除被处理工件上的毛刺,需要相对较高的切削力。对于工件外表面棱边上的毛刺,常选用直径为 0.3mm 左右的硬金属丝制成的短丝密排辐射刷光轮,刷光轮的线速度一般控制在 33m/s 左右;对于圆孔棱边上的毛刺,常选用杯形刷光轮,刷光轮的线速度一般控制在 22~33m/s 之间;对于工件内螺纹上的毛刺,则选用小型刷光轮。

(3) 丝纹刷光　根据被处理工件的材质、形状和刷光后装饰要求等,丝纹刷光应选择的刷光轮类型和制作材料:对于钢铁件等硬金属材料,应选用钢丝刷光轮;对于金、银、铜、锌、铝及其合金等较软的金属材料,应选用黄铜丝、镍-银丝刷光轮。

刷光轮类型的选择,则是根据丝纹刷光所要求的纹路来确定。若要求获得圆弧形的纹路,则选用环形刷光轮;要获得直线形的纹路,则选用辐射刷光轮。丝纹刷光过程中,刷光轮转速一般控制在刷光速度范围的中下限。具体操作时可根据被处理工件材质来确定。丝纹刷光可以采用干法刷光,也可以采用湿法刷光。

(4) 缎面修饰　经过刷光处理后,使工件表面成为具有缎面状非镜面闪烁光泽的漫反射层的处理过程,称为缎面修饰。在缎面修饰操作过程中,一般使用细而软的金属丝,有时也使用猪鬃、纤维丝刷光轮,其类型为波形刷光轮。刷光轮转速比较小,一般控制在 15~25m/s 之间。操作时,一定要使刷痕均匀一致,与工件的轮廓线保持平行。采用湿法刷光进行缎面修饰时,刷光剂可使用水和滑石粉。

5. 刷光的操作　*刷光的操作是重点,应该熟练掌握。*

1) 手工刷光,主要用于电镀前除去工件表面的污物、油脂和氧化皮等。机械刷光除用于电镀前清理工件表面之外,常用于工序间的中间工序,例如镀铜、镀银和其他加厚镀层等。

2) 对于已经过机械抛光的工件,刷光时应使用软毛刷子或刷光轮,并要采用湿法刷光较好。

3) 刷光操作前,要根据被处理工件的材质、形状和刷光后的表面要求选用适合的刷光轮类型和制作材料。将刷光轮安装在刷光机轴上,再起动电源。

第四章 电镀前预处理

4）若采用湿法刷光，将适宜的刷光液从特制容器内按一定流速滴至工件或刷光轮上。

5）刷光时，应避免将刷子压得太紧，否则刷子损耗较快，刷光质量也较差。尤其是丝纹刷光时，若压力太大，刷丝侧面与工件接触，便产生不了丝纹效果。缎面修饰时，刷光压力要小，使刷丝轻轻擦过工件表面即可。

6）刷光处理完成后，检查工件是否达到刷光质量要求。若符合刷光质量要求，即可转入下一道工序；若不符合刷光质量要求，则应继续刷光处理，直至符合要求为止。

7）工作结束时，关闭刷光液流出阀门，切断电源。

6. 刷光产品的质量要求

刷光后的工件，其表面应干净、无油、无锈、无氧化皮、无毛刺，工件表面的刷痕应均匀一致，工件的形状应不受到破坏，不能有变形、螺纹损坏等现象。若丝纹刷光和缎面修饰，应有符合要求的丝纹纹路和无光缎面。

六、喷砂（丸）和抛丸

1. 喷砂的目的与原理

（1）目的　喷砂的目的，是为了除去被处理工件表面的毛刺、氧化皮以及铸件的熔渣等杂质。在电镀生产中，多用于电镀前处理，也有用于增加工件表面的粗糙度值。

（2）原理　喷砂是利用净化后的压缩空气，将砂粒流强烈地喷射到被处理工件的表面上，来除去杂质或增加粗糙度值。

2. 喷砂参数的选择　〔喷砂参数的选择是要点，应该理解、掌握。〕

（1）砂粒　喷砂用的砂粒，一般是硅砂（有时也用河砂）、金刚砂、铁屑、钢丸（相应叫"喷丸"）等。其中，硅砂使用较普遍，但缺点是加工时破坏性大、粉尘多等。而使用铁屑（钢丸）喷砂，不仅效果好、粉尘少、生产效率高，而且综合成本也比硅砂低。

（2）喷嘴的选择　喷嘴的选用、喷嘴距被处理工件表面的距离及砂流的喷射角度，都影响喷砂的质量。喷嘴的材料有铸铁、陶瓷、镶有硬质合金等。硬质合金喷嘴比铸铁喷嘴的成本高，但使用寿命长。喷嘴的长度一般为 100～120mm。喷嘴的孔一般是圆柱形的，入口处呈锥度。生产实践证明，喷嘴距工件表面的距离在 200mm 比较合适；砂流与被处理工件表面间的喷射角度为 20°～30°效果比较好。

（3）压缩空气的压力　压缩空气压力取决于被处理工件的材质、形状、表面状态以及对表面加工质量的要求。当使用硅砂时，压缩空气的压力一般不超过 0.3MPa。因为空气压力过大，砂流速度太快，易把砂粒撞碎，影响产品质量和生产能力；当使铁屑（钢丸）时，最大空气压力为 0.7MPa。表 4-4 为工件壁厚、砂粒尺寸与压缩空气压力之间的关系。

表 4-4　工件壁厚、砂粒尺寸与压缩空气压力之间的关系

工件壁厚及特征	砂粒尺寸/mm	压缩空气压力/MPa
壁厚大于 3mm 的大型零件	2.5～3.5	0.2～0.4
壁厚小于 3mm 的板材及铸件	1.0～2.0	0.10～0.15
薄壁及小型工件	0.5～1.0	0.05～0.10
壁厚小于 1mm 板材及螺纹工件	0.05～0.15	0.03～0.05

3. 喷砂的方法

喷砂方法分为干喷砂和湿喷砂两种方法。干喷砂处理后的工件表面粗糙度比较大，而湿喷砂则主要用于处理比较精密的工件。

（1）干喷砂　干喷砂有机械喷砂和空气压力喷砂两种类型。每一种类型又有手工、半自动、连续自动等几种方式。广泛使用的是手工空气压力喷砂室，主要用于各种复杂形状的中、小型工件。

干喷砂常用的砂料是氧化铝砂（含天然和人造两种）、硅砂（二氧化硅）、人造金刚砂（碳化硅）等。氧化铝砂不易粉化、劳动条件好、砂料可循环使用；人造金刚砂虽然有与氧化铝砂相同优点，但因为过于昂贵，所以使用得比较少；硅砂的优点是不污染工件。

（2）湿喷砂　湿喷砂是在砂料中按比例加入一定量的水，使其成为砂水混合物，这样可减少了砂料对工件的冲击作用，减少了金属材料的去除量，从而使工件表面更光洁。湿喷砂通常有雾化喷砂、水-气喷砂和水喷砂三种类型，生产上使用较多的是水-气喷砂。

湿喷砂所用的砂料与干喷砂相同，只是加入一定比例的水和其他添加剂。一般情况下，水砂比值控制在 7∶3 为宜。为了防止砂料沉入贮存箱底，应加入质量分数为 10% 左右的膨润土作为悬浮剂。为了防止钢铁件被锈蚀，还应加入质量分数为 0.5% 的碳酸钠和 0.5% 的重铬酸钠作缓蚀剂。

4. 喷丸

喷丸的原理和设备与喷砂相似，只是喷丸用钢丸、铸铁丸、玻璃丸、陶瓷丸取代砂子。喷丸的主要用途是：使工件产生压应力，从而提高工件表面的疲劳强度、压应力和耐蚀性能。因为喷丸可避免工件表面残留的张应力而形成有利的压应力，所以可代替一般冷热成形工艺，对大型薄壁铝制工件进行成型加工和校正扭曲的薄壁工件。但是，为了防止消除喷丸所产生的压应力，经喷丸处理过的工件使用温度不能太高，应根据工作材质来确定其使用温度，一般钢铁工件为 260~290℃，铝质工件为 170℃左右。

5. 喷砂（喷丸）的操作　　喷砂（喷丸）的操作是重点，应该熟练掌握。

1）喷砂操作过程中，必须严格遵守喷砂的安全操作规程。

2）喷砂操作前，被处理工件必须进行脱脂处理。若采用干喷砂时，被处理工件应该保持干燥。

3）将喷砂用的压缩空气经过油水分离器进行脱脂和除水，并在生产过程中定期排放储气罐内的油和水。

4）选择好合适的砂子并装入存砂箱内。

5）将空气压力调至恰当的压力值，打开压缩空气泵。

6）对于某些工件的特殊部位若不允许喷砂，必须进行恰当的方法进行保护，如采用机械夹具、套塑料管、橡胶堵头、用胶带和纸带包扎等。

7）将被处理工件放入喷砂室内，关好喷砂室门，然后缓慢打开压缩空气阀门，使喷嘴与工件呈一定角度，对准工件需要喷砂的部位按照一定顺序连续进行喷射，直到工件表面的污垢全部喷干净、粗糙度达到要求为止。

8）为了便于操作，小型工件可装在合适的容器中进行喷砂处理。

9）喷砂后的工件应尽量减少触摸，并及时进行表面处理。若来不及处理，钢铁工件可浸入 50g/L 碳酸钠溶液中防锈处理。湿喷砂后的钢铁工件，应浸入含 8.66g/L 苯甲酸钠、4.33g/L 亚硝酸钠温度大于 70℃ 的溶液中进行防锈处理。

6. 抛丸

（1）目的与原理　抛丸的目的有：除掉工件表面的锈蚀物、焊渣、旧漆层和其他干燥了的油污；除去铸件、镀件或热处理后工件表面的型砂及氧化皮；除去工件表面的毛刺或有方向性的车刀痕、磨痕；增加工件表面的粗糙度值，以提高各种涂层的附着力；使工件呈漫反射的消光状态，降低工件表面光泽。

抛丸的原理：在清理室内加入规定数量的工件，机器起动后，滚桶开始转动，被清理工件由橡胶带带动在清理室内作连续均匀的翻转，同时抛丸器高速抛出弹丸形成扇形弹束，均匀地打击在工件表面上，从而达到清理的目的。

与喷砂、喷丸对比，抛丸具有以下优点：工件抛丸后，可自动卸料，减轻工人的劳动强度；除尘效果好，改善了工人的劳动条件；适用于大批量的小型工件处理，可提高生产效率。

（2）抛丸的操作　　　　　　　抛丸的操作是重点，应该熟练掌握。

1）将规定量的弹丸加入滚桶中，然后将适当数量和重量的工件放入清理室内，关闭室门。

2）将抛丸器时间继电器调至所需要的清理时间。

3）起动除尘器风机。

4）起动"抛丸器按扭"，依次起动抛丸器、提升机，滚桶正转并开始抛丸清理工件。

5）当达到规定的抛丸时间后，抛丸器、提升机停止，滚桶正转延时停止，同时峰鸣器发出鸣响信号。

6）抛丸完全停止时，方可打开室门，按动"滚桶反转按扭"，工件自动卸出。

7）遇有紧急情况，可按"紧急停车按扭"，抛丸机全部停止工作。

8）全部工作完毕后，应及时关闭除尘器。

9）应定期清除除尘器下方集尘箱内的粉尘，防止堵塞排尘管。粉尘应妥善处理，切勿随意乱放，防止燃烧和爆炸。

10）粉尘易燃易爆，工作场合严禁一切烟火。

7. 喷砂（喷丸）、抛丸产品的质量要求

喷砂（喷丸）、抛丸处理后的工件表面，应无锈蚀物和氧化皮等，具有均匀一致的表面粗糙度，工件不允许有变形，也不能有倒边和螺纹损坏等缺陷。

第三节 脱 脂

一、脱脂的意义

1. 脱脂的目的

被镀工件在电镀之前经过各种加工和处理，不可避免地会粘附一层油脂，因此在电镀、氧化、磷化之前，为了保证镀层与基体的牢固结合；保证氧化、磷化的顺利进行和转化膜的质量；保证不污染电镀溶液、氧化溶液和磷化溶液，必须彻底清除工件表面的油污。

被镀工件在加工、处理、运转过程中所粘附的油脂不外乎有三种：矿物油、植物油和动物油。按其化学性质可分为两大类：皂化油和非皂化油。所有的植物油和动物油的化学成分，主要是各种脂肪酸的甘油酯，它们都能与碱发生皂化反应，生成能溶于水的甘油和肥皂，故称为皂化油。矿物油如石蜡、凡士林、防锈油、各种润滑油等，主要是各种有机碳氢化合物，不能与碱发生皂化反应，故称为非皂化油。

2. 脱脂的方法及特点 〔脱脂的方法、特点及适用范围应该了解。〕

根据油脂的性质和被处理工件表面的油污程度，可选择有针对性地脱脂方法。常用的脱脂方法有：有机溶剂脱脂、化学脱脂、电化学脱脂、超声波脱脂、擦拭脱脂、滚桶脱脂以及上述方法的联合使用。

各种脱脂方法、特点及适用范围见表4-5。

表4-5　各种脱脂方法、特点及适用范围

脱脂方法	特　　点	适用范围
有机溶剂脱脂	脱脂快，对皂化油脂和非皂化油脂均能溶解，一般不腐蚀工件。但脱脂不彻底，需用化学方法或电化学方法补充脱脂，多数有机溶剂易燃、有毒，成本较高	可对形状复杂（接缝、不通孔状）的小型工件、有色金属件、油污严重的工件及易被碱溶液腐蚀的金属工件进行初步脱脂
化学脱脂	设备简单，成本低，但脱脂时间较长	一般工件脱脂
电化学脱脂	脱脂快而彻底，能除去工件表面的浮灰、浸蚀残渣等机械杂质，但需直流电源。进行阴极脱脂时，工件容易渗氢，深孔内的油污去除较慢	一般工件的脱脂或阳极去除浸蚀残渣
超声波脱脂	脱脂速度快，降低化学材料的消耗量，改善脱脂质量，但设备成本较高	外形复杂和由绝缘材料制成的工件、小型精密工件
擦拭脱脂	设备简单，操作灵活、方便，不受工件限制，但劳动强度大，工效低	大型工件或其他方法不易处理的工件
滚桶脱脂	工效高，质量好，但不适于大型工件和易变形的工件	精度不太高的小型工件

二、有机溶剂脱脂

1. 有机溶剂脱脂的特点

有机溶剂脱脂，是利用有机溶剂能溶解皂化油和非皂化油的特点来除去被处理工件表面的油污。

有机溶剂脱脂的优点是：脱脂速度快，操作方便，对金属无腐蚀（特殊例外）。

有机溶剂脱脂的缺点是：

1）脱脂不彻底。因为附着在工件表面上的溶解油脂的有机溶剂挥发后，油污不能全挥发掉，就会有一层油膜留下，所以用有机溶剂脱脂后，往往还需要用化学脱脂或电化学补充脱脂。因此，有机溶剂脱脂多用于表面油污严重的工件预处理。

2）有机溶剂价格贵，所以此法成本较高。但是，如果所用设备设计合理，将有机溶剂蒸馏后回收并循环使用，就可以降低成本。

3）有机溶剂易燃和有毒。

2. 有机溶剂脱脂的种类

常用的有机溶剂有：汽油、煤油、苯、甲苯、丙酮、三氯乙烯、四氯乙烯、四氯化碳、氟里昂 113 等。其中汽油、煤油、丙酮、苯类属于有机烃类溶剂，其特点是毒性较小（苯类除外），对大多数金属无腐蚀作用，但是易燃，其蒸气在空气中达到一定浓度时，遇火即会爆炸，多用于冷态浸渍或擦拭脱脂。而三氯乙烯、四氯乙烯、四氯化碳、氟里昂 113 等属于有机氯化烃类溶剂，其特点是毒性大，不易燃，对油脂的溶解能力很强，脱脂效率高，除铝、镁及其合金外，对大多数金属无腐蚀作用，可在高温下脱脂，用于浸渍擦拭、喷淋等。

3. 有机溶剂脱脂的方法

有机溶剂脱脂优点突出，但存在很大的不足，不过对于有些金属和工件，如锌及其合金以及有色金属与非金属组合在一起的工件，或者被处理工件表面油污较多，则只能或必须采用有机溶剂脱脂。对于镁、铝合金工件，则不宜使用三氯乙烯脱脂，而应该采用四氯化碳脱脂。

1）溶剂脱脂：汽油、煤油、轻柴油等石油溶剂，对非极性矿物油有良好的溶解能力，对工件表面厚重的油污去除能力比较强；但对动植物油脂的去除能力比较弱。汽油、酒精、丙酮等易燃性有机烃类溶剂，只能用浸渍、擦拭、刷洗等冷态处理方法进行脱脂，设备简单，只要一个可盛溶剂的容器和擦、刷类工具即可，若在工件表面脱脂，应采用无绒棉布蘸溶剂擦拭效果较好。钛及其合金工件脱脂，应采用丙酮、甲基乙基酮、异丙酮等。

2) 三氯乙烷液体脱脂：三氯乙烷液体脱脂所需设备简单，只要有盛溶剂的容器即可，操作方便，可以浸洗，刷洗。三氯乙烷无毒，使用安全，尤其适用于由各种有机涂层或由有机复合材料制成的工件脱脂。

3) 三氯乙烯蒸气脱脂：三氯乙烯、四氯化碳等不燃性有机氯化烃类溶剂，对于矿物油和动植物油脂的脱脂效果都比较好。此类溶剂沸点低，易挥发，无燃烧性，对金属无腐蚀，生产上使用比较安全，但对人体有毒害，必须有良好的通风和密封性的专用设备，可采用冷态处理，也可加温处理。其脱脂方法有：蒸气脱脂、喷淋脱脂、浸渍-蒸气脱脂、浸渍-喷淋-蒸气联合脱脂等，相对应的专用设备有：通用蒸气脱脂设备、带喷淋的蒸气脱脂设备、带浸渍槽的蒸气脱脂设备和改进型三槽式专用设备等。

下面以三氯乙烯溶剂脱脂介绍如下：三氯乙烯是一种不可燃的有机溶剂，燃点为410℃，对油脂的溶解能力很强，常温下比汽油大4倍，50℃时大7倍。加热三氯乙烯，可使其变为蒸气，因为它的密度比空气大得多，所以在设备内保持一个三氯乙烯蒸气层，与空气有一个明显的分界面。当有油污的工件进入三氯乙烯蒸气层后，蒸气立即冷凝在工件表面，把油污溶解掉。又因为三氯乙烯的沸点比一般的油脂低得多，以至溶解的油脂不再同三氯乙烯一起被汽化，所以始终保持三氯乙烯蒸气层的纯净，不使油脂再污染被处理工件。

4. 有机溶剂脱脂的操作 〔有机溶剂脱脂的操作是重点，应该熟练掌握。〕

（1）擦拭法 采用蘸有有机溶剂的刷子或棉纱等对工件表面进行擦拭，直至脱脂干净为止。

（2）浸渍法 将被处理工件浸泡在有机溶剂中，溶剂把工件表面上的油脂逐渐溶解并能够带走不溶解的污物。在浸泡过程中，应该经常搅拌溶剂，这样有利于提高脱脂速度。浸渍一段时间后，应检查工件表面的脱脂质量，若脱脂质量达到要求，则可以转入下道工序；若工件表面仍然有少量油脂，则应继续浸在有机溶剂中进行处理，直至干净为止。

（3）喷淋法　在密闭的容器内，借助于泵的压力，将有机溶剂喷淋于工件表面上，溶剂把油脂不断溶解并带走污物，将循环的溶剂反复喷淋直至工件上的油污全部除净为止。如果喷嘴不是从各个方向喷向工件，应将工件经常转换角度，以利于提高脱脂速度和脱脂质量。在喷淋前，应经常检查喷嘴是否堵塞，若有堵塞，应及时进行疏通或更换。喷淋法是自动生产线中最常用的一种脱脂方法。

（4）蒸气法　在密闭的容器内，底部槽中盛有机溶剂，将工件悬挂在有机溶剂上面，对溶剂进行加热使其蒸发。有机溶剂蒸气遇到温度较低的工件便会冷凝为液体，将油脂溶解并连同污物一起滴落入溶剂中，从而将油污除去。这些溶解了油污的溶剂在加热区重新被加热时，有机溶剂再次被蒸发，而油污则被留了下来。所以，有机溶剂可以被重复使用。

（5）联合处理法　采用浸渍-蒸气联合处理，或浸渍-喷淋-蒸气联合处理，该工艺的脱脂效果更好。

5. 有机溶剂脱脂注意事项

1）采用三氯乙烯蒸气脱脂时必须小心。因为三氯乙烯气体毒性大，是一种麻醉剂，严禁在附近吸烟、进食，否则少量吸入人体后就会引起昏迷，乃至失去知觉。

2）尽量避免有机溶剂与皮肤接触，以免引起皮肤脱脂而燥裂。若必须接触，应穿工作服，戴防护手套。

3）设备密闭性应良好，谨防蒸气泄漏。脱脂设备底部的集液池要盛足量的三氯乙烯，其深度应超过加热器50mm，但不能达到工件托架的高度。

4）采用三氯乙烯脱脂，应避免日光直接照射和带水入槽。因为在紫外线照射下，受光、热、氧、水的作用，三氯乙烯会分解出剧毒的光气（碳酰氯）和氯化氢；若在铝、镁的催化下，分解作用加快，所以铝、镁工件不宜用三氯乙烯脱脂。

5）工件进出脱脂设备时速度要缓慢，以免产生"活塞效应"，把三氯乙烯带出设备。进出槽速度一般不超过3m/min。

6) 采用水蒸气加热时,其压力不得超过 0.2MPa,以便控制三氯乙烯的汽化率。

7) 脱脂时间取决于被处理工件的大小、装载量和油污程度。当三氯乙烯蒸气不再在工件的表面凝结时,即表明工件已经达到了三氯乙烯蒸气的温度。此时,不管工件表面的油污是否除净都要取出,待其冷却至室温后,再进行脱脂。

8) 三氯乙烯的含油量应控制在体积分数为 30% 以内,以防止三氯乙烯沸点升高和分解并粘污工件,影响生产效率。因此含油量在体积分数为 25%~30% 时即应更新溶剂。

9) 要经常检查设备有无腐蚀,以便及时排除造成三氯乙烯分解呈酸性的因素(过热、水、铝、镁等)。

三、化学脱脂

1. 化学脱脂原理

虽然化学脱脂比有机溶剂脱脂所需时间长,但介质无毒,不会燃烧,设备简单,操作方便,价格便宜,管理容易,所以此方法广泛应用。化学脱脂的实质是借助于皂化、乳化、分散、溶解等作用,来除去被处理工件上的动物油、植物油和矿物油。

(1) 皂化作用 就是皂化油与碱性溶液发生化学反应而生成肥皂和甘油的过程。把带有油污的工件放入碱性脱脂溶液中,皂化油与碱就发生皂化反应,生成的肥皂和甘油都能够溶解在水中,所以只要有足够的碱存在和具有使油污表面不断更新的条件(溶液的运动),皂化油就能从工件表面被完全清除掉。

(2) 乳化作用 就是两种互不相溶的液体形成乳浊液的过程。乳浊液,就是两种互不相溶的液体的混合物,其中一种液体呈极细小的液滴分散在另一种液体中。借助于乳化作用脱脂时,脱脂液中必须加入乳化剂。乳化剂就是能促进乳化作用的物质。脱脂液中常用的乳化剂,有硅酸钠(水玻璃)、肥皂、OP 乳化剂等。

化学脱脂的方法有:碱性化学脱脂、酸性化学脱脂、乳化剂化学脱脂等。其中,酸性化学脱脂兼有脱脂-除锈联合作用,将在以后再介绍。生产中应用广泛的是碱性化学脱脂,下面着重介绍此方法。

2. 对碱性化学脱脂的要求

1）溶液具有良好的浸透性和乳化性，脱脂能力强，且可以阻止油污再次吸附。

2）溶液具有比较好的稳定性，且可以保持连续使用。

3）安全无毒，泡沫少，水洗性能好。

3. 碱性化学脱脂各组分的作用及其他影响因素

(1) 氢氧化钠　又称为苛性钠，属强碱性化合物。氢氧化钠是保证皂化反应进行的重要组分。当氢氧化钠含量低、溶液 pH 值小于 10.2 时，皂化反应生成的肥皂会发生水解；氢氧化钠含量过高时，皂化反应生成的肥皂的溶解度反而降低，并且会使金属表面发生氧化，氢氧化钠的润湿、乳化作用及水洗性较差。所以，氢氧化钠含量一般不超过 100g/L。在低温、中温条件下，氢氧化钠对钢铁无侵蚀作用，但对有色金属具有强烈的腐蚀作用，如对铝、锌等金属因生成可溶性铝盐、锌盐等而发生腐蚀。因此，对钢铁金属可以控制 pH 为 12~14，对有色金属和轻金属一般不宜使用。

(2) 碳酸钠　碳酸钠在脱脂液中起缓冲作用，保证在脱脂过程中溶液的 pH 值维持在一定的范围内。当皂化反应进行时，氢氧化钠将不断被消耗，碳酸钠能水解生成氢氧化钠，可补充一部分。碳酸钠有一定乳化能力，但水洗性不好，不宜单独使用。

(3) 磷酸三钠　具有碳酸钠的优点，脱脂效果和缓冲作用较好，除此之外还具有一定的乳化作用，本身水洗性好，还有助于硅酸钠（水玻璃）从工件表面洗去且能使硬水软化，防止脱脂过程中形成固体钙、镁、肥皂覆盖于工件表面上。此外，还有三聚磷酸钠（$Na_5P_3O_{10}$），脱脂效果更好。

(4) 焦磷酸钠　具有磷酸三钠相似的脱脂特点。此外，还具有一定的络合作用，其酸根可以与许多金属离子络合，形成环状结构的螯合物，防止工件上生成不溶于水的硬水皂膜，可使被处理工件表面容易水洗干净。

(5) 硅酸钠　即水玻璃，本身具有较好的表面活性作用和一定的皂化能力，且对铝、锌等有色金属有缓蚀作用。当它与其他表面活性剂组合时，便形成了碱类化合物中最佳的润湿剂、乳化剂、分散剂。偏硅酸钠在有色金属脱脂时还起到缓蚀剂作用。但是，硅酸钠虽然溶于水，但不易洗去，特别是复杂工件进行脱脂时更不易洗净，这样当进行酸浸蚀时便会与酸反应生成更难以除去的硅酸，影响镀层与基体之间的结合力，因此必须加强清洗，使其含量不宜过高。

(6) 乳化剂　乳化剂在脱脂液中起促进乳化、加速脱脂过程的作用。在碱性脱脂液中加入乳化剂，可以除去矿物油。乳化剂是一种表面活性物质，其脱脂作用与其分子结构有关。乳化剂的分子上有两类官能团，一类是极性的亲水基团，另一类是非极性的憎水亲油基团。在脱脂过程中，乳化剂以其亲水基团吸附时向着溶液与水相结合，以其憎水亲油基团与工件上的油发生亲和作用，使油-液界面的表面张力大为降低，油污脱离工件表面，以微小的油滴分散在溶液中。乳化剂吸附在已脱离工件表面的油滴上形成一层吸附膜，可防止小油滴重新形成油膜粘附在工件表面上。

(7) 温度　在加温条件下进行碱性化学脱脂，这是因为：第一、有利于溶液加快对流，提高皂化和乳化作用，从而加速脱脂过程；第二、有利于皂化反应生成的肥皂的溶解度升高，延长脱脂液使用寿命。但温度不宜过高，否则溶液沸腾外溅，操作不安全，并且消耗了大量的热能和碱液，而且恶化了环境。对于有色金属，因其高温易被腐蚀，脱脂温度应控制在 60～80℃之间；对于钢铁金属一般应控制在 80～90℃之间。

(8) 搅拌　在脱脂过程中，配置适当的搅拌（压缩空气搅拌或超声波搅拌），脱脂效果会明显提高。因为搅拌有助于围绕在被处理工件表面的乳化层的更新，加速油污的溶解。若无搅拌装置，在脱脂过程中则应经常抖动和翻动工件，也有利于加快脱脂过程。

(9) 脱脂液的更新　脱脂液使用一段时间后，脱脂效果会下降。因此，应定期检测、补充所需各种材料，或者更换新的溶液。

4. 碱性化学脱脂的工艺规范

不同金属工件碱性化学脱脂的工艺规范见表 4-6。

表 4-6　不同金属工件碱性化学脱脂的工艺规范

溶液成分及工作条件＼含量/(g/L)＼金属材料	钢　铁	铜及其合金	铝、镁、锌及其合金
氢氧化钠	30～50	10～15	
碳酸钠	20～30	20～30	15～20
磷酸三钠	40～60	50～70	20～30
硅酸钠	5～10	5～10	10～15
OP-10 乳化剂	1～3		1～3
温度/℃	80～90	70～80	60～80
时间	至油除净	至油除净	至油除净

5. 碱性化学脱脂的操作　化学脱脂的操作是重点,应该熟练掌握。

1）在碱性化学脱脂的操作过程中,必须严格遵守"配制和使用碱液的安全操作规程"。

2）化学脱脂操作前,应提前10min起动抽风机。

3）如果工件表面上的油污太多（如粘附有矿物油等）时,必须先进行有机溶剂脱脂,然后再进行碱性化学脱脂。

4）对于某些能溶于碱性溶液的金属（如铝、锌及其合金等）,不可以使用碱性强的化学脱脂溶液,更不允许加入氢氧化钠,因为强烈的碱会腐蚀工件表面。

5）在化学脱脂前,应先将脱脂溶液的温度升至工艺要求。

6）将工件牢固地装挂在挂具上,小型工件应采用篮、筐等容器,把工件浸入溶液中,为了使工件与溶液接触均匀,应经常抖动工件;搅拌溶液可以加速工件周围溶液的更新,有助于提高脱脂速度和脱脂质量。

7）在脱脂操作过程中,掉入溶液中的工件应及时捞出。

8）脱脂处理一段时间后,应检查工件表面的脱脂质量,若脱脂质量达到要求,则可以转入下道工序;若工件表面仍然有少量油污,应继续进行脱脂处理。

9）符合脱脂质量要求的工件,在出槽时应多停留一会儿,以便使复杂工件内腔带出的溶液流回溶液槽,然后用80℃左右的流动热水清洗,最后再用流动冷水清洗,至清洗干净为止。

10）当脱脂速度减慢和脱脂效果变差时,应在溶液中补加一些化学材料，必要时应更换脱脂溶液。

四、电化学脱脂

1. 电化学脱脂原理

电化学脱脂（即电解脱脂），是将被处理工件挂在碱性电解液的阴极或阳极上，通入直流电，利用电解时电极的极化作用和产生的大量气体，将油污除去的方法。具体过程是：当粘附油污的被处理工件浸入碱性电解液时，油污与碱溶液之间的界面张力降低，油膜便产生裂纹，同时，由于通电使电极的极化作用，电极与碱液之间的界面张力大大降低；电极上所析出的氢气和氧气泡，对油膜具有强烈的撕裂作用和对溶液的机械搅拌作用，从而促使油膜更迅速地从被处理工件表面上脱离转变为细小的油珠，加速了脱脂进程。另外，电解液本身的皂化、乳化、渗透等化学或物理作用，也得到进一步发挥。因此，电化学脱脂方法不仅速度比化学脱脂方法快，而且可以获得近乎彻底清除油污的良好脱脂效果。

2. 电化学脱脂的种类及特点

> 阳极脱脂和阴极脱脂的各自特点是要点，应该理解和掌握。

电化学脱脂可分为阴极脱脂、阳极脱脂和阴-阳极联合脱脂。表4-7 为阴极脱脂、阳极脱脂的优缺点对比。

表 4-7 阴极脱脂、阳极脱脂的优缺点对比

脱脂方法 优、缺点	阴 极 脱 脂	阳 极 脱 脂
优点	1. 脱脂速度快 2. 一般不腐蚀工件	1. 基体不发生氢脆 2. 能除去工件表面上的浸蚀残渣和某些金属薄膜，如锌、锡、铅、铬等
缺点	1. 容易渗氢，阴极上析出的氢容易渗到钢铁基体中，可以因渗氢引起氢脆而影响力学性能；对于一般工件电镀时易起小泡 2. 当电解液中含有少量锌、锡、铅等金属时，工件表面将有海绵状金属析出	1. 脱脂速度比阴极脱脂速度慢 2. 铝、锌、锡、铅、铜及其合金工件会遭受腐蚀；当溶液碱性弱、温度低、电流密度高、特别是含有氯离子时，钢铁件也可能遭受斑点腐蚀

鉴于阴极脱脂和阳极脱脂各有优缺点，在电镀生产过程中多采用阴-阳极联合脱脂，以取长补短。根据被处理工件的材质可以选用先阴极脱脂，而后转为短时间的阳极脱脂；也可以先阳极脱脂，而后转为短时间的阴极脱脂。例如，对于一般钢铁金属工件，大多数采用阴-阳极联合脱脂；对于承受高强度拉力的工件、薄钢板及弹簧件，为避免氢脆，只应进行阳极脱脂；对于铜及其合金，为了防止阴极脱脂时发生氧化而变色，需采用不含氢氧化钠的碱性阴极脱脂。

3. 电化学脱脂的影响因素

电化学脱脂溶液的配方基本上与碱性化学脱脂溶液的配方相似，只是碱的浓度稍低一些，各种成分的作用也差不多。这里介绍一下不同的几种影响因素：

（1）乳化剂　电化学脱脂溶液中一般不使用或少使用乳化剂，若使用时，应该选择发泡能力弱的乳化剂，如磷酸三钠等。因为选用发泡能力强的乳化剂会产生以下不良后果：

1）在电化学脱脂过程中，由于氢气、氧气的逸出会使液面上形成大量泡沫，一旦遇到极杠与挂具接触不良引起电火花时，就会产生爆鸣，导致溶液溅出，造成安全事故。

2）因为大量泡沫浮在液面上，当电化学脱脂好的工件提出液面时，泡沫容易粘附在工件上，不易洗净；若清洗得不彻底，便会影响下道工序的质量。

另外，硅酸钠（水玻璃）虽然是低泡乳化剂，但它粒度大，能使脱脂溶液的电导率降低、槽压增加，使电能消耗增大，同时使脱脂溶液的分散能力下降，对工件表面凹处油污去除不利，因此在电化学脱脂溶液中也尽量少用或不用。

（2）电流密度　电流密度是影响电化学脱脂的重要因素。在一定范围内，随着电流密度的提高，可以相应提高脱脂速度和改善深孔脱脂质量。因为一方面由于电流密度的增加，提高了阴极极化，增加了电化学脱脂溶液对电极表面的润湿性；另一方面，它增加了电极单位面积上产生气体的数量，从而加强了乳化作用。但是，电流密度与脱脂速度之间不是永远成正比的，因为电流密度过高，槽压增高，电能消耗过大，不仅腐蚀工件（钢铁件阳极脱脂和铝及其合金件阴极脱脂都可能受到腐蚀),而且形成的大量碱雾还可能污染环境和影响员工身体健康。一般生产过程中,常用的电流密度为 $5\sim10A/dm^2$。

(3) 温度　提高温度,可以降低溶液的电阻,从而提高电导率,降低槽压,节约电能,同时可以增加乳化作用。但温度过高,不仅消耗了大量的热能,还可能使铝、锌等工件受到腐蚀,而且污染环境,恶化劳动条件。一般生产过程中,常采用 60~80℃ 的电化学脱脂溶液。

4. 电化学脱脂的工艺规范(表4-8)

表4-8　不同金属电化学脱脂的工艺规范

含量/(g/L) 金属材料 溶液成分及工作条件	钢　铁	铜及其合金	铝、镁、锌及其合金
氢氧化钠	40~60	10~15	—
碳酸钠	20~30	20~30	20~30
磷酸钠	30~40	30~40	20~30
硅酸钠	10~15	5~10	3~5
温度/℃	70~80	70~80	70~80
电流密度/(A/dm²)	2~5	2~3	2~3
阴极脱脂时间/min	—	3~5	1~3
阳极脱脂时间/min	5~10	—	—

5. 电化学脱脂的操作

> 电化学脱脂的操作是重点,应该熟练掌握。

1) 在电化学脱脂的操作过程中,必须严格遵守"配制和使用碱液的安全操作规程"。

2) 电化学脱脂操作前,应提前 10min 起动抽风机。

3) 电化学脱脂一般采用直流电源,最好有换向装置,这样可以进行阴极电化学脱脂、阳极电化学脱脂或阴-阳极联合脱脂。

4) 电化学脱脂过程中,阳极(或阴极)采用不锈钢板、镍板或铁板,但阴极电化学脱脂时不能使用铁板作为阳极。

5) 在进行电化学脱脂前,应将脱脂溶液加热至工艺要求的温度。

6）在电化学脱脂操作前，应经常检查导电部位接触是否良好，若有接触不良部位，应使用砂纸擦拭来除去阻碍导电的异物，并使接触部位结合牢固。

7）工件表面油污太多的，应先进行有机溶剂脱脂和化学脱脂，然后再进行电化学脱脂。

8）将被处理工件牢固地装挂在合适的挂具上，接通电源，把挂具挂在极杠上，并观察被处理工件周围若产生气泡，则说明导电良好；若不导电应采取措施使其导电，按工艺要求给出恰当的电流。

9）对无特殊要求的工件，可先进行阴极电化学脱脂后，再进行阳极电化学脱脂。

10）对于高碳钢工件（如弹簧、弹性薄片等），一般应采用阳极电化学脱脂，以保证其力学性能及弹性。

11）对于容易溶解的金属（如铜及其合金、锡焊工件等），应采用阴极电化学脱脂；若仍需要进行阳极电化学脱脂，则应控制脱脂时间尽量短一些，防止工件产生过腐蚀现象。

12）电化学脱脂操作时，电流密度应按工艺要求不可以过大，否则形成的碱雾太大，影响操作人员的身体健康。

13）电化学脱脂操作过程中，掉入溶液中的工件应及时捞出。

14）脱脂处理一段时间后，应检查工件表面的脱脂质量，若脱脂质量符合要求，则可以转入下道工序；若工件表面还有少量油污，则应继续进行电化学脱脂，直至油污除净为止。

15）符合脱脂要求的工件，在出槽时应多停留一会儿，以便使复杂工件内腔带出的溶液流回溶液槽，然后用80℃左右的流动热水清洗，最后再用流动冷水清洗，至清洗干净。

16）当电化学脱脂的速度和脱脂效果下降时，应在溶液中补加一些化学材料，必要时应更换脱脂溶液。

五、超声波脱脂

1. 超声波脱脂的原理

超声波脱脂就是将粘附油污的被处理工件放在脱脂溶液中，借助于一定频率的超声波辐射来除去油污的过程。频率高于2000Hz的机械波叫做超声波。超声波脱脂的作用，在很大程度上是以空化作用为基础的。当超声波作用于液体时，反复交替地产生瞬间负压力和瞬间正压力，当振动产生负压的半周期时，液体中便产生真空空穴，液体蒸汽或溶解于溶液中的气体进入空穴中而形成气泡；接着在正压力的半周期内，气泡被压缩而破裂，瞬间产生强大的压力（可高达上千个大气压），这巨大的冲击波对溶液起到强烈的搅拌作用，对工件表面的抛光膏、钎焊的溶剂、蜡类及其他油污产生冲击力，可使工件表面凹处和孔隙处的油污除去。

应用超声波脱脂，不但可提高脱脂速度，而且可以改善脱脂质量，降低化学材料的消耗量。超声波脱脂对有狭缝、不通孔、螺纹等形状复杂的工件（如仪表、医疗器械、乐器）、小型精密工件（如手表零件）和由绝缘材料制成的工件脱脂效果特别好。

2. 超声波脱脂的影响因素

超声波脱脂的质量和速度，取决于频率、声强、溶液的组成和温度。对于外形简单的工件，可在频率为 20~25kHz 和声强为 300~100W/cm^2 的条件下脱脂；对于形状复杂和多孔的工件，可在频率为 200kHz 和声强为 5~10W/cm^2 的条件下获得很好的脱脂效果。一般而言，小型工件使用较高的频率，大型工件使用较低的频率。

超声波脱脂一般使用带有乳化剂的碱性溶液或有机溶剂作为工作介质，脱脂过程的化学以及物理化学的作用，主要还是依靠脱脂溶液本身的性质，只是引入超声波后可以大大加强这些作用，从而提高脱脂的效率和脱脂质量。用于超声波的脱脂剂，溶液浓度和温度都要比其他脱脂方法低，这是因为浓度和温度过高会阻碍超声波的传导。超声波脱脂的温度一般在 40~60℃，溶液浓度则根据工件油污的多少而定。

考虑到超声波直线传播的性质，应把被处理工件的表面都处在超声波场的范围内，或使工件随时旋转、翻动，以便工件表面上各个部位都能获得超声波的辐射，才能取得良好的脱脂效果。通常，金属工件超声波脱脂的时间为 30~50s，绝缘材料制成的工件超声波脱脂的时间为 5min 以内。

六、其他方法脱脂

在生产过程中，为了除去工件表面的油污，除上述方法外，还因某些原因，如脱脂设备小而工件太大，或小型工件特别多等，可采用擦拭脱脂和滚桶脱脂等方法。

1. 擦拭脱脂

擦拭脱脂就是用毛刷或抹布蘸上一些脱脂物质，如石灰浆、氧化镁、氧化钙、洗衣粉、去污粉、碳酸钠、草木灰以及有机溶剂等，在被处理工件表面进行擦拭，来除净油污的方法。

擦拭脱脂的特点是简单、方便、灵活，不受工件限制，不腐蚀工件，能保持工件的光亮度。但此方法生产效率低，一般只用于大型工件或数量少、形状复杂、用其他方法不易处理的工件。在碱液中易变暗的工件也选用擦拭脱脂方法。擦拭脱脂一般不彻底，可以作为其他脱脂工序的预处理来减轻后续的负担。

2. 滚桶脱脂

滚桶脱脂是把被处理工件和木屑、皂角、弱碱性溶液等一同放入滚桶中，加盖密封，在 60~100r/min 的转速条件下除去工件表面的油污。对于形状简单的工件，也可以不加木屑，只加入脱脂溶液直接进行滚动来除去油污。

滚桶脱脂的特点是成本低、操作方便、效果好，但不适用于易变形的和薄片状工件。

七、脱脂的质量要求和检验方法

> 脱脂的质量要求和检验方法是要点，应该熟练掌握。

1. 脱脂质量要求

脱脂后的工件表面应无油污、无抛光膏等。

2. 检验方法

脱脂质量的检验方法很多，如划粉笔法等。但最常用的是水润湿法，这是利用工件表面只要有油脂便不能被水润湿的原理来进行的。

（1）水滴试验法 将水滴至工件表面上，若水均匀铺展开，形成一层连续水膜，则表示脱脂干净；若水形成球形，当工件摆动时，球形水珠立即会滚落下来,则表示脱脂不彻底。

(2)挂水试验法　将工件浸入清水中,然后提出,观察工件表面状态,若工件表面形成一层连续的水膜,则表示脱脂干净;若工件表面形成一层不连续、有间断状态的水膜,则表示脱脂不彻底。

第四节　浸蚀除锈

一、除锈的意义及分类

钢铁工件与大气长期接触或进行热处理时,在其表面上会形成一层锈蚀物或黑色氧化皮,在电镀之前必须将其进行处理,因为锈蚀物、氧化皮的存在,在工件与电镀溶液之间形成中间层,阻碍电极反应的顺利进行,影响镀层与基体的结合力。

常用的除锈方法有机械法、化学浸蚀法和电化学浸蚀法。机械除锈法详见本章第二节机械整平。下面介绍化学浸蚀法和电化学侵蚀法。

(1)化学浸蚀　是将被处理工件浸渍到相应的浸蚀液里,利用化学溶解作用和浸蚀过程中所产生的氢气泡的机械剥离作用而除去锈蚀物、氧化皮。

(2)电化学浸蚀　是在酸性或碱性溶液中,借助于直流电(也可以用交流电)对被处理工件进行阴极或阳极处理来除去锈蚀物、氧化皮。阴极浸蚀是利用化学溶解、电化学溶解和电极反应析出的氧气泡的机械剥离作用来除锈的;阳极浸蚀是利用化学溶解和电极反应从阴极上析出氢气泡的机械剥离作用来除锈的。

若按浸蚀的用途,又可分为以下几种:

1)一般浸蚀:除去金属工件表面上的锈蚀物和氧化皮。

2)强浸蚀:一般浸蚀难以达到目的时,就应采用强浸蚀,它可以溶解工件表面上的厚层氧化皮或不良的表面组织、硬化表层、脱碳层、疏松层等以及粗化工件表面。

3)光亮浸蚀:溶解工件表面上的薄层氧化膜,除去浸蚀残渣(挂灰),并提高工件的表面光泽。光亮浸蚀与化学抛光并无严格的界限,仅是化学抛光的光亮程度更高一些,同一种金属的化学抛光溶液都可以用于对其进行光亮浸蚀。

4）弱浸蚀：通常浸蚀后的工件在进入电镀槽之前，采用弱浸蚀来溶解工件表面上的钝化膜，使表面活化，以保证镀层与基体之间的牢固结合。此工序之后不允许工件停留在空气中太长时间，并且要保持工件的润湿。

二、常用浸蚀剂及浸蚀工艺

1. 常用浸蚀剂的作用

（1）盐酸 常温下，盐酸对金属氧化物具有较强的化学浸蚀（溶解）能力，能有效地浸蚀多种金属。室温下，盐酸对钢铁基体的溶解比较缓慢，不易发生过腐蚀和严重氢脆现象，浸蚀后的工件表面残渣较少，质量较高。盐酸的浸蚀能力几乎与其浓度成正比，但若是其体积分数高达20%以上时，对钢铁基体的溶解速度要比对氧化物的溶解速度大得多，因此在生产过程中，盐酸的体积分数一般控制在20%~30%的范围内。在浓度、温度相同情况下，盐酸的浸蚀速度比硫酸快1.5~2倍。但盐酸的挥发性比较大（尤其是在加热条件下），污染环境，恶化生产条件，且易腐蚀设备，因此多在室温下使用，若在加热情况下使用，盐酸的浓度要更低些。

（2）硫酸 在室温条件下，硫酸对金属氧化物的化学溶解能力比较弱，而且提高溶液浓度也不能明显地提高它的浸蚀作用，当浓度达到体积分数为40%以上时，几乎不溶解氧化皮。对于钢铁件，硫酸浸蚀液的浓度一般应控制在体积分数为10%~20%，最适宜浓度为体积分数13%左右。提高溶液的温度，可以明显地提高硫酸溶液的浸蚀能力，对氧化皮有很强的剥离作用，可以采用加温操作。但是，温度不能过高，否则容易溶解钢铁件的基体，产生过腐蚀和氢脆现象。所以，一般情况下硫酸浸蚀液温度控制在50~60℃比较合适，不应超过75℃，并且需要加入一定量的缓蚀剂。

硫酸广泛用在对钢铁件、纯铜和黄铜件的浸蚀。当浓硫酸与硝酸混合使用时，既能够提高光泽浸蚀的质量，又可以减缓硝酸对铁、铜基体的腐蚀速度；当硫酸与铬酸、重铬酸混合使用时，可作为铝件的去氧剂和去挂灰剂；当硫酸与硝酸、氢氟酸或其二者之一混合使用时，可除去不锈钢表面的氧化皮；硫酸阳极浸蚀可以有效地除去钢铁件表面的氧化皮和浸蚀残渣。

(3) 硝酸　硝酸是具有氧化性的强酸，浸蚀能力比较强，是多种光亮浸蚀液的主要成分之一。在体积分数为 30% 的硝酸溶液中，对低碳钢工件进行浸蚀，能使其表面洁净、均匀；对中、高碳钢和低合金钢工件进行浸蚀，其表面上会有较多的残渣，为此还需要在碱性溶液中进行阳极处理，才能使其表面洁净、均匀。

当硝酸与氢氟酸混合使用时，可广泛用于铅、不锈钢、镍基和铁基合金、钛、铝及某些钴基合金工件表面上氧化皮的去除。但是，纯硝酸能使不锈钢、耐热钢等钝化。当硝酸与硫酸（有时也可加入适量盐酸）混合使用时，浸蚀铜及其合金工件，可以获得具有光泽的表面。

硝酸有很强的挥发性，在浸蚀各种金属的过程中会放出大量的有害气体（氮氧化物）和大量的热，所以硝酸槽要有冷却装置，而浸蚀槽及其后边的水洗槽都要有良好的通风装置。硝酸对人体具有很强的腐蚀性，配制和操作过程中必须穿戴好防护用具。

(4) 磷酸　磷酸是中等强度的无机酸，因为正磷酸盐及磷酸一氢盐难溶于水，所以室温下磷酸对金属氧化物的溶解能力比较弱，为弥补此缺点，往往需要加热操作。使用磷酸浸蚀的突出优点是：浸蚀后的工件表面残留的浸蚀液，可以转变成不溶性的磷酸盐保护膜，适用于钢铁焊接件和组合件涂漆前的浸蚀。在 80℃ 温度下，可用体积分数为 2% 的磷酸溶液来除去钢铁件表面的锈蚀物。

磷酸与硫酸、硝酸、醋酸或铬酸按适当比例混合，常用于钢铁、铜、铝工件的光泽浸蚀。

(5) 铬酐　铬酐溶于水形成铬酸和重铬酸，具有很强的氧化能力和钝化能力，但是对金属氧化物的溶解能力比较弱，所以常用于浸蚀后工件表面残渣的去除和钝化处理。

铬酐有毒，含铬污水必须进行严格处理。

(6) 氢氟酸　氢氟酸可以溶解含硅的化合物和铝、铬等金属的氧化物。因此，常用氢氟酸来浸蚀不锈钢、铸件等特殊材料制品。体积分数为 10% 左右的氢氟酸溶液对镁及其合金的腐蚀比较缓和，所以常用来浸蚀镁及其合金工件。

（7）缓蚀剂　在浸蚀溶液中加入缓蚀剂的作用，是为了减少强浸蚀过程中金属基体的溶解，防止工件几何形状的变化和基体金属产生氢脆，并且可以减少化学材料的消耗。缓蚀剂能选择性地吸附在裸露的金属基体上而不吸附在金属氧化物上，所以在不影响氧化物的正常溶解条件下，提高了析氢的电压，从而减缓了浸蚀液对金属基体的腐蚀。

缓蚀剂大多数是具有不同结构的含氮或硫的有机化合物，极少数用无机化合物。常用的缓蚀剂有：二邻甲苯硫脲（若丁）、六次甲基四胺（乌洛托品）、硫脲、尿素、磺化动物蛋白、皂角浸出液及氯化亚锡等。在盐酸浸蚀液中常用乌洛托品；在硫酸浸蚀液中常用若丁和硫脲。对于钢铁材料、高强度钢工件浸蚀时，通常加入质量分数为2%左右的缓蚀剂。缓蚀剂的作用随温度增高而下降，所以不宜在加热条件下使用。

某些缓蚀剂（如若丁）常常牢固地吸附在金属表面上，若清洗不干净，便会影响镀层的结合力或抑制磷化、氧化等反应的进行。因此，用含缓蚀剂的浸蚀液处理过的工件，一定要认真清洗干净。

2. 钢铁工件的浸蚀

钢铁工件表面的腐蚀产物分为铁锈和氧化皮两类。铁锈是金属表面受到水分作用发生反应而生成的，表现为黄褐色、棕色的疏松物质，其成分是氧化铁的水合物，一般由三氧化二铁（Fe_2O_3，赤色）、氧化亚铁（FeO，灰色）和氢氧化铁（$Fe(OH)_3$）组成。氧化皮是钢铁在高温条件下直接与空气中的氧气发生氧化反应而形成的腐蚀产物，如热处理、焊接、锻造等加工过程，在钢铁工件表面形成一层附着牢固的黑色氧化物，一般由三氧化二铁、四氧化三铁（Fe_3O_4，蓝黑色）和少量的氧化亚铁组成。上述几种氧化物中，氧化亚铁和含水三氧化二铁（$Fe_2O_3 \cdot H_2O$，橙黄色）容易与各种酸溶液发生化学反应而溶解；三氧化二铁和四氧化三铁在硫酸和室温条件下的盐酸中比较难溶解，但当酸溶液与基体金属发生反应，所产生的氢原子将高价铁的氧化物还原成易被酸溶解的氧化亚铁，或借助于氢气泡将锈层机械剥落。被浸蚀后的钢铁表面，常常存在磁性氧化铁（Fe_3O_4）的晶粒和金属碳化物的残渣等。

根据被处理工件的材质及其表面状况可采用以下不同的浸蚀工艺：

(1) 钢铁工件的化学浸蚀　钢铁工件化学浸蚀工艺规范见表4-9。钢铁工件化学浸蚀后去接触铜、消除浸蚀残渣的工艺规范见表4-10。

表4-9　钢铁工件化学浸蚀工艺规范

溶液成分及工作条件　含量/(g/L)	基体　有黑皮的一般钢铁工件或冲压件	有黑皮的钢铁件	经热处理（淬火）后有厚氧化皮的钢铁件	有氧化皮的低碳钢件	有氧化皮的中、高碳钢和低合金钢件	合金钢件		铸铁件
						预浸	浸蚀	
硫酸（密度1.84g/cm³）	—	—	200ml/L	120~250	100~200	230	—	—
盐酸（密度1.19g/cm³）	浓	150~200	480ml/L	—	—	270	450	100
硝酸（密度1.41g/cm³）	—	—	—	—	100~200	—	50	—
氢氟酸（40%）	—	—	—	—	—	—	—	10~20
磺化煤焦油/(ml/L)	—	—	—	—	—	10	10	—
乌洛托品	—	1~3	—	—	—	—	—	—
若丁	—	—	—	0.3~0.5	0~0.5	—	—	—
温度/℃	15~30	30~40	室温	50~70	—	50~60	30~50	30~40
时间/min	除净为止	至黑皮除尽	10	至氧化皮除尽	1	0.1	至氧化物除尽	

表4-10　钢铁工件化学浸蚀后去接触铜、消除浸蚀残渣的工艺规范

配方　含量/(g/L)　溶液成分及工作条件	化学浸蚀去接触铜		化学消除浸蚀残渣	
	适用于各种钢铁工件		有厚氧化皮的工件浸蚀后	有氧化皮的低、中、高碳钢浸蚀后
	1	2	1	2
硫酸（密度1.84g/cm³）	30~50	—	30~50	—
硝酸（密度1.41g/cm³）	—	—	—	30~50
铬酐	150~250	150~250	200~300	—

第四章 电镀前预处理

（续）

配方 含量/(g/L) 溶液成分及工作条件	化学浸蚀去接触铜		化学消除浸蚀残渣	
	适用于各种钢铁工件		有厚氧化皮的工件浸蚀后	有氧化皮的低、中、高碳钢浸蚀后
	1	2	1	2
硫酸铵	—	80~100	—	—
过氧化氢（30%）	—	—	—	5~15
温度/℃	室温	室温	室温	室温
时间/min	除净为止	除净为止	2~5	0.5~1

（2）钢铁工件的电化学浸蚀　与化学浸蚀相比，电化学浸蚀的优点是浸蚀速度快，酸量消耗少，使用寿命长，可浸蚀合金钢；缺点是设备投资比较大，耗费电能，电解液的分散能力差，对复杂工件的浸蚀效果较差。

应用电化学浸蚀钢铁工件时，工件表面的锈蚀物的组织和种类对除锈的效果有明显影响。对具有较厚且致密氧化皮的工件，若直接采用电化学浸蚀则得不到理想的效果，最好先使用硫酸进行化学浸蚀，使氧化皮松动后再进行电化学浸蚀；对工件表面的氧化皮多孔而疏松时，采用电化学浸蚀则速度比较快。

钢铁工件的电化学浸蚀，既可以在阳极上又可以在阴极上进行处理，在生产过程中，是采用阳极浸蚀还是采用阴极浸蚀，必须考虑它们各自的特点。

> 阳极浸蚀和阴极浸蚀的各自特点是要点，应该理解、掌握。

阴极浸蚀的特点是：工件基体几乎不受浸蚀，即工件尺寸精度不会改变，但是由于阴极上有氢气析出，可能发生渗氢现象而引起氢脆，另外浸蚀液中的金属杂质和污物也可能沉积在工件表面而影响后续镀层与基体间的结合力。

阳极浸蚀有可能发生工件基体金属的腐蚀现象，所以对于形状复杂或尺寸精度要求高的工件不适宜采用阳极浸蚀。

为了避免阴极浸蚀和阳极浸蚀的各自缺陷，在生产过程中常采用阴极-阳极联合电化学浸蚀法，即先进行较长时间的阴极浸蚀而后转为短时间的阳极浸蚀。这种工艺的优点是先阴极浸蚀不仅生产效率高，且不会影响工件尺寸精度；而后阳极浸蚀既可将阴极浸蚀过程中沉积的杂质从工件表面溶解除去，又可消除渗氢现象。

钢铁工件电化学浸蚀的工艺规范见表 4-11。

表 4-11 钢铁工件的电化学浸蚀工艺规范

配方 含量/(g/L) 溶液成分及工作条件	阳极浸蚀			阴极浸蚀	
	1	2	3	1	2
硫酸（密度 1.84g/cm³）	200~250	150~250	10~20	100~150	40~50
盐酸（密度 1.19g/cm³）	—	—	—	—	25~30
硫酸亚铁	—	—	200~300	—	—
氯化钠	—	30~50	50~60	—	20~22
二甲苯硫脲	—	—	3~5	—	—
温度/℃	20~60	20~30	20~60	40~50	60~70
电流密度/（A/dm²）	5~10	2~6	5~10	3~10	7~10
时间/min	10~20	10~20	10~20	10~15	10~15

注：阳极浸蚀时阴极材料为铁板或铅板；阴极浸蚀时阳极材料为铅或含锑的质量分数为 6%~10% 的铅锑合金。

阳极浸蚀时，常采用邻二甲苯硫脲、磺化木工胶、六次甲基四胺等作为缓蚀剂，其用量为 3~5g/L。阴极浸蚀时，常采用甲醛或乌洛托品作为缓蚀剂。

阴极浸蚀过程中，为了消除渗氢现象，可以在浸蚀液中加入少量的二价铅离子和二价锡离子，或者在阳极上加占阴极面积为 1%~2% 的铅板或锡板。在浸蚀过程中，一层薄薄的铅或锡就沉积在已除掉了氧化皮的铁上，由于氢不易在铅或锡上析出，所以一方面防止铁的进一步溶解；另一方面防止了氢在该处的析出和渗入，从而促使电流集中到尚未除掉氧化皮的部位，加速浸蚀过程。这对于形状复杂和经热处理后的工件表面上氧化皮的去除有利。

阴极浸蚀后镀上去的铅层或锡层，可以在下述工艺规范下去除：

氢氧化钠	85g/L
磷酸钠	30g/L
温度	50~60℃
阳极电流密度	5~8A/dm^2
阴极材料	铁板
时间	8~12min

3. 铜及其合金工件的浸蚀

铜表面通常生成两种形式的氧化物，当温度低于1100℃时，生成黑色氧化铜（CuO）；高于1100℃时，生成橘红色的氧化亚铜（Cu_2O）。黄铜的氧化膜主要是氧化锌（ZnO），因为锌可以使氧化铜还原。

当铜及其合金工件表面有较厚的氧化皮时，应先在60℃、含硫酸的体积分数为10%~20%的溶液中进行疏松氧化皮处理，然后再进行一般浸蚀和光亮浸蚀。没有明显的氧化膜的铜及其合金工件，通常使用硝酸、硫酸和盐酸的混合酸溶液。硝酸起主要作用，它与铜反应生成棕褐色浓烟（NO_2）。硫酸能使硝酸从硝酸铜中游离出来，使硝酸再生。盐酸的主要作用是加速黄铜中锌的溶解。若不用盐酸，浸蚀黄铜后其表面就会出现富锌而发灰；若盐酸过多，会使其表面出现富铜而发红。

因此，对铜及其合金工件浸蚀前，一定要弄清楚合金的成分，并根据合金成分来正确选取浸蚀液中各种成分的比例。

铜及其合金工件的化学浸蚀工艺规范见表4-12。

当浸蚀铸造铜合金工件时，应在溶液中加入一定量的氢氟酸，以除去工件中裹夹的砂粒。当浸蚀青铜工件时，可以在浸蚀溶液中不加入硫酸，因为在盐酸中锡也可以较快溶解；而且硝酸的浓度也要相应高一些，这因为在较浓的硝酸中锡才能较快地溶解。

对铜材工件的浸蚀与合金工件的稍有不同。对于薄壁的铜材工件，为了避免产生过腐蚀现象，通常均不使用浓硝酸和盐酸进行浸蚀，而只用适当加温后不太浓的硫酸进行浸蚀操作。

薄壁铜材的浸蚀工艺规范见表4-13。

表 4-12 铜及其合金工件的化学浸蚀工艺规范

配方 溶液成分及工作条件 含量/(g/L)	一般浸蚀				光亮浸蚀			
	一般铜及其合金工件 1	黄铜件 2	锡青铜件 3	铍青铜件 4	一般铜及其合金工件	黄铜件 2	锡青铜件 3	铍青铜件 4
硝酸(密度 1.41g/cm³)	200~250mL/L	300~330	300~330	—	25%~30%(体积分数)	500~600	1000	—
硫酸(密度 1.84g/cm³)	500mL/L	—	—	200~300	50%(体积分数)	300~400	—	10~20
盐酸(密度 1.19g/cm³)	微量	—	—	100~120	0.3%~0.5%(体积分数)	7	—	—
氯化钠	—	3~6	3~6	—	—	—	—	—
铬酐	—	—	—	—	—	—	4	—
水	余量	—	—	—	余量	—	—	—
温度/℃	20~30	室温	室温	80~100	<30	室温	室温	100~200
时间/s	3~5	180~360	180~360	—	1~3min	1~3	1~3	室温

表 4-13　薄壁铜材工件的浸蚀工艺规范

含量/(g/L) 溶液成分及工作条件	配方 1	2	3
硫酸（密度 1.84g/cm³）	30～50	100	100
重铬酸钾	150	50	—
硫酸铁	—	—	100
温度/℃	40～50	40～50	40～50
时间/min	1～5	1～5	1～5

上述工艺中加入重铬酸钾或硫酸铁的目的，是为了将工件表面的氧化亚铜（Cu_2O）氧化为氧化铜（CuO），使工件表面更加均匀地溶解。但是，这会使工件表面在浸蚀后形成一层钝化膜，所以要在浓硝酸中浸蚀 1s 左右，才能使工件表面呈现出光泽外观。

在铜及其合金的浸蚀过程中，为了减少有毒的氮氧化物的析出，可采用无硝酸浸蚀工艺，其工艺规范如下：

硫酸	900g/L
硝酸钠	100g/L
氯化钠	0.5～1.0g/L
水	500ml/L
温度	15～40℃
时间	10～30s

铜及其合金在浸蚀完后，为了获得鲜艳光泽的工件表面，应立即用流水快速冲洗干净。若铜及其合金的光亮浸蚀是最后一道工序时，为了保持工件的光泽外观、防止变色和增强抗蚀能力，光亮浸蚀后应立即进行钝化处理。若铜及其合金浸蚀后不能及时进入下道工序或电镀时，可在含碳酸钠质量分数为 3%～5%、重铬酸钾为 30～50g/L 的溶液中于室温至 80℃ 的条件下进行防锈处理。

4. 铝及其合金工件的浸蚀

铝及其合金在腐蚀初期出现灰色或白色斑点，以后会生成灰白色粉末状产物，在腐蚀产物下面是麻坑。

铝是两性金属，既可以在碱液中进行浸蚀，又可以在酸液中进行浸蚀。

（1）碱液浸蚀　铝及其合金工件在碱液中进行浸蚀的工艺是生产中广泛采用的方法。它的特点是浸蚀速度快，当工件表面油污较少时可不必预先脱脂，直接进行碱液浸蚀，相当于完成脱脂和除锈两道工序。

铝及其合金工件的碱液浸蚀工艺规范见表 4-14。

表 4-14　铝及其合金工件的碱液浸蚀工艺规范

配方 含量/(g/L) 溶液成分及工作条件	各种铝合金工件	各种铝合金阳极氧化前浸蚀	铸铝、防锈铝、硬铝，（用此法可省去脱脂）	含镁高及含铜、镍、锰、硅等铝合金工件
氢氧化钠	60~80	40~50	2~4	5~100
碳酸钠或磷酸钠	—	—	30	—
碳酸氢钠或磷酸二氢钠	—	—	30	—
氟化钠	—	40~60	—	—
海鸥洗涤剂	—	—	0.5~1	—
温度/℃	60~70	40~60	80~85	50~60
时间/s	15~30	30~120	视需要而定	30~60

对含铜、镍、锰、硅等元素的铝合金工件浸蚀后，其表面会生成一层暗色膜，可采用酸性出光液将膜除掉。对于含铜的铝合金工件，可用 1:1（体积比）的硝酸溶液进行浸蚀除膜；对于含镍、锰、硅的铝合金工件，通常使用硝酸与氢氟酸的比例为 3:1（体积比）的混合酸液进行浸蚀除膜；虽然高纯铝在浸蚀后不出现暗色膜现象，但为了中和难以洗净的残留氢氧化钠，应在 1:1 的硝酸溶液中进行短时间的浸蚀。

（2）酸液浸蚀　铝及其合金工件在酸液浸蚀中的特点是工件基体的损失比较小，操作控制比较容易，通常浸蚀后不会出现暗色膜，工件表面呈清洁的、半光亮的外观。但是，在进行酸液浸蚀前，铝及其合金工件必须进行彻底地脱脂处理，这是与碱液浸蚀不同之处。

铝及其合金工件的酸液浸蚀工艺规范见表 4-15。

表 4-15 铝及其合金工件的酸液浸蚀工艺规范

含量/(mL/L) 配方 溶液成分及工作条件	有自然氧化膜的一般铝及其合金工件	经热处理后表面有氧化皮的锻铝工件	有氧化皮的含硅铝合金工件
硝酸（密度 1.41g/cm³）	200~270	—	10%~30%（质量分数）
硫酸（密度 1.84g/cm³）	—	100	—
铬酐	—	35g/L	—
氢氟酸	—	—	1%~3%（质量分数）
水	—	—	89%~67%（质量分数）
温度/℃	室温	70~80	室温
时间/min	3~5	3~5	0.1~0.3

三、浸蚀操作

1. 钢铁工件的化学浸蚀操作

> 钢铁工件的化学浸蚀操作是重点，应该熟练掌握。

1）浸蚀操作过程中，必须严格遵守"配制和使用酸液的安全操作规程"。

2）浸蚀操作前，应提前 5min 起动抽风机。

3）钢铁工件必须经过严格的脱脂处理后，才可以进行浸蚀操作。

4）如果被处理工件表面有焊渣、难以除去的氧化皮时，应该先采用喷砂等机械方法进行处理。

5）浸蚀溶液中加入缓蚀剂，只能降低腐蚀速度，并不能完全避免过腐蚀的发生。因此，必须严格控制浸蚀时间，切不可随意延长。

6）经过浸蚀后工件表面发红，说明浸蚀液中有铜离子存在，使工件表面置换上铜，影响电镀层质量。因此，在操作过程中严禁处理铜件时使用钢铁件的浸蚀液。

7）浸蚀操作过程中，掉入溶液中的工件应及时捞出并冲洗干净，以免产生过腐蚀现象。

8）符合浸蚀质量要求的工件，在出槽时应多停留一会儿，以便使复杂工件内腔带出的溶液流回溶液槽。

9）浸蚀后的工件要认真清洗干净，至少采用两道冷水清洗，最好不用热水清洗，以防止工件受到腐蚀。

2. 钢铁工件的电化学浸蚀操作

> 钢铁工件的电化学浸蚀操作是重点，应该熟练掌握。

1）浸蚀操作过程中，必须严格遵守"配制和使用酸液的安全操作规程"。

2）浸蚀操作前，应提前5min起动抽风机。

3）钢铁工件必须经过严格的脱脂处理后，才可以进行浸蚀操作。

4）如果被处理工件表面有焊渣、难以除去的氧化皮时，应该先采用喷砂等机械方法进行处理。

5）将被处理工件牢固地装挂在合适的挂具上，然后放在导电杠上，观察被处理工件周围是否有气泡产生，若有则说明导电；否则应该采取措施使其导电。

6）使用电化学浸蚀时，采用阳极浸蚀效果较好。对于形状复杂或几何尺寸要求严格的工件，应采用先阴极浸蚀、后阳极浸蚀的联合电化学浸蚀法。

7）若采用阴极浸蚀法时，可以在浸蚀液中添加少量的二价铅离子和二价锡离子，或者挂少量的铅板和锡板（占阴极面积的1%~2%）作为阳极。对经过热处理的工件浸蚀时，可选用硅铸铁板作阳极。

8）浸蚀溶液中加入缓蚀剂，只能降低腐蚀速度，并不能完全避免过腐蚀的发生。因此，必须严格控制浸蚀时间，切不可随意延长。

9）如果工件掉入浸蚀液中，应立即打捞出来并冲洗干净，以免

第四章 电镀前预处理

产生过腐蚀现象。

10）符合浸蚀质量要求的工件，在出槽时应多停留一会儿，以便使复杂工件内腔带出的溶液流回溶液槽。

11）浸蚀后的工件要认真清洗干净，至少采用两道冷水清洗，最好不用热水清洗，以防止工件受到腐蚀。

3. 有色金属工件的浸蚀操作

> 有色金属工件的化学浸蚀操作是重点，应该熟练掌握。

1）浸蚀操作过程中，必须严格遵守"配制和使用酸液的安全操作规程"和"配制和使用碱液的安全操作规程"。

2）浸蚀操作前，应提前5min起动抽风机。

3）工件在浸蚀前，被处理工件必须先经过脱脂处理，否则工件浸蚀后会出现花斑。

4）若使用浓酸浸蚀时，必须保证工件在干燥条件下进行浸蚀，防止产生过腐蚀。

5）浸蚀操作过程中，掉入溶液中的工件应及时捞出并冲洗干净，以免产生过腐蚀现象。

6）符合浸蚀质量要求的工件，在出槽时应多停留一会儿，以便使复杂工件内腔带出的溶液流回溶液槽。

7）对于浸蚀后不需进行电镀的工件，应做钝化处理或喷漆处理，以防止工件产生变色而影响外观质量。

四、脱脂-除锈一步法

通常脱脂、除锈分为两道工序进行，但是广大电镀工作者在生产实践的基础上，成功地研发了脱脂-除锈一步法工艺，并已获得工业应用，取得了不错的效果。

脱脂-除锈一步法工艺的实质，是根据被处理工件的材质及表面状况等选用合适的浸蚀剂和乳化剂配制成混合溶液。工件表面的锈蚀物、氧化皮溶于浸蚀剂中，而油污则借助于乳化剂而被除去。此法的优点是简化了前处理工艺，减少了设备用量，节省了生产空间，节约了化工原料和清洗用水等；缺点是对于锈蚀物、氧化皮和油污多的工件处理时间长，所以常先进行粗脱脂或除锈，而后再转入此工艺进行处理。为了加强乳化作用、提高处理速度，可以适当升高操作温度，但不能过高，否则混合溶液不稳定或产生过腐蚀现象。

下面介绍几种常用的工艺规范：

1）存在疏松锈蚀物及少量油污的钢铁工件

盐酸（密度 1.19g/cm³）	185mL/L
OP 乳化剂	5~7.5g/L
乌洛托品	5g/L
温度	50~60℃

2）表面存在氧化皮及少量油污的钢铁工件

硫酸（密度 1.84g/cm³）	256mL/L
OP 乳化剂	9.2g/L
若丁	5g/L
温度	60~65℃

3）表面存在疏松锈蚀物、氧化皮及少量油污的钢铁工件

硫酸（密度 1.84g/cm³）	35~45mL/L
盐酸（密度 1.19g/cm³）	950~960mL/L
OP 乳化剂	1~2g/L
乌洛托品	3~5g/L
温度	70~80℃

4）铜及其合金工件

硫酸（密度 1.84g/cm³）	100mL/L
OP 乳化剂	2g/L
温度	室温

5）耐酸塑料工件

硫酸（密度 1.84g/cm³）	300mL/L
重铬酸钾	15g/L
OP 乳化剂	8g/L
水	200mL/L
温度	室温

五、对浸蚀的质量要求

> 浸蚀的质量要求是要点，应该理解和掌握。

1）经过浸蚀后的工件表面，应无氧化膜或褐色的碱膜存在。

2）钢件工件浸蚀后表面应呈银灰白色；有色金属工件浸蚀后应无花斑、发暗等现象，工件表面有良好的水润湿性能。

3）工件表面不允许出现过腐蚀现象，如麻点、麻坑等。

第五节　化学抛光和电化学抛光

一、化学抛光

化学抛光，是金属工件在一定组成的溶液中和特定条件下，进行短时间的浸蚀，将工件表面整平，获得比较光亮的表面的过程。

在进行化学抛光的过程中，或是因为在金属工件表面形成了不均匀的钝化膜，或是因为在被处理工件表面形成的稠性粘膜，所以金属工件表面上微观凸起部分的溶解速度比微观凹下部分的明显快得多，结果是降低了工件表面的微观粗糙度值，使工件获得比较光亮、平滑的表面。

化学抛光常用于仪器、金属反光镜的表面精饰，以及不锈钢、铜及其合金工件或某些镀层的装饰性加工。

1. 钢铁工件的化学抛光

（1）低碳钢工件的化学抛光工艺规范　见表4-16。

表4-16　低碳钢工件的化学抛光工艺规范

溶液成分及工作条件 含量/（g/L）	配方 1	2	3
过氧化氢	30~50	35~40	70~80
草酸	25~40	—	—
氟化氢铵		10	20
尿素	—	20	20

(续)

配方 含量/(g/L) 溶液成分及工作条件	1	2	3
苯甲酸	—	0.5~1.0	1~1.5
硫酸	0.1	—	—
润湿剂	—	0.2~0.4	0.2~0.4
pH 值	—	2.1	2.1
温度/℃	15~30	15~30	15~30
搅拌	可以采用	需要	需要
时间/min	2~30,至光亮	1~2.5	0.5~2

注：1. 润湿剂可用 6501、6504 洗净剂或聚乙二醇等。

2. 配方 2、3 的 pH 值可用 pH=1.4~3 的试纸进行检测。

注意事项：

1）由于化学抛光溶液的浓度较低，过氧化氢消耗分解较快，应及时补充，每次约 5~10g/L 的过氧化氢；对于配方 1 溶液中的草酸，补充量约为过氧化氢补充量的一半；对于配方 2、3 溶液中的氢氟酸，每次与过氧化氢同时补充 4~6g/L，使溶液的 pH 值维持在 2.1 左右。

2）溶液温度宜控制在 15~25℃ 范围内，而且抛光过程是放热反应过程，需要对溶液进行冷却降温，防止过氧化氢加速分解，影响溶液的使用寿命和浪费过多的原材料。

3）溶液中铁离子含量应控制在 35g/L 以下，若超过应及时更换溶液。因为铁离子含量过高时，抛光速度和抛光质量都会明显下降，即使补充过氧化氢和其他成分也不能恢复溶液的功能。

(2) 低、中碳钢和低合金钢工件可采用下列工艺规范进行化学抛光

磷酸（密度 1.70g/cm^3）　　　　　60%（体积分数）

硫酸（密度 1.84g/cm^3）　　　　　30%（体积分数）

硝酸（密度 1.40g/cm^3）　　　　　10%（体积分数）

铬酐	5~10g/L
温度	120~140℃
时间	<10min

在抛光前,被处理工件必须干燥并加热至与抛光溶液温度接近后才能入槽,因为溶液中含水量过多,会使工件表面被腐蚀和失去光泽。溶液使用一段时间后,当发现逸出的 NO_2 气体量减少后,可酌量加入 2%~8%(体积分数)的硝酸(密度为 $1.40g/cm^3$)。

(3) 不锈钢工件可采用下列工艺规范进行化学抛光

配方1:

硫酸(密度 $1.84g/cm^3$)	230mL
盐酸(密度 $1.19g/cm^3$)	70mL
硝酸(密度 $1.40g/cm^3$)	40mL
水	660mL
温度	50~80℃
时间	3~20min

抛光过程中,应该经常抖动工件,防止气泡停滞在工件表面。如果加入少量甘油,可以改善抛光质量。

配方2:

盐酸	60~70g/L
硝酸	180~200g/L
氢氟酸	70~90g/L
冰醋酸	20~25g/L
硝酸铁	18~25g/L
柠檬酸饱和溶液	60mL/L
磷酸氢二钠饱和溶液	60mL/L
温度	50~60℃
时间	0.5~5min

2. 铜及其合金的化学抛光

铜及其合金可以采用磷酸-硝酸-醋酸或硫酸-硝酸-铬酸型溶液的工艺进行化学抛光。其工艺规范见表4-17。

表 4-17 铜及其合金的化学抛光工艺规范

含量 溶液成分及工作条件	配方 1	2	3	4	5	6
磷酸（密度 1.70g/cm³）	54mL/L	40～50mL/L	70.5～93.6 （质量分数,%）	—	—	—
硝酸（密度 1.50g/cm³）	100mL/L	6～8mL/L	29.5～6.4 （质量分数,%）	—	—	—
硫酸（密度 1.84g/cm³）	—	—	—	250～280mL/L	400～500mL/L	200g/L
盐酸（密度 1.19g/cm³）	—	—	—	2～4mL/L	—	2g/L
铬酐	—	—	—	180～200mL/L	—	—
重铬酸钠	30mL/L	35～45mL/L	—	—	—	600g/L
冰醋酸	—	—	—	—	40～60g/L	—
尿素	—	—	—	—	1～2g/L	—
明胶	—	—	—	—	1～2g/L	—
聚乙二醇	—	—	—	—	少量	—
平平加	—	—	—	—	—	—
二乙二硫代氨基甲酸钠	—	—	—	—	<40	0.4g/L
温度/℃	55～65	40～60	25～45	20～40	15～30s	30～40
时间/min	3～5	3～10	1～2	0.2～3		3～4

注：配方 1 适用于铜和黄铜工件。
配方 2 适用于铜和黄铜工件。若降低温度 20℃时，也可用于白铜工件。
配方 3 适用于铜和铁组合工件。
配方 4 适用于比较精密的铜及其合金工件。
配方 5 适用于黄铜工件。
配方 6 适用无硝酸的铜工件

操作过程中,应避免工件带水入槽,要先干燥、后进行抛光。如果发现 NO_2(黄烟)逸出量减少、工件表面呈暗红色时,可按配制量的 1/3 补加硝酸。

3. 铝及其合金的化学抛光

铝及其合金工件可以采用表 4-18 中的工艺规范进行化学抛光。

表 4-18 铝及其合金的化学抛光工艺规范

含量(体积分数,%) 溶液成分及工作条件 \ 配方	1	2	3	4	5
磷酸(密度 1.70g/cm³)	77.5	80~85	75	75~80	—
硫酸(密度 1.84g/cm³)	15.5	—	8.8	10~15	—
硝酸(密度 1.50g/cm³)	6	2.5~5	8.8	3~5	60~65mL/L
冰醋酸	—	10~15	—	—	—
氢氟酸	—	—	—	—	15~20mL/L
铬酐	—	—	—	2~5g/L	—
硼酸	0.4	—	—	—	—
硫酸铜	0.5	—	0.02	—	—
硫酸铵	—	—	4.4	—	—
尿素	—	—	3.1	—	—
甘油	—	—	—	—	1~2mL/L
温度/℃	100~105	90~105	100~120	95~105	室温
时间/min	1~3	2~3	2~3	2~3	2s

注:配方 1 适用于抛光纯铝和含铜量较低的铝合金。
配方 2 适用于抛光纯铝和铝镁铜合金(2A12)。
配方 3 适用于抛光工业纯铝和铝镁合金(LT5A66)。
配方 4 适用于抛光含铜、锌较高的高强度铝合金。
配方 5 适用于抛光高硅铝合金(ZL108)。

在化学抛光溶液中，抛光质量的重要影响因素是硝酸的浓度。当硝酸浓度过低时，抛光速度慢，抛光后工件的表面光泽较差，而且往往在工件表面上沉积出比较厚的接触铜；当硝酸浓度过高时，容易对工件产生点状腐蚀。当磷酸浓度过低时，不易获得光亮的表面，因此为了避免溶液被不断稀释，工件在进入抛光槽前必须进行干燥处理。加入醋酸的作用是抑制点状腐蚀，可以获得比较均匀、细致的抛光表面。硫酸的作用与醋酸相似，只是效果稍差于醋酸。硫酸铵和尿素的作用是减少 NO_2（黄烟）的析出，对抛光质量不利。在抛光溶液中加入少量的铜离子，有助于防止过腐蚀，但若铜离子含量过高，则对抛光表面的反光能力有所降低。在溶液中加入铬酐，可以改善含锌、铜较高的高强度铝合金的抛光质量。

经过化学抛光的工件，为了除去表面的接触铜，一般需在含硝酸为 400～500g/L 或含铬酐为 100～200g/L 的溶液中，于室温下浸渍数秒至数十秒。

4. 化学抛光的操作

> 化学抛光的操作是重点，应该熟练掌握。

1）化学抛光操作过程中，必须严格遵守"配制和使用酸液的安全操作规程"。

2）在化学抛光之前，被处理工件应该进行严格的脱脂处理。

3）化学抛光过程中，若采用挂具吊挂，应装挂牢固；若是小型工件，应装入篮、筐等容器中。为了使工件与溶液充分接触，应经常抖动工件，防止其重叠等现象，影响抛光质量。

4）化学抛光操作过程中，掉入溶液中的工件应及时捞出并冲洗干净，以免产生过腐蚀现象。

5）符合化学抛光质量要求的工件，在出槽时应多停留一会儿，以便使复杂工件内腔带出的溶液流回溶液槽。

6）化学抛光后，应立即用清水清洗干净，防止所粘附的溶液腐蚀工件。

7）化学抛光后，若需进行电镀，应采取除膜处理。除膜处理常采用体积分数为 10% 的氢氧化钠或体积分数为 5% 的稀盐酸溶液。

5. 化学抛光产品的质量要求

化学抛光处理后的工件，其表面应干净、无油、无锈、无氧化皮、无毛刺和过腐蚀等，工件表面的光亮度应均匀一致，工件的形状应不受到破坏，不能有变形等现象。

二、电化学抛光

电化学抛光，是将金属工件置于一定组成的溶液中和特定条件下进行阳极浸蚀、以获得光亮表面的过程，又称为电解抛光或电抛光。

在电化学抛光过程中，金属工件表面微观凸出部分的电流密度较高，溶解较快，而微观凹入部分的电流密度较低，溶解较慢，从而使金属工件表面的显微粗糙程度逐渐减小，最终获得平滑、光亮的表面。

> 电化学抛光的优缺点是要点，应该理解和掌握。

与机械抛光相比，电化学抛光的优点是：抛光后的工件表面不变形、表面光亮度高、反射能力强；操作简单、抛去厚度容易控制；可抛小型工件和形状复杂的工件，抛光速度快；抛光后的工件进行电镀，可提高镀层与基体金属的结合力等。其缺点是不能除去工件表面深划痕、深麻点等宏观的凹凸不平和工件表面的气孔；不能除去金属中含有的非金属杂质；在多相合金中，有一相不易阳极溶解就会影响抛光质量等。

与化学抛光相比，电化学抛光的优点是：抛光后的工件表面更光亮，能改善光泽和反射率，耐蚀性较好；抛光溶液使用寿命长；不产生 NO_2（黄烟）等有害气体等。缺点是：需要电源；形状更为复杂的工件不如化学抛光等。

电化学抛光常用于钢、不锈钢、铝及其合金、铜及其合金等工件和铜、镍等镀层的装饰性精加工；用于提高工件表面的反光系数；用于制备金相磨片等。

1. 钢铁工件的电化学抛光

（1）碳钢和低合金钢的电化学抛光工艺规范　见表4-19。

表 4-19 碳钢和低合金钢的电化学抛光工艺规范

含量(体积分数,%) 配方 溶液成分及工作条件	1	2	3	4
磷酸	65~70	70~75	65~70	60~65
硫酸	12~15	—	—	18~22
铬酐	5~6	20~25	10~15	—
草酸	—	—	—	10~15g/L
硫脲	—	—	—	8~12g/L
乙二胺四乙酸二钠	—	—	—	1g/L
水	12~14	4~6	18~20	18~20
溶液密度/（g/cm^3）	1.73~1.75	—	1.70~1.74	1.60~1.70
温度/℃	60~70	65~75	75~80	室温
阴极电流密度/（A/dm^2）	20~30	20~100	20~30	10~25
时间/min	10~15	3~5	10~15	10~30
阳极材料	铅	铅	铅	铅

注：配方 1 适用于碳的质量分数低于 0.45% 的碳钢。
　　配方 2 和 3 适用于各种类型的钢铁。
　　配方 4 适用于低合金钢。

含铬酐的配方，在新溶液配制好后，应在阴极面积远大于阳极面积的条件下，以阳极电流密度为 30~40A/dm^2、电量为 5~6(A·h)/L进行通电处理，使一部分的 Cr^{6+} 还原为 Cr^{3+} 后，即可以进行电化学抛光。

在使用过程中，溶液中 Cr^{3+} 积累过多（以 Cr_2O_3 计，超过体积分数2%）时，就会使抛光后工件表面的光亮度变差，这时就需要在阳极面积远大于阴极面积的条件下，进行通电处理（阳极用石墨），最好用素烧陶瓷将阴阳极室隔开，并在通电处理后倒掉阴极室的溶液。同样，铁含量（以 Fe_2O_3 计）也会逐渐变多，当达到体积分数为 7%~8% 时，就需要部分或全部更换溶液。

（2）不锈钢的电化学抛光工艺规范　见表 4-20。

表 4-20 不锈钢的电化学抛光工艺规范

含量（体积分数,%）配方 溶液成分及工作条件	1	2	3
磷酸（密度 1.70g/cm³）	50~60	42	560mL
硫酸（密度 1.84g/cm³）	20~30	—	400mL
铬酐	—	—	50g/L
甘油	—	47	—
明胶	—	—	7~8g/L
水	20	11	40mL/L
溶液密度/（g/cm³）	1.64~1.70	—	1.76~1.82
温度/℃	50~60	100	55~65
电压/V	6~8	15~30	10~20
阳极电流密度/（A/dm²）	20~100	5~15	20~50
时间/min	10	30	4~5
阴极材料	铅	铅	铅

注：配方 1 适用于 1Cr18Ni9Ti、0Cr18Ni9 等奥氏体型不锈钢。
　　配方 2 抛光质量好，但成本高，溶液使用寿命短，有气味。
　　配方 3 适用于精密工件，抛光质量好，溶液使用寿命长。

按配方 1 配制电化学抛光溶液时，应在 70~80℃下以阳极电流密度为 60~80A/dm² 进行通电处理达 40(A·h)/L 后方可使用。而按配方 3 配制的溶液应以较低的阳极电流密度，通电处理几十分钟后方可使用。

在生产过程中，应定期检测溶液组分含量和密度，并予以补充、调整。溶液中铁离子逐渐积累增多，当（以 F_2O_3 计）超过体积分数为 7% 时，就应该部分或全部更换溶液。

2. 铜及其合金的电化学抛光

铜及其合金的电化学抛光工艺规范 见表4-21。

表4-21 铜及其合金的电化学抛光工艺规范

含量（体积分数,%） 配方 溶液成分及工作条件	1	2	3
磷酸	72	74	58
铬酐	—	6	—
水	28	20	42
溶液密度/（g/cm³）	1.55~1.60	1.60	
温度/℃	室温	20~40	20
阳极电流密度/（A/dm²）	6~8	10~30	8
电压/V	1.7~2	2~3	2~3
时间/min	15~30	1~3	10~15
阴极材料	铅	铅	铅

注：1. 配方2中加入少量脂肪醇，可以在室温条件下进行电化学抛光。
2. 电化学抛光溶液配制好后，应先进行通电处理，方可进行使用。

在生产过程中，应定期检测溶液组分含量和密度，并予以补充、调整。配方2溶液在使用一段时期后，三价铬含量会逐渐积累增多，当（以 Cr_2O_3 计）超过30g/L时，应在45~50℃下、以阳极电流密度为10A/dm²进行通电处理，使三价铬转变为六价铬。

沉积在阴极材料表面上的铜粉，应该定期除去。

3. 铝及其合金的电化学抛光

铝的纯度对电化学抛光质量有着明显的影响。对纯铝工件进行电化学抛光后，能够获得镜面般的光亮表面，但随着铝的纯度的降低，其抛光后的表面质量逐渐下降。铝及其合金常用的酸性电化学抛光工艺规范见表4-22。

表 4-22　铝及其合金的电化学抛光工艺规范

含量（体积分数,%） 溶液成分及工作条件	配方 1	2	3	4	5
磷酸（密度 1.70g/cm³）	86~88	43	34	37~42	40
硫酸（密度 1.84g/cm³）	—	43	34	37~42	40
铬酐	12~14	3	4	4.3~4.9	—
水	调节密度至 1.72~1.74g/cm³	11	28	12~22	20
温度/℃	75~80	80~90	85~90	80~85	90
阳极电流密度/（A/dm²）	7~12	8~12	20~30	40~50	80
电压/V	14~30	10~15	10~18	12~18	12~18
时间/min	3~5	5~8	5~8	1~3	5
阴极材料	铅或不锈钢	铅或不锈钢	铅或不锈钢	铅或不锈钢	铅或不锈钢

注：配方 1 适用于纯铝、铝镁和铝镁硅合金。
　　配方 2 适用于纯铝。
　　配方 4 适用于纯铝、铝镁和铝锰合金。

随着电化学抛光溶液的使用，积累的三价铬和铅离子会使溶液的粘度逐渐增大，所以要随着铅离子含量的增加而相应的提高一些电压，以保持所需要的电流密度。当铅离子含量达到 50g/L 时，就必须部分或全部更换溶液了。溶液中的三价铬含量达到 25g/L 时，其抛光质量就会下降，这时就应采用阳极面积远大于阴极面积进行电解处理。

铝及其合金在碱性溶液中进行电化学抛光的工艺规范如下：

磷酸三钠	130~150g/L
碳酸钠	350~380g/L
氢氧化钠	3~5g/L
pH	11~12
温度	94~98℃
阳极电流密度	8~12A/dm²
电压	12~25V

时间　　　　　　　　　　　　　6~10min
阴极材料　　　　　　　　　　　不锈钢或普通钢板

铝及其合金的碱性电化学抛光溶液虽然成本比较低，但抛光质量较差，溶液使用寿命短，因此较少应用。

4. 电化学抛光的操作 _{电化学抛光的操作是重点，应该熟练掌握。}

1）电化学抛光操作过程中，必须严格遵守"配制和使用酸液的安全操作规程"和"配制和使用碱液的安全操作规程"。

2）电化学抛光前，应对被处理工件进行严格的脱脂处理。

3）电化学抛光一般不适用于锌的质量分数为30%以上的黄铜和含硅量多的铝合金工件。

4）在电化学抛光过程中，应保证挂具与工件、极杆有良好的导电性能，并使被抛光表面尽可能与阴极平行。对于形状复杂的工件，应制作辅助电极。

5）在电化学抛光过程中，为防止工件产生麻点和条纹等现象，应对溶液进行搅拌或采用阳极移动方式。

6）将被处理工件牢固地装挂在合适的挂具上，然后放在导电杠上，观察被处理工件周围是否有气泡产生，若有则说明导电；否则应该采取措施，使其导电良好。

7）电化学抛光操作过程中，掉入溶液中的工件应及时捞出并冲洗干净，以免产生过腐蚀现象。

8）符合电化学抛光质量要求的工件，在出槽时应多停留一会儿，以便使复杂工件内腔带出的溶液流回溶液槽。

9）电化学抛光后的工件，在其表面易生成一层绝缘性的薄膜，应进行除膜处理后再进行电镀（除膜处理液同化学抛光的除膜液）。

10）如果电化学抛光是最后一道工序，应将清洗干净的工件放于60~70℃、含10%（质量分数）的氢氧化钠溶液中浸泡10~15min，以提高耐蚀性能。

5. 电化学抛光产品的质量要求

电化学抛光处理后的工件，其表面应干净、无油、无锈、无氧化皮、无毛刺和过腐蚀等，工件表面的光亮度应均匀一致，工件的形状应不受到破坏，不能有变形等现象。

第六节 活　　化

　　被处理工件在经过机械整平、脱脂、浸蚀等前处理工序后，在水洗、停留等待镀过程中，其表面会生成一层极薄的氧化膜，这就需要进行活化（弱浸蚀或称弱腐蚀）处理，以除去这层薄膜。活化是进行电镀前的最后一道工序，是使工件呈现出金属的结晶组织，保证镀层与基体金属牢固结合的重要措施。

　　活化处理一般常用化学法，也可采用电化学法。

　　活化的操作：

> 活化的操作是重点，应该熟练掌握。

　　1）活化操作过程中，必须严格遵守"配制和使用酸液的安全操作规程"。

　　2）活化处理时，钢铁基体工件与铜及其合金基体工件不能共同使用一种活化溶液，防止钢铁工件表面出现析铜现象。

　　3）钢铁工件采用化学法活化，常使用3%～5%（质量分数）的稀硫酸或盐酸溶液，浸蚀0.5～1min即可；若采用电化学法时，所用活化溶液的浓度应更低，一般用1%～3%（质量分数）的稀硫酸溶液、以阳极电流密度为5～10A/dm^{2}进行处理。

　　4）铜及其合金进行活化时，化学法常用含硫酸为30～50g/L的溶液，在室温下浸泡20～30s即可；也可采用电化学活化法，如用焦磷酸盐镀铜及铜合金时，就可以在碱性焦磷酸钾溶液中进行阴极活化处理。

　　5）在含氰化物的溶液中电镀前，可采用含氰化钠为3%～5%（质量分数）的溶液进行活化处理，然后立即进入镀槽内进行电镀。

　　6）钢铁工件电镀硬铬时，常采用阳极活化，即直接在镀铬溶液中把工件作为阳极，进行短时间的阳极活化处理，然后再转为阴极，即可进行正常的电镀。

　　7）活化操作过程中，掉入溶液中的工件应及时捞出并冲洗干净，以免产生过腐蚀现象。

　　8）符合活化质量要求的工件，在出槽时应多停留一会儿，以便使复杂工件内腔带出的溶液流回溶液槽。

9）活化是电镀前的最后工序,活化后的工件应用流动的水冲洗干净,并立即入槽电镀。

10）若活化溶液就是电镀溶液成分之一,或者它的带入不会影响镀液的正常使用,在工件活化后可不清洗立即进入镀槽内进行电镀。

11）若活化处理后,来不及进行电镀,应将工件置于含碳酸钠为 30~50g/L 的稀溶液中,以防止被锈蚀;进行电镀前,应取出工件清洗干净,重新进行活化处理后再进行电镀。

复习思考题

1. 简述电镀前处理的意义和分类?
2. 如何进行磨光操作?
3. 如何进行机械抛光操作?
4. 如何进行滚光操作?
5. 如何进行振光操作?
6. 如何进行刷光操作?
7. 如何进行喷砂(喷丸)和抛丸操作?
8. 简述脱脂的意义和常用方法。
9. 如何进行有机溶剂脱脂操作?
10. 如何进行化学脱脂操作?
11. 如何进行电化学脱脂操作?
12. 脱脂的质量要求和检验方法有哪些?
13. 简述除锈的意义和分类。
14. 如何进行钢铁工件的化学浸蚀操作?
15. 如何进行钢铁工件的电化学浸蚀操作?
16. 如何进行有色金属的浸蚀操作?
17. 浸蚀的质量要求有哪些?
18. 如何进行化学抛光操作?
19. 如何进行电化学抛光操作?
20. 如何进行活化操作?

第五章

常用电镀工艺

培训学习目标 通过本章的学习，了解几种常见电镀层的用途，掌握工件电镀面积的计算，知道工件电流密度的选择，熟练掌握几种常见的电镀工艺和退镀操作。

第一节 电镀前的准备

一、工件电镀面积的计算

1. 工件表面积的计算

> 工件表面积的计算是重点，必须熟练掌握。

所有产品都是由许多零部件组成的，每个零部件不管形状多么复杂，我们都可以把它分割成多个规则的简单几何形状，把多个简单几何形状的表面积计算出来，其总和就是工件的表面积。各种几何图形面积的计算方法见表5-1。

表5-1 各种几何图形面积的计算

名称和图形	计 算 公 式
等边三角形	面积 $A = \dfrac{ah}{2} = 0.433a^2$ 或 $A = 0.578h^2$

(续)

名称和图形	计算公式
直角三角形	面积 $A = \dfrac{ab}{2}$
平行四边形和矩形	面积 $A = bh$
菱形	面积 $A = \dfrac{Dd}{2}$
正方形	面积 $A = a^2$ 或 $A = \dfrac{d^2}{2}$
梯形	面积 $A = \dfrac{a+b}{2}h$ 或 $A = mh$
圆环	面积 $A = \dfrac{\pi}{4}(D^2 - d^2)$ 或 $A = \pi(R^2 - r^2)$

（续）

名称和图形	计 算 公 式
角形	面积 $A = \dfrac{\text{边长} \times \text{弦距}}{2} \times \text{边数}$ $= \dfrac{ak}{2} n$
圆	面积 $A = \dfrac{\pi}{4} D^2$ $= 0.7854 D^2$ 或 $A = \pi r^2 = 3.1416 r^2$
抛物线弓形	面积 $A = \dfrac{2}{3} bh$
角橡	面积 $A = r^2 - \dfrac{\pi r^2}{4}$ $= 0.215 r^2$ 或 $A = 0.1075 c^2$
圆柱体	侧面积 $A = 2\pi rh = \pi dh$

(续)

名称和图形	计 算 公 式
正方体	表面积 $A = 6a^2$
球	表面积 $A = 4\pi r^2 = \pi d^2$
扇形	面积 $A = \dfrac{\pi r^2 \alpha}{360°}$ $= 0.008727 r^2 \alpha$ 或 $A = \dfrac{r}{2} \times$ 弧长 l
圆弓形	面积 $A = \dfrac{lr}{2}$ $= \dfrac{c(r-h)}{2}$
长方体	表面积 $A = 2(ah + bh + ab)$

（续）

名称和图形	计 算 公 式
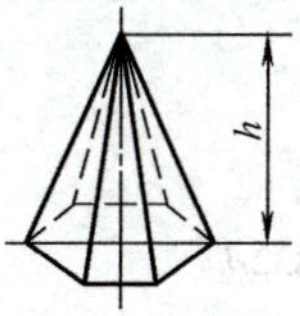 圆锥体	表面积 A = 各三角形面积的总和 + 底面积
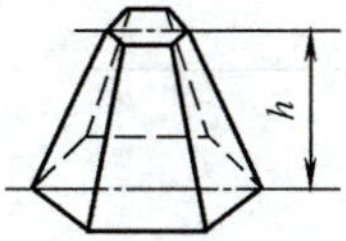 截顶圆锥体	表面积 A = 各梯形面积的总和 + 顶面积 + 底面积
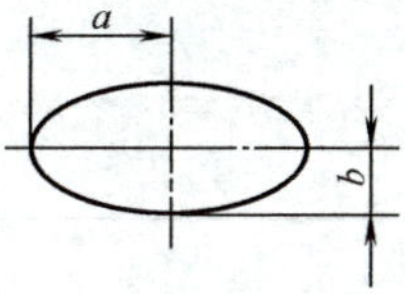 椭圆	面积 $A = \pi \times$ 长轴半径 $\times$ 短轴半径 $= \pi ab$
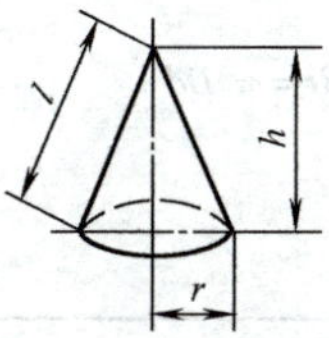 圆锥体	侧面积 $A = \pi r l$ $= \pi r \sqrt{r^2 + h^2}$
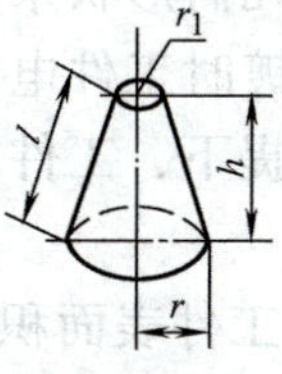 截顶圆柱体	侧面积 $A = \pi l (R + r)$

（续）

名称和图形	计算公式
球缺	表面积 $A = 2\pi rh$ $= 6.2832rh$ $= \pi\left(\dfrac{b^2}{4} + h^2\right)$
中空圆柱	表面积 $A = 2\pi (R+h)(R-r+h)$
圆球环	表面积 $A = 4\pi^2 Rr = \pi^2 Dd$

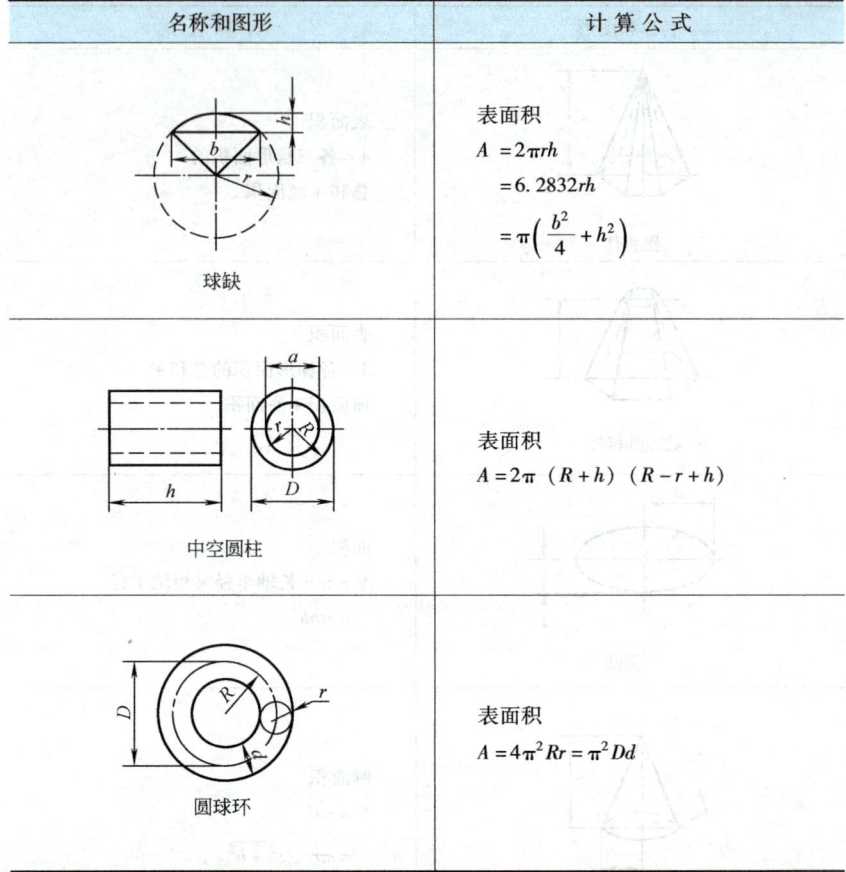

2. 工件表面积的估算

虽然任何工件都可以分割成多个简单的几何形状来精确计算其面积，但精确计算还是较麻烦的事，而且电镀时工件电流密度有一定的容许范围，这样在保证电镀层质量的前提下，工件面积可以采用估算的方法。一般可采用以下几种：

1) 工件形状较简单，但不规则，在计算工件表面积时，可以将不规则部分假定裁下补充到其他部分，尽量拼凑成最简单的几何图形，然后计算简单图形面积，根据简单图形与实际工件的差距乘以一个系数。若简单图形比实际工件小,系数取 1.1~1.2;若简单图形比实际工件大,系数取 0.8~0.9。总之,简单图形与实际工件差距不能太大,否则不能采用估算方法。

2)工件为大面积板状且有一定厚度时,若工件上钻孔在 φ10mm 以下,其孔的表面积不要除去,因为孔内侧的面积与表面积相近。

3)简单规则形状工件面积计算时,可采用简便算法,例如图 5-1 工件面积的计算。

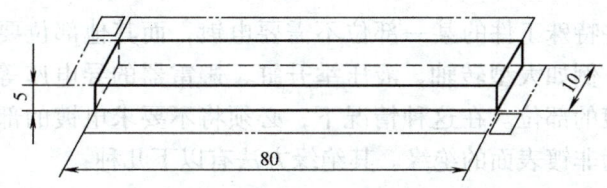

图 5-1　长方体工件表面积展开图

① 第一种算法:将 6 个面分别计算后再相加,即得总面积。

$A = 80\text{mm} \times 10\text{mm} \times 2 + 80\text{mm} \times 5\text{mm} \times 2 + 10\text{mm} \times 5\text{mm} \times 2 = 2500\text{mm}^2 = 0.25\text{dm}^2$

② 第二种算法:也可把侧面展开,将展开长度拼入边长,如图 5-1 点划线所示,这时 6 个面变成 2 个面,将展开时重复了的面积减去,即得总面积。

$A = (85\text{mm} \times 15\text{mm} - 5\text{mm} \times 5\text{mm}) \times 2 = 2500\text{mm}^2 = 0.25\text{dm}^2$

二、阴、阳极的调整

> 阴、阳极的调整是要点,应该掌握。

1. 阴、阳极距离的调整

在电镀过程中,金属离子的消耗靠阳极溶解来补充,因此阴、阳极的距离对离子移动速度有很大的影响。如果阴、阳极很近,阳离子很容易到达阴极并还原为金属,离子移动速度快,那就使镀层结晶易变得粗糙,影响镀层质量。如果阴、阳极很远,那么阳离子到达阴极很困难,镀层形成慢,结晶也容易粗糙而且效率低。一般阴、阳极距离以 300~500mm 为宜。阳极的大小、规格一般以板材为好，其大小应以便于取、放为原则。也可选用不同尺寸的钛篮。经常检查阳极袋是否有破损的，如有破损时应及时更换，以免影响镀层质量。

2. 阴、阳极面积的调整

电镀过程中，阴、阳极面积应有一定的比例。例如，对于络合物镀液，一般要求阴、阳极面积比为1:2；对于弱酸性镀液，其阴、阳面积比为1:1.5；对于强酸性镀液，其阴、阳极面积比为1:1。

三、非镀表面的绝缘

> 非镀表面的绝缘是操作要点，必须熟练掌握。

某些特殊工件的某一部位不需要电镀，而其他部位要求全部覆盖镀层。例如大型转轴、液压举升缸、避雷器的导电座等，都有不要求电镀的部位。在这种情况下，必须将不要求电镀的部分保护起来，称为非镀表面的绝缘。其绝缘方法有以下几种：

1. 涂敷绝缘材料绝缘

常用的绝缘涂料有电镀专用保护胶、挂具漆等。局部表面装饰保护胶，可有效地作为金属材料和非金属材料的电镀、喷砂等加工时的局部保护。保护胶分 A 与 B 两组分，按 1:1 比例使用。涂敷前工件应脱脂、除锈，并用热水烫干，然后用干净的棉纱擦净表面浮渣，即可将工件需保护部分浸入保护胶或用毛笔将保护胶均匀涂在需要保护的部位，在 65~70℃ 下烘烤 10~15min，即可形成固体胶膜；室温下自然干燥需要 1~4h。最后用小刀或电烙铁将不需保护部位的胶膜剥掉。剥离后的胶膜可以 100% 回收使用，回用时用适量的溶剂溶解后即可。平时应将保护胶封闭保存，以防止溶剂挥发。使用时不可强力搅拌，胶液应避免干燥后表面有气泡。使用时应在良好的通风环境中操作，严禁明火。

2. 捆扎塑料布绝缘

这是一种简单的绝缘方法，其优点是经济；缺点是绝缘效果不可靠。因为塑料布要捆扎得很紧，否则在绝缘的始末端由于电流集中会镀上镀层，同时应仔细检查塑料布，不得有损坏，否则在破损处将形成高电流密度区，不但会镀上镀层，而且镀层粗糙，甚至起刺、结瘤。

3. 采用专用工具绝缘

对批量生产工件的某些特殊非镀表面可采用专用工具绝缘。例如，工件孔内绝缘，可根据孔径大小选用适合的橡胶塞或塑料套管；轴、齿轮等工件的键槽部位绝缘，可采用硬聚氯乙烯塑料预先加工成与键槽配套的键，在电镀前将塑料键压入键槽内，然后进行电镀。

总之，非镀表面的绝缘是一项既重要又麻烦的工序，要仔细、耐心、认真处理好。用绝缘胶、挂具漆涂敷后，只作短暂时间的电解脱脂、清洗即可进行电镀。过长时间的电解脱脂，会引起绝缘层起泡脱落。

四、电镀电流密度的选择

操作规程中规定了各镀种电流密度的范围。电镀形状复杂的工件时，尤其是尖端或伸出离主要表面较远的支叉部分时，应选用电流密度的下限值；小型工件电镀时，也应选用电流密度的下限值。只有在工件形状简单、装挂适当时，才选用电流密度的上限值。

第二节 镀 锌

一、锌镀层的用途及镀锌工艺的分类

1. 锌镀层的用途

金属锌是白色的，其相对原子质量为 65.38，密度为 7.14g/cm^3，熔点为 419.5℃，电化摩尔质量为 1.22g/(A·h)。

锌是两性金属，它既能溶于酸又能溶于碱，其化学性质比较活泼，标准电位为 -0.762V。如果在干燥的空气中，几乎不发生变化。如果在潮湿的大气中或者在二氧化碳和含氧的水中，锌表面会生成一层主要由碱式碳酸盐组成的具有缓蚀作用的白色薄膜。

锌镀层是防护性镀层，被广泛用于防止钢铁金属的腐蚀。锌的弹性比较好，即便零件弯曲变形，锌镀层仍然能附着在零件上而不脱落，也不开裂。但锌镀层比较柔软，不能镀在承受摩擦条件下工作的部件或零件表面上。

由于锌镀层有诸多的优点,而且价格比较便宜,在机械和电器工业中,镀锌的比重很大,约占总生产量的70%。因此,在电镀行业中镀锌是主要镀种。

2. 镀锌工艺的分类

镀锌工艺分为氰化镀锌和无氰镀锌两大类。无氰镀锌有氨三乙酸-氯化铵型、碱性锌酸盐型、硫酸盐型和钾盐镀锌等。氰化镀锌又分为高氰镀锌、中氰镀锌和低氰镀锌。现将各种镀锌工艺及特点分述如下:

(1)氰化镀锌 氰化物镀锌溶液比较稳定,工艺范围宽,分散能力和深镀能力比较好,而且对设备腐蚀不严重,且镀层结晶细致、光泽好、抗蚀能力强。它的缺点是溶液中有剧毒品氰化钠存在。生产中所排出的污水及逸出的废气中都含有氰化物,对环境有严重的污染,对操作者有较大的危害。使用氰化物溶液电镀时,要求有良好的排风系统,同时还需要污水治理设备。氰化镀锌工艺规范见表5-2。

表 5-2 氰化镀锌工艺规范

溶液成分及工作条件/(g/L)	高氰镀锌	中氰镀锌	低氰镀锌
氧化锌(ZnO)	35~45	7~10	7~10
氰化钠(NaCN)	80~90	15~30	10~15
氢氧化钠(NaOH)	80~85	8~12	70~80
硫化钠(Na_2S)	0.5~5	—	1.0~1.5
甘油	3~5	3~5	—
温度/℃	10~35	10~35	10~35
阴极电流密度/(A/dm^2)	1~3	1~2	1~3

溶液中各组分的作用及工作条件分析:

> 了解氰化镀锌溶液中各成分的作用。

1)氧化锌是提供锌离子的主盐。锌在镀液中形成两种络盐:一是氰化钠络盐{$Na_2[En(CN)_4]$}另一种是锌酸钠络盐

$\{Na_2[En(OH)_4]\}$，它们会随游离氰化钠或游离氢氧化钠含量不同而改变它们的含量。含锌量过高，会提高电流效率，但获得的镀层比较粗糙，光亮度降低；如果含锌量偏低，镀层的均镀能力和深镀能力有所提高，但镀层不易增厚，电流效率低。因此，要控制含锌量在工艺范围，而且还要使氰化钠与氢氧化钠的含量在一定范围内才能使镀层质量稳定。

2）氰化钠是镀锌溶液的主络合剂。氰化钠除与锌离子全部络合外，还要存在一定的游离氰化钠才能使镀层结晶细致。因此，控制全部氰化钠与锌的比值在一定范围非常重要，一般在 2~3.2 范围内。氰化钠偏高，比值上升，镀层结晶细致，电流效率降低，深镀能力和分散能力差，析氢严重；氰化钠偏低，又会导致镀层粗糙、发灰、无光泽。

3）氢氧化钠的作用是防止主盐水解、稳定溶液的辅助络合剂，除与锌全部络合外，还需要存在一定的游离量，才能使镀层结晶细致、均匀。氢氧化钠与锌的比值一般是 2~2.5。它还能提高溶液的导电性，增强溶液的分散能力，使阴极电流效率提高，可有效地抑制氢气的析出，镀层附着力较强。如果含量偏高，则容易生成树枝状和海绵状的镀层。

4）硫化钠除了使镀层有一定发亮作用外，主要是能除去溶液中的重金属杂质（例如铅、锡等）。硫化钠的添加量应控制在 3g/L 以内，如果含量过高，会与锌生成絮状硫化锌，提高镀液阴极极化作用，但会造成溶液混浊，使锌损失加大。

5）甘油能使镀层平滑细致，提高阴极极化作用，也能起到使镀层光亮的作用。

氰化镀锌中工艺参数对镀件的影响。

6）氰化镀锌溶液工作温度在 35℃ 为好，否则会加速氰化物的分解，降低阴极极化作用和均镀能力。

7）阴极电流密度过低，沉积速度慢，工作效率低；电流密度过高，镀层粗糙，尖角部分易烧焦。氰化镀锌电流密度控制在 $1~3A/dm^2$ 为宜。

8）阳极应该用压延锌板，压延纯锌板溶解比较均匀，可减少阳极"泥渣"的生成量。如果在阳极上套上布套,效果会更理想。

(2)钾盐镀锌 钾盐镀锌又称为氯化物镀锌,是 20 世纪 80 年代初发展起来的一种无氰光亮镀锌工艺。由于钾盐镀锌具有电流效率高,沉积速度快,镀层的光亮性和整平性较好,镀液成分简单,不含络合剂,污水处理容易,电流密度范围宽,深度能力、分散能力与锌酸盐镀锌相当等优点,故得到了较快发展,在镀锌品种中占有较大比例。钾盐镀锌工艺规范见表 5-3。

表 5-3 钾盐镀锌工艺规范

配 方 溶液成分及工作条件	1	2	3(滚镀)
氯化锌/(g/L)	60~70	50~100	30~40
氯化钾/(g/L)	200~230	150~250	200~230
硼酸/(g/L)	25~35	25~35	25~35
添加剂 氯 Zn—1/(mL/L) 或氯 Zn—2/(mL/L)	14~18	—	15~20
B2—95A/(mL/L)	—	15~20	—
pH	4.5~5.5	5~5.6	5~5.6
阴极电流密度/(A/dm^2)	1~4	1~4	0.5~3
温度	10~55	5~60	10~50

溶液中各成分的作用及工作条件分析:

1)氯化锌是镀液的主盐,提供锌离子,可在较大范围内变化,锌离子偏低时,分散能力和深度能力好,但电流密度下降;锌离子偏高时则相反。锌离子浓度过高,溶液容易浑浊。

2)氯化钾是导电盐,其浓度低时,分散能力、深度能力下降,光亮电流密度范围变窄,氯化钠因价格较低在某些情况下可代替钾盐,但综合技术性能不如钾盐好。

3)硼酸是缓冲剂,在日常电镀过程中溶液的 pH 值会缓慢上升,除了采用盐酸及时调整 pH 值以外,硼酸可起到缓冲和稳定 pH 值的作用。

第五章 常用电镀工艺

4）添加剂可起到提高阴极极化，使结晶细化，光亮和整平作用。添加剂对镀液和镀层的综合性能起非常重要的作用，因此添加剂品种也非常多。添加剂主要由主光亮剂、载体光亮剂和辅助光亮剂等复配而成，其添加量和消耗量要依据产品说明书进行添加。应根据产品的电镀质量要求来合理选择各种牌号的添加剂。

5）镀液温度一般要控制在低于50℃以下，温度过高时，会使添加剂分解，溶液变得浑浊，光亮度下降，镀层粗糙度。温度过低时，光亮电流密度范围变窄。

6）pH值一般应控制在4.5~6范围内。pH值过高，镀层质量明显下降，发暗；pH值过低时，光亮剂析出，电流效率和覆盖能力下降。

> 了解碱性锌酸盐镀锌的工艺参数。

（3）碱性锌酸盐镀锌　这种溶液成分简单，使用较为方便，克服了氰化镀锌的毒害。碱性锌酸盐镀锌已成为镀锌工艺的主流，可获得细致光亮的镀层，钝化膜不易变色，该溶液对设备腐蚀性小，废水处理简单，但该溶液的均镀能力和深镀能力不太好，镀层太厚时有脆性。

该溶液的主要成分为氢氧化钠和氧化锌，如果溶液中不含添加剂，镀出的锌镀层是疏松的呈海绵状，而且颜色发黑。使用添加剂后，能有效地改善镀层外观和特性。碱性锌酸盐镀锌工艺规范见表5-4。

表5-4　碱性锌酸盐镀锌工艺规范

溶液成分及工作条件/(g/L)	DE型	DPE型
氧化锌（ZnO）	10~15	8~13
氢氧化钠（NaOH）	100~140	110~130
DE添加剂	4~6	—
香草醛	0.05~0.15	—
茴香醛混合光亮剂	0.1~0.3	—
EDTA	0.5~1.5	—
香豆素	0.4~0.6	—

（续）

溶液成分及工作条件/（g/L）	DE 型	DPE 型
DPE - Ⅰ/（mL/L）	—	4~8
DPE - Ⅲ/（mL/L）	—	4~8
三乙醇胺/（mL/L）	—	10~20
温度/℃	15~40	10~40
阴极电流密度/（A/dm²）	0.5~3	0.5~3

镀液中各组分的作用及工作条件分析：

1）氧化锌含量范围较宽，一般不需另外添加，在 6~20g/L 之间都能正常工作。当氧化锌含量高时，镀层沉积速度快；但其含量过高时，镀液的分散能力和深镀能力变差，镀出的工件尖角处镀层粗糙，易烧焦，几何形状复杂的工件很可能出现阴阳面；当氧化锌含量低时，镀液分散能力好，镀层细致，光泽性好；但其含量过低时，沉积速度慢。一般氧化锌含量在 8~12g/L 之间为好。

2）氢氧化钠属于络合剂，对锌起络合作用，促使阳极溶解，提高镀液导电性。当氢氧化钠过高时，会加速阳极溶解，使含锌量增多，电流效率下降，而且碱的浓度高，易粘在工件表面上，不容易清洗干净，直接影响钝化膜质量，使镀层泛白；当氢氧化钠含量过低时，则使溶液的导电性变差，槽电压上升，阳极易发生钝化，电流密度范围变窄，可使镀层发暗、粗糙。一般应保持 Zn∶NaOH = 1∶8~1∶10为宜。

3）溶液中添加了 DPE-Ⅰ 或 DPE-Ⅲ 时，加入三乙醇胺就不可少，它可改善低电流密度区的光泽性，提高镀层的光亮度和均匀性，不仅使镀层结晶细致，还能消除镀层条纹，使镀层的塑性增强。

4）加入适量的添加剂 DPE，能使镀层结晶细致、光泽，提高溶液的分散能力。

5）添加剂 DE 是易溶于水的表面活性剂，在施镀中起吸附作用，能够提高阴极极化作用，改善分散能力和深镀能力，从而获得优质的镀层。

6）溶液温度低于 10℃时，可增强阴极极化作用，但会降低电

第五章 常用电镀工艺

流效率,阴极析氢严重,使镀层产生氢脆或起泡;溶液温度升高,镀液粘度下降,加快离子扩散速度,提高溶液的导电性,阴极电流效率也相应提高;溶液温度如果再升高,添加剂的吸附能力将下降,阴极极化值减小,得不到光亮的镀层。

7)溶液温度在20℃以下时,电流密度可采用 $1\sim1.5\text{A}/\text{dm}^2$;溶液温度在 $20\sim30$℃时,电流密度可采用 $1.5\sim2\text{A}/\text{dm}^2$;溶液温度在 $30\sim35$℃时,电流密度可采用 $2\sim3\text{A}/\text{dm}^2$。

(4)硫酸盐镀锌 硫酸盐镀锌溶液性能稳定,电流效率高,可使用较高的电流密度,沉积速度快,但它的均镀能力和深镀能力不好,镀层结晶也比较粗糙。因此,它只适于外形简单的工件和型材、线材、带材的电镀。该溶液对钢铁设备有腐蚀作用。硫酸盐镀锌工艺规范见表5-5。

表5-5 硫酸盐镀锌工艺规范

溶液成分及工作条件/(g/L)	配方一	配方二	配方三
硫酸锌($ZnSO_4 \cdot 7H_2O$)	215	$250\sim300$	250
硫酸铝[$Al_2(SO_4)_3 \cdot 18H_2O$]	20	$1\sim2$	30
明矾[$KAl(SO_4)_3 \cdot 12H_2O$]	$45\sim50$	—	—
硫酸钠($Na_2SO_4 \cdot 10H_2O$)	$50\sim160$	250	—
氯化铵(NH_4Cl)	—	—	15
硼酸(H_3BO_3)	—	$15\sim20$	—
糊精	10	—	30
葡萄糖($C_6H_{12}O_6$)	—	$2\sim3$	—
pH值	$3.8\sim4.4$	$4.5\sim5.5$	$3.5\sim4.5$
温度/℃	室温	室温	室温
电流密度/(A/dm²)	$1\sim2$	$1\sim2$	$1\sim2$

溶液中各组分的作用及工作条件分析:
1)硫酸锌是主盐。
2)硫酸铝是缓蚀剂,可稳定溶液pH值。

3）硫酸钠能够提高溶液的导电性能。

4）糊精、葡萄糖是添加剂，可增强阴极极化，改善溶液均镀能力，使镀层结晶细致。

无氰镀锌的工艺还有很多，本节就不再过多介绍了。

二、镀锌前的准备

按照图样及工艺要求，检查待镀的工件，工件应符合图样上的各项工艺要求，并且应该有上道工序检验合格证明，待镀的工件表面应无油漆、毛刺等缺陷。

操作前准备：操作前穿戴好劳动保护用品。起动镀锌工艺过程中要用的设备，如通风设备、镀锌所需的电源、电解脱脂用的电源等。起动需要加热溶液的温控装置。有毒有害的工序要严格遵守电镀安全操作规程。

电极应保证有良好的导电性，如果表面有氧化层，需要用砂纸打磨干净。挂好阳极锌板，镀锌所用阳极锌板最好用压延锌板，它所产生的泥渣较少，便于溶液维护，同时要给阳极锌板加套布套以防止泥渣落入镀液中。阴极和阳极的比例控制在 2:1 为好。如果不是连续操作，电镀结束后，应及时取出锌阳极，避免锌板在溶液中溶解而造成锌离子超出工艺范围。

对油污较重的工件，可先进行有机溶剂脱脂。需要喷砂的工件，先进行喷砂处理。对工艺上有特殊要求的工件，例如要求表面局部无镀层的工件，要提前做好保护。其方法有涂聚苯乙烯、硝基清漆、过氯乙烯塑料胶或缠裹塑料布。可根据实际情况选择合适的方法。

根据工件形状选择合适的挂具。如果挂具上有镀层，需要退除镀层后方可使用。装挂时，要使工件低凹处和不通孔朝上，避免压入空气使镀层产生气袋。选用挂具时，最好选用导电好的纯铜或黄铜挂具，电镀效果较好。装挂时，要注意使工件与挂具接触面越小越好，否则会因为工件与挂具接触面大，造成镀层发暗，甚至会出现露底现象。对于内孔要求覆盖均匀细致镀层的工件，必须添加辅助阳极，辅助阳极的材料多采用锌棒或铁棒，注意辅助阳极要与工

第五章　常用电镀工艺

件内壁保持一定的距离，避免相碰造成电击伤害工件。

认真看懂工件图样，从中了解工艺的具体要求。例如镀层的厚度、工件材料及镀后处理的要求等。根据工件图样计算出工件的表面积、电流总量和施镀时间。

三、一般工件的镀锌操作

> 掌握一般工件镀锌的操作规程。

对于普通碳钢工件和没有特殊要求的工件，可遵照本操作方法进行，其工艺流程如下：

有机溶剂脱脂→电解脱脂→热水清洗→流动冷水清洗→强浸蚀或喷砂→流动冷水清洗→弱浸蚀→流动冷水清洗→中和→流动冷水清洗→电镀锌→流动冷水清洗→钝化处理→流动冷水清洗→压缩空气吹干→老化处理→检验→包装。

1）将做好镀前处理的工件挂入镀锌槽，起动镀锌的电源，按照计算好的工件面积乘以工艺电流参数即可计算出给电总量，调整电流，观察工件导电情况。正常的导电应该是在工件与溶液交界处有大量气泡产生，这说明工件已经导电。如果没有气泡产生，可能是电流过小或没有导电，应查找原因及时处理。一般在电镀 10min 后取出工件，查看是否工件全部覆盖了镀层，尖角、棱边是否有粗糙发暗的镀层，并及时调整电流大小。工件入槽后要经常轻轻移动工件，防止工件压入空气。带有辅助阳极的工件入槽后，要观察辅助阳极与液面交界处是否有气泡产生，若有气泡产生，说明导电良好，否则说明没有导电，应及时调整。

2）到达施镀时间后应及时出槽，取出部分工件后，要适当降低电流，防止电流过大使工件产生毛刺、镀层粗糙等现象。观察出槽工件镀层是否均匀一致。如有掉入镀槽工件应及时打捞。对有凹陷和带内孔的工件应滴净溶液，方可进入回收槽清洗，以减少溶液损耗。对电镀不合格的工件、精密工件允许进行一次返修，其余工件在保证工件尺寸的前提下允许进行两次返修。

3）镀锌后应进行钝化处理，钝化不仅是为了提高锌镀层表面的光亮和美观，更重要的是使其表面生成一层组织致密的钝化膜，以增加锌镀层的耐蚀性能，延长产品使用寿命。具体方法请参阅第六章第四节钝化。钝化后应在烘箱中用 50~60℃ 的温度，烘烤 20~30min，目的是使钝化膜更加致密牢固。

四、弹性工件的镀锌操作

> 掌握弹性工件的镀锌操作方法。

弹性工件在进行镀锌处理时，其工艺流程基本上和一般工件镀锌一样，由于材料的特殊性，对氢脆比较敏感，抗拉强度越高，其氢脆敏感性越大，容易渗氢而造成氢脆而断裂。电镀前必须消除应力，电镀后进行除氢处理，而在电镀操作过程中应注意电解脱脂、浸蚀时都会产生氢脆，为了消除这些危害，弹性工件镀锌的前处理和镀后处理显得尤为重要。

> 弹性件镀锌进行驱氢处理操作是重点，必须熟练掌握。

1）弹簧、弹簧垫圈、弹簧片等弹性工件镀锌时，溶液中的光亮剂不宜太多，应比正常镀锌溶液中少一些。在电镀过程中，应更换装挂位置 1~2 次。电流密度应采取工艺的下限。上挂具的弹簧必须在 8h 内镀完，不允许让拉力弹簧在拉伸状态下过夜。若 8h 内无法镀完，应把弹簧从挂具上拆下，以免因长时间的拉伸而影响弹簧的弹力和使用寿命。

2）在弹性工件上镀锌是一个重要的环节，工件在电镀过程中阴极上除了镀覆上一层锌以外，同时还有一部分氢气析出，其中有一部分氢会渗入工件的晶格中，造成晶格扭曲，使工件的应力增大，产生脆性而断裂，所以弹性工件（如弹簧、弹簧片）和高强度钢等重要结构件镀锌后一定要进行驱氢处理。驱氢的过程及工艺参数请参阅第六章第三节驱氢。

驱氢后的工件严禁用手摸，更不能粘上油渍、污渍，待其自然冷却后进行钝化处理。

五、滚镀锌的操作

电镀生产设备正向自动化发展，电镀自动线具有生产效率高，改善劳动条件，减轻劳动强度，稳定镀层质量，厂房单位面积产量高，配备操作人员少等优点。滚镀可节省大量装卸工件的时间，增加镀槽的一次装载量，滚镀生产效率比挂镀高4~6倍。滚镀是使工件不断翻滚，代替了溶液搅拌，同时工件不断相互摩擦，镀层的光亮度较高，显著提高了电镀质量。电镀时不需要挂具，减少了挂具上的无效镀层，降低了电镀成本。但滚镀也有一定的限制，对容易互相贴合的薄片、弹簧、要求保留棱角的工件以及质量较大、容易碰损的工件，还有镀层厚度超过10μm的工件等，一般不宜采用滚镀。

(1) 滚镀前生产准备　按照电镀安全生产条例操作者应穿戴好劳动保护用品，防止发生人身事故；仔细查看工件图样，熟悉工件的材料、电镀要求及镀层厚度等工艺条件；如果工件表面有较多的氧化皮，应先进行喷砂或强浸蚀；起动滚镀生产线上需要加热溶液的加热装置，如化学脱脂溶液、电化学脱脂溶液、热水槽等；起动滚镀设备的电源，试车检查设备运转是否正常，阴极导电装置不应与滚筒一起旋转，而应与工件连续接触，并具有一定的弹性，以免工件卡死或损坏工件造成事故；检查镀槽槽口上的V形导电座、滚筒架上的接触导电轴、导电轴的软电缆等是否导电良好，如有氧化皮应处理干净，以保证电镀过程导电连续、稳定。

(2) 装料　滚筒的装载量要根据实际情况，一般是滚筒的1/4~1/3为宜，最大不宜超过1/2。装料少，产量低，而且工件翻滚不均匀；装料过多，会造成工件翻滚不良，使工件镀层不均匀，而且沉积速度慢。对于容易造成重叠、粘贴的工件和易相互套扣的工件，不能混装在一桶内滚镀。

(3) 镀锌　经过电镀前脱脂、除锈的工件，在入槽前还应进行一定的活化处理。滚镀的电流密度可以按照工艺规定的电流密度上限执行。电镀过程中，要经常察看导电情况，若气泡不断产生并形成一堆泡沫围绕在滚筒周围，说明导电良好。滚筒从溶液槽（化学脱脂、电解脱脂、酸浸蚀槽等）中提起，在进入下一个槽之前，要尽量滴净滚筒中的溶液，以避免槽液之间交叉污染。

(4) 镀后处理　滚镀锌的镀后处理同一般镀锌。

六、对锌镀层的质量要求

1) 外观要求：外观正常，结晶细致，色泽均匀，钝化膜完整并呈彩色。白色钝化膜应呈白色或略带淡蓝色。

2) 允许缺陷：轻微的水迹和夹具印。驱氢后钝化膜颜色应稍变淡。复杂件、大型件或过长工件的锐、棱及端部镀层有轻微的粗糙，但不影响装配。焊缝的搭接交界处镀层局部稍暗。

3) 不允许缺陷：镀层粗糙、烧焦、麻点、黑斑、结瘤、起泡、脱落；镀层呈树枝状、海绵状和严重条纹；钝化膜疏松、严重钝化液迹；局部无镀层（工艺文件要求除外）。

七、不合格锌镀层的退除

1) 一般钢铁工件上不合格的锌镀层可在盐酸中退除，其工艺规范如下：

盐酸（HCl）	30%~50%（体积分数）
温度/℃	室温
时间	退尽为止

2) 弹性工件和高强度钢工件上不合格的锌镀层可在以下工艺规范下退除：

氢氧化钠（NaOH）	200~300g/L
亚硝酸钠（NaNO$_2$）	100~200g/L
温度/℃	100~120
时间	退尽为止

经退除处理的弹性工件，应进行驱氢处理后方可再进行镀锌。

第三节　镀　　铜

一、铜镀层的用途及镀铜工艺的分类

1. 铜镀层的用途

铜镀层应用于汽车、家庭用品、办公用品等工业和民用的电工、电器、工业元件、艺术制品、印制电路以及塑料制品和非导体上的装饰和防护镀铜。

2. 镀铜工艺的分类

镀铜电解液的种类很多。从清洁生产的角度可分为无氰镀铜和有氰镀铜；从溶液的酸碱性可分为酸性镀铜、中性镀铜、碱性镀铜；从工件镀后的光亮性可分为普通镀铜、半光亮镀铜和光亮镀铜；从镀层的作用功能上可分为打底镀铜、加厚镀铜、防渗碳或防渗氮镀铜、增加导电性镀铜、电铸铜等。

二、氰化镀铜

1. 镀前准备

氰化镀铜一般用作钢铁件多层电镀的底层，就是我们通常说的打底镀铜。被镀工件经过彻底的镀前处理后，即可放入镀槽进行氰化镀铜，并以此作为底层进行后续电镀，原则上尽量不再变换装挂方式。

氰化镀铜的工件装挂需要注意以下几点：

1）工件装挂必须牢靠和导电良好。镀槽的导电极杠和导电座应保持清洁干净，保证有良好的导电性。

2）挂具应选用导电良好的铜钩或铜材料的挂具。

3）工件装挂不得过密，尤其不允许互相遮蔽。因为氰化镀铜经常作为装饰性多层电镀 Cu/Ni/Cr 的底层，在光亮镀铜、光亮镀镍过程中，如果工件有屏蔽部分，那么屏蔽部分的镀层光亮度则较差，将严重影响工件的装饰效果。

4）细小的或薄片件装挂时，一定要卡紧以防入槽、出槽、清洗时飘浮坠落或因飘浮引起导电不良。

对于半光亮氰化镀铜的滚镀应注意以下几点：

1）滚桶的装载量应占滚桶体积的 1/3 为宜。

2）易重叠、粘贴的片状工件不能混装在一桶内，应添加部分填料，同时滚镀。

3）易变形的工件不能滚镀。

4）太重的工件和过长的工件，不宜滚镀。

2. 氰化镀铜的操作

> 氰化镀铜的操作是重点，必须熟练掌握。

1）氰化镀铜前 5~10min，必须打开抽风机，以保持工作场地空气的清洁。

2）氰化镀铜的主盐（氰化亚铜）和络合剂（氰化钠）都是剧毒药品，电镀过程中又有剧毒气体逸出，所以操作时必须严格遵守"配制和使用有毒化学药品的安全操作规程"，并戴好口罩、橡胶手套、防护眼镜和穿好胶靴，以防中毒。

3）工件入槽前其表面必须处理干净，严防将酸带入镀槽中。

4）工件应带电入槽。

5）将被镀工件牢固地装挂在合适的挂具上，然后放在导电杠上，观察被镀工件周围是否有气泡产生，若有则说明导电；否则，应该采取措施使其导电良好。

6）作为底镀层的氰化镀铜电流密度选择 $1~3A/dm^2$，一般取下限。

7）铜阳极一般采用电解铜板，阳极与阴极面积之比一般为 2∶1。

8）在氰化镀铜操作过程中，掉入溶液中的工件应及时捞出并冲洗干净，以免产生过腐蚀现象。

9）符合氰化镀铜质量要求的工件，在出槽时应多停留一会儿，以便使复杂工件内腔带出的溶液流回溶液槽。

10）在正常生产情况下，氰化镀铜溶液温度较高，镀液变化较快，可借助阳极溶解情况来判断溶液的组成是否正常。表 5-6 为阳极状态和镀液组成的关系。

表 5-6 阳极状态与镀液组成的关系

阳 极 状 态	溶 液 组 成
暗红色	正常
阳极溶解过快	游离氰化物太高
阳极附近溶液发蓝	游离氰化物太低
阳极有灰色膜	碳酸盐过多
阳极有黑色膜	含铅杂质
阳极有绿色膜	游离氰化物太低

三、光亮硫酸盐镀铜

1. 镀前准备

铜镀层的化学稳定性较差，一般不单独用作装饰性镀层，只有在作为功能性镀层时才单独采用镀铜。光亮酸性镀铜一般是作为钢铁件多层电镀的过渡层，镀前处理除与普通氰化镀铜相同外，还需预镀一层铜，即打底铜，才能与基体形成良好的结合力，作为过渡层进行后续电镀。基本上不用变换装挂方式，所以要求工件装挂时不能太密，相互也不能遮挡。

光亮硫酸盐镀铜的阳极，必须是含磷的质量分数为 0.1% ~ 0.3% 的磷铜板或磷铜球，并采用阳极袋保护，以防铜阳极中的不溶性杂质落入镀液内而影响铜镀层的质量。

光亮硫酸盐镀铜的阳极与阴极面积之比一般为 1:1 ~ 2:1。在硫酸含量正常和无杂质干扰的情况下，阳极不会钝化，镀液中含铜量能基本保持平衡。

光亮硫酸盐镀铜溶液的搅拌是获得光亮铜镀层的必备条件。溶液的搅拌方式有：阴极移动、空气搅拌、连续过滤和以上几种方法的联合使用。对于细小薄片工件，最好采用阴极移动方式。在光亮硫酸盐镀铜的操作之前，应开启溶液的搅拌装置；检查溶液温度是否在工艺范围之内；打开光亮硫酸盐镀铜溶液的电源，观察电源是否正常操作时必须严格遵守"配制和使用酸液的安全操作规程"。

2. 光亮硫酸盐镀铜的操作

> 光亮硫酸盐镀铜的操作是重点，必须熟练掌握。

1）钢铁件在进行光亮硫酸盐镀铜之前，必须先预镀氰化铜。

2）工件进入光亮硫酸盐镀铜溶液时，必须带电入槽，以防氰化铜镀层在光亮硫酸盐镀铜溶液中溶解。

3）将被镀工件牢固地装挂在合适的挂具上，然后放在导电杠上，观察工件周围是否有气泡产生，若有则说明导电；否则，应该采取措施使其导电良好。

4）在光亮硫酸盐镀铜操作过程中，掉入溶液中的工件应及时捞出并冲洗干净，以免产生过腐蚀现象；若打捞不及时会造成溶液中铁杂质增加，影响镀层质量和电镀效果。

5）预镀镍后转入光亮硫酸盐镀铜，其操作方法详见本章第三节。需要指出的是，开始进入光亮镀槽时最好采用较大电流密度闪镀 1~2min，在工件的预镀镍层上迅速覆盖一层铜层，然后降至正常的电流密度继续电镀，这样有利于光亮铜层电镀。

6）符合光亮硫酸盐镀铜质量要求的工件，在出槽时应多停留一会儿，以便使复杂工件内腔带出的溶液流回溶液槽。

7）光亮硫酸盐镀铜后，一般还需继续镀镍时，最好是在光亮硫酸盐镀铜后增加去膜处理以保证镍镀层与铜镀层之间形成良好的结合力。

四、对铜镀层的质量要求

（1）外观要求　铜镀层颜色为紫色或玫瑰色。作为光亮硫酸盐铜镀层表面，应为镜面光亮的玫瑰红色，铜镀层细致、均匀。

（2）允许的缺陷　稍有不均匀的颜色；形状复杂工件的棱边镀层有轻微粗糙（用于装饰性多层电镀打底的铜镀层除外）；局部镀的工件交界面允许移动1mm。

（3）不允许的缺陷　树枝状、海绵状、条纹状镀层；黑点、斑点、脱落、气泡、烧焦和粗糙等缺陷；以及未洗净的盐类痕迹。

（4）防护功能性要求　表面作防变色处理后，不应有发花、发暗等现象。

五、不合格铜镀层的退除

不合格的铜镀层，必须经退镀后清洗、弱浸蚀等处理后，方可重新镀铜。钢铁件的退镀有化学法和电解法。

钢铁件不合格铜镀层的退镀操作：

1）采用化学法退镀时，将工件装入铁框或铁篮中，按工艺规范进行退镀。退镀过程中，要经常检查和翻动工件，以防工件过腐蚀。

2）采用电解退镀时，对于复杂工件，应安装合适的辅助阳极。挂具的非导电部位要绝缘保护。

3) 退净铜镀层后,应及时取出工件并用水清洗干净,可重新进行镀铜。

第四节 镀 镍

一、镍镀层的用途及镀镍工艺的分类

1. 镍镀层的用途

镍镀层在空气中很稳定,这主要是由于金属镍在空气中氧化后迅速生成一种极薄的钝化薄膜,能抵抗大气、碱和一些酸的腐蚀。镍镀层的孔隙率较高,只有镀层厚度超过 $25\mu m$ 时才是无孔的。因此薄镍层不能单独用来作防护性镀层,而常常是通过组合镀层,例如铜/镍/铬,或双层镍和多层镍,或铜/镍/金,或铜/镍/仿金,并覆收透明的有机层,从而获金色装饰层,或在光亮镍镀层上浸、喷仿金涂料,或经化学、电化学处理得到各种色调的转化膜层、多彩色调的金属镀层、涂层等。

镍镀层的硬度较高,可提高制品表面的耐磨性,所以经常用来修复被磨损、被腐蚀的零件和提高模具的耐磨性。

2. 镀镍工艺的分类

镀镍溶液的种类很多,按溶液的成分可分为硫酸盐型、氯化物型、氨基磺酸盐型、柠檬酸盐型、氟硼酸盐型等,其中以硫酸盐型(低氯化物)即称为 Watts(瓦特)镀镍液,工业上应有最为普遍;按镀层装饰性可分为普通镀液、半光亮镀液、光亮镀液、珍珠镍镀液等;按沉积速度可分为一般镀镍和快速镀镍;按用途可分为一般装饰镀镍、镀硬镍和低应力镀镍等。

二、普通镀镍(镀暗镍)

1. 镀前准备

(1)铜件的镀前准备

1)工件浸蚀时,要特别注意必须经过脱脂后才能浸蚀,以保持酸液不被油污所污染而影响浸蚀质量。

2）小型工件浸蚀装篮数量不能过多，以便于翻动。可根据选用的浸蚀液来选择篮子的材质。注意不能将水带入浸蚀液中，尤其是不能带入硝酸溶液中，否则由于硝酸中含有较多的水使反应速度加快，容易产生过腐蚀。

3）采用硝酸浸蚀时，由于硝酸是一种氧化性很强的强酸，运酸、倒酸时应使用专用工具，作好保护措施，严禁手工搬运、倒酸，以防出现安全事故。浸蚀时，由于产生大量窒息性氮氧化物气体，因此操作现场应具有良好的通风设施。

（2）钢铁件的镀前准备　钢铁件镀暗镍，大都是作为防护-装饰性多层电镀的中间层。作为预镀镍经预镀后可保证铜、铁基和随后的铜镀层结合力良好。镀前应检查溶液的温度、pH 值等是否在工艺范围之内。开启电源，起动搅拌装置，检查极杠、导电座的导电是否良好。镀镍操作时，必须严格遵守"配制和使用酸液的安全操作规程"。

2. 普通镀镍操作 普通镀镍的操作是重点，必须熟练掌握。

1）作为打底或过渡镀层镀镍件装挂时，应避免相互遮挡。

2）铜件浸蚀后，应立即进行电镀。若工件表面已钝化，镀镍前必须采用体积分数为20%的硫酸或1:1的盐酸溶液活化，除去钝化膜后才能电镀。

3）经过镀铜的工件镀镍时一定要带电入槽，防止产生双性电极现象，而影响镀层结合力。

4）预镀镍时，电流密度不宜过大，应控制在 $0.5A/dm^2$ 以内，电镀时间为 3～5min，这样可得到光滑细致的预镀层，有利于后续电镀。

5）滚镀镍时，工件装载量要适中，一般为滚桶体积的 1/3 左右。工件应适当搭配，以防止工件之间相互重叠、缠绕、穿串而影响镀层质量。

6）镀光亮铜后，应先去膜处理后再进入镀镍槽，以保证镍镀层和铜镀层之间有良好的结合力。除膜方法有酸性除膜法和碱性除膜法，可在车间工艺员的指导下配制除膜液。

7）镍阳极采用镍的质量分数大于 99% 的电解镍板或镍球、镍饼、镍冠等。阳极应用耐酸的阳极袋保护，以防镀层起刺。

8）阳极下端应高于工件 10~15cm，以避免下端工件电流过于集中而产生烧焦。

三、镀光亮镍

1. 镀前准备

由于光亮剂与镍同时共沉积而获得光亮镍镀层，因此镀层中含有光亮剂，光亮镍层电位降低，耐蚀性能降低，所以光亮镍层的耐蚀性能不如普通镀镍层。对于既要求装饰性，又要求耐蚀性的工件，常采用 Cu/暗 Ni/亮 Ni/Cr 的多层电镀。这时，工件镀亮镍之间必须先镀一层暗镍，即普通镀镍。暗镍层的厚度应为全部镍镀层的 2/3，这时的耐蚀效果最佳。电镀前应检查导电极杠、导电座的导电是否良好，然后开启电源和搅拌装置。工件装挂不能过密，不能相互遮挡，否则影响镀层亮度。

2. 光亮镀镍的操作

1）工件必须按光亮镀铜要求（见本章第三节）镀好光亮铜，并经去膜处理。

2）要求镀暗镍的工件，在光亮镀铜去膜后按普通镀镍操作（详见本节镀暗镍）。

3）镀暗镍后，不经清洗，可直接进入光亮镍槽。不需镀暗镍的，可在光亮镀铜后去膜直接镀光亮镍。

4）进入光亮镍槽时要带电入槽，其方法是将挂具挂钩用导电线与阴极连接，再放下挂具。

自动生产线或滚镀生产线的操作方法是：将电源导线接在导电杆上，或用导线将阴极导电座与导电杆连接。

5）镀光亮镍的电流密度和电镀时间应根据溶液温度和成分而定，一般溶液温度在 50~55℃，电流密度为 1~3A/dm^2 时，电镀时间为 5~10min。

6）镀光亮镍时，镀液的 pH 值对镀层质量影响较大，需要控制 pH 值为 4~4.5。电镀一段时间后，一般 pH 值会升高，需用稀硫酸调整 pH 值至正常值。

7）出槽时，应先断电后出槽。

8）工件出槽后应在镀槽上停留10s左右，以减少溶液的带出。

四、对镍镀层的质量要求

（1）外观要求　镍镀层颜色为稍带淡黄的银白色，镀层应细致均匀，厚度符合图样和工艺要求。

（2）允许的缺陷　颜色可稍微不均匀，即同一工件上有稍微不均匀的光泽。

（3）不允许的缺陷　树枝状、海绵状、条纹状镀层；粗糙、烧黑、气泡和起皮；灰色、褐色、绿色和黑色斑点；以及未洗净的盐类痕迹。

（4）光亮镍镀层的质量要求　应达到镜面光亮，而且主要工作表面亮度要尽可能均匀一致，非工作表面允许亮度稍差。

五、不合格镍镀层的退除

> 不合格镍镀层退除的操作是重点，必须熟练掌握。

不合格的镍镀层必须在退镀后重新电镀，如有铬镀层，一般先用盐酸退除铬镀层，表面退除镍镀层的方法有化学法和电解法。根据工件基体的材质，选择不同的方法。

不合格镀层的退镀操作：

1）穿好防护服和防护靴，戴好手套和防眼镜，选择通风良好的环境进行操作。

2）检查退镀液的温度是否在工艺范围之内。

3）退镀过程中，要不断翻动工件，以防工件过腐蚀。

4）不合格镀层退净后要及时取出工件并用水清洗干净准备重新进行电镀。

第五节　镀　铬

一、铬镀层的用途及镀铬工艺的分类

镀铬是重要的镀种之一，应用十分广泛，一般用作防护-装饰性

组合镀层的外表和功能镀层,自 20 世纪 20 年代发明了六价铬工艺以来一直沿用至今,并得到普遍应用。

适当改变镀铬电解液的操作条件,可以得到不同功能的铬镀层,按镀层的性质及使用目的,铬镀层可分为:光亮铬镀层、硬铬镀层、乳白铬镀层、松孔铬镀层、黑铬镀层。近年来,随着清洁生产法的实施,又开发出了三价铬工艺并已得到应用。

光亮铬主要用于装饰外表的作用,20 世纪 90 年代开发的光亮微孔铬镀层和微裂纹铬镀层,可以进一步提高防护-装饰性组合镀层的防护性能,利用光亮铬的反光能力,可用于反光镜的生产。

硬铬镀层也叫耐磨铬镀层,常用作提高工件的硬度和工件抗磨损能力,另外有些被磨损的工件也可用镀硬铬方法来修复。

二、镀装饰铬

1. 镀前准备

1)镀装饰铬的钢铁件,镀铬前需经镀氰化铜、光亮铜和光亮镍等操作。

2)对于铜锡合金抛光镀铬工件,镀铬前经预处理可直接镀铜锡合金,出槽后经烘干,然后用软布轮及白色或绿色抛光膏,抛光镀层至镜面光亮,再用棉纱擦净后,进行电解脱脂、硫酸活化后镀铬。电镀铜锡合金的耐蚀性和装饰都较好,但抛光劳动强度大,现在大都采用光亮镀铜或镍代替。

3)镀铬采用不溶性的铅和铅合金作为阳极,这是镀铬过程的特殊性决定的,其阳极与阴极面积比为 2:1 或 3:2。

4)铬酐是一种强腐蚀剂,对人体健康影响很大。所以操作前,现场应先通风 5~10min,以保持工作场地空气清洁度。操作人员必须穿好防护服,戴好防毒面具。

5)检查溶液的温度是否在正常工作范围,铬雾抑制剂或塑料球是否封住了液面。

6)检查导电极杠是否导电良好,阳极导电是否良好。

2. 镀装饰铬的操作

1)镀装饰铬多在光亮镍层上进行,而镍在空气中易钝化,在钝化镍层上镀铬，其结合力很差，甚至镀不上铬层，所以工件镀镍后不能马上清洗，而在镀铬前进行清洗。如果停留时间过长，必须经体积分数为5%~10%的稀硫酸活化。

2）镀装饰铬时，装挂工件应紧密、牢固且不能相互遮挡，以适应大电流通过（镀铬时阴极电流密度为25~30A/dm²）来保证电镀效果。

3）工件入槽时，最好采用大电流密度（高于正常电流密度1倍左右）冲击镀30~60s，然后再恢复正常电流密度施镀。

4）工件出槽时，要切断电源。工件出槽后，应在镀槽上方停留不少于1min，以减少溶液的带出损失。

5）镀铬清洗必须先进行二次回收顺序一级一级进行，不可间跳清洗。

6）镀铬清洗以后，为进一步清除未洗干净的铬酐，尤其是形状复杂的工件更难清洗干净，应先将工件放在稀碱（5g/L 氢氧化钠）溶液中浸洗，然后再清洗干净，并用热水烫后烘干。

三、镀硬铬

1. 镀前准备

镀硬铬工件一般是机械零件和模具等，材质多为钢铁，镀前机械加工较为精细，表面有较多的油污。对于这类工件，应用擦拭脱脂，再用铅条将不需镀铬的孔塞住，堵孔时切忌损坏工件表面。用润湿法检查脱脂是否干净，再用小颗粒的金刚砂或砂纸手工轻轻打磨工件表面，除尽污垢。将不需要电镀部位采用绝缘胶或塑料布包扎，而电镀部位不能有任何绝缘层。安装好辅助阳极和保护阴极，在稀硫酸中活化后即可电镀。

2. 镀硬铬的操作

1）镀铬溶液的特点，决定了镀铬使用的阳极为不溶性阳极，使用后的阳极表面易生成一层黄色铬酸铅沉淀，导电效果差。因此，阳极应经常取出来，用铁丝刷清洗掉沉淀的铬酸铅，也可将阳极浸在体积分数为5%的盐酸溶液或体积分数为10%的氢氧化钠溶液中处理，然后用铁丝刷刷洗干净。阳极与阴极的面积比2:1或3:2。施镀时，挂四面阳极，可防止镀层产生椭圆度。长短阳极联合使用，可防止镀层产生锥度。

2）挂具一定要与工件紧密联接，绝不允许有松动，否则导电不良，影响电镀质量。挂具的导电部分应有足够的截面积，以防发热。挂具与工件联接部位应为非电镀部位。挂具和工件的非电镀部位应绝缘，以免分散电镀部位的电流，影响电镀质量。

3）镀内孔的辅助阳极的装挂应与工件同心，周边距离阳极的间隙应相等。对于内孔和外圆都要求镀铬时，除装挂辅助阳极外，还应按要求挂一般阳极。辅助阳极又称为象形阳极，如图5-2所示。

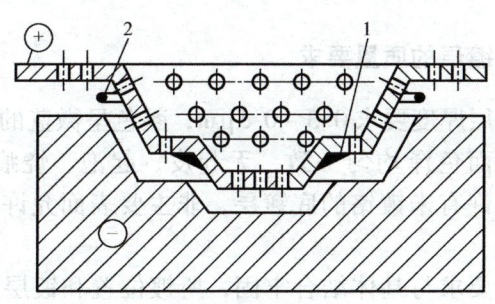

图5-2　镀硬铬的象形阳极

1—金属丝屏蔽　2—塑料绝缘

4）保护阴极的使用，主要是为防止工件尖角、突出棱边处镀层烧焦或粗糙造成返修而设置的，如图5-3所示。

5）工件经脱脂、活化后，便可进入镀槽，通电前应先进行预热，预热时间视工件大小决定，一般为1~3min。随后进行阳极处理，即将电源开关拨向阳极电解，电流密度为$5 \sim 10 A/dm^2$，时间为30~120s。然后进行阴极活化处理，即在1~5min内，由小的电流密度开始分阶段上升到正常的电流密度。对于不锈钢及高合金钢材质的工件，阴

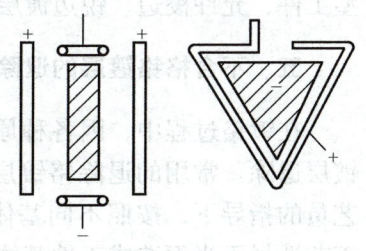

图5-3　镀铬的保护阴极

极活化处理需要 10~15min。不同材质工件镀硬铬操作方法有所不同。铸铁件镀硬铬，入槽后需要采用冲击电流镀 2min 后再恢复到正常电流。合金钢件镀硬铬，入槽后先进行阳极处理，然后转为阴极处理，先采用小电流密度使工件活化，再逐步升高至正常电流密度范围，时间为 5~10min，这种方法称为"阶梯式给电"。当镀铬过程间歇时间不长时，如中途断电时间不长，采用"阶梯式给电"可使表面活化，不影响镀层结合力。若间歇时间过长时，可先进行阳极处理，然后转入"阶梯式给电"，可将表面氧化膜全部除去，再转入正常电流密度电镀。若间歇时间过长时，必须退掉铬镀层后方可重新电镀。

四、对铬镀层的质量要求

装饰铬镀层厚度要求 0.3~0.5μm，颜色呈微蓝的银白色，光滑细密，整个表面色泽均匀一致，无起皮、起泡、烧痕和发灰现象，镀层表面不允许有未镀铬的底镀层，非主要表面允许有轻度挂具痕迹。

硬铬镀层要求与基体结合牢固，所镀位置和镀层厚度应符合图样要求。镀层厚度较均匀。对于镀后还需加工的工件，允许轻度起刺、针孔等经过加工能去除的缺陷。镀层颜色为光亮稍带蓝的银白色至亮灰色，不允许出现严重的椭圆度和锥度。对于复杂工件和大型工件，允许棱边、锐边镀层有轻微粗糙，但应不影响装配质量。

五、不合格铬镀层的退除

在镀铬过程中，因各种原因造成镀层不合格时，应将不合格铬镀层退除。常用的退除铬镀层方法有化学法和电解法。应在车间工艺员的指导下，按照不同基体材料，选用不同的退除方法，以免因工艺选择不当而造成工件基体过腐蚀。

不合格铬镀层的退除操作：

1) 选择通风良好的环境下进行退镀操作。

2) 检查溶液的温度是否在工艺范围之内。电解退镀时的电流密度选择是否符合工艺范围。

3）退除时，要随时观察工件上的铬镀层是否退净，以免造成过腐蚀。

4）退除后立即取出工件，防止基体失光，清洗后可重新电镀。

第六节 镀 锡

一、锡镀层的用途及镀锡工艺的分类

锡镀层具有抗腐蚀、耐变色、无毒、易钎焊、柔软和延展性好等优点，在国民经济和工业生产中得到了广泛应用，例如食品容器的保护层、电子元器件的引线、轴承的密合和减磨、活塞环与气缸壁之间的防滞死等。

从溶液的酸碱性，可分为碱性镀锡和酸性镀锡。酸性镀锡中又有硫酸盐镀锡、氟硼酸盐镀锡、卤化物镀锡、磺酸盐镀锡等。

二、硫酸亚锡光亮镀锡的镀前准备

1）对于钢铁基体、黄铜基体镀锡后需要焊接时，在电解脱脂、活化后，先镀 $3\mu m$ 的铜镀层打底，然后经稀硫酸（体积分数为5%）活化再镀锡。

2）铜和铜合金经电解脱脂、活化后，便可镀锡。

3）打开电源与摆动装置，检查导电极杠与导电座的导电是否良好，溶液温度是否在工艺范围之内。

4）阳极采用纯度为99.9%以上的高纯锡阳极，阴、阳极面积比为1:1为好。

5）工件装挂时，不能相互遮挡、屏敝；否则镀层有光亮度不一致的阴阳面。

三、硫酸亚锡光亮镀锡的操作

> 镀锡的操作是重点，必须熟练掌握。

1）经镀前预处理后的工件，经稀硫酸（体积分数为5%）活化后可直接进入镀锡槽。

2）工件入槽时，一定要带电入槽。

3) 挂镀时电流密度一般取 1~4A/dm²；滚镀时电流密度取 0.5~3A/dm²。

4) 工件出槽时，挂具应在镀槽上方停留 1min 左右，待工件表面残留溶液滴净后再移开。

5) 工件出槽清洗后，需经体积分数为 3%~5%、温度为 60℃ 的磷酸三钠溶液浸泡 1~2min 后，再用热水烫干，以减少水迹，保证镀层光亮度。

四、对光亮锡镀层的质量要求

镀层呈银白色，光亮均匀细致，结合力良好，镀层厚度应符合图样的要求，镀层不允许有起皮、起泡、脱落、粗糙、花斑、发暗等缺陷，镀层允许有轻微的水迹和挂具印。

五、不合格锡镀层的退除

不合格锡镀层的退除，一般是采用化学方法退除。需要退除时，请在车间工艺员的指导下，根据不同基体材质，选用不同配方的溶液进行退除，以免因工艺选择不当造成基体表面过腐蚀。操作时，要在良好的通风条件下进行操作。退除时，要随时观察工件表面的锡镀层是否退净，以免伤害基体表面。退净后应立即取出工件，清洗后重新进行镀锡。

第七节 镀　　银

一、银镀层的用途及镀银工艺的分类

1. 银镀层的用途

早在 100 多年前，镀银就已经应用于装饰美术工艺中，是最古老的镀种之一。随着科学技术的发展，镀银目的转向以功能为主，广泛用于各种加工制造业中。

银是银白色的金属，其密度为 $10.5 \mathrm{g/cm^3}$，相对原子质量为 107.9，熔点为 960℃，电化摩尔质量为 $4.026 \mathrm{g/(A \cdot h)}$。银的可塑

性非常好,而且很容易抛光,又具有良好的导热性,是金属材料中导电性能最好的,其焊接性能也很好。

银具有较高的化学稳定性,在水和大气中不起氧化作用。但在含硫化物的环境中,银的表面会生成褐色或黑色的硫化银,失去反光能力,影响导电及焊接性能。银能溶于硝酸。

银的标准电位为 0.0799V。银常用于电子、电器、航空、仪表、仪器等工业产品中。银镀层是阴极性镀层,在反射器生产中则充分利用了银的反光能力。

银具有银白色美丽的光泽,被用于装饰性镀银,例如各种工艺品、乐器、家庭用具和餐具等。

在镀银工艺中,光亮镀银、镀硬银、光亮镀硬银、镀厚银发展比较迅速,应用广泛。

2. 镀银工艺分类

镀银工艺类型可以分为两类:一是氰化镀银,二是无氰镀银。氰化镀银是电镀银中最古老的一种,氰化镀银溶液很稳定,分散能力和深度能力都很好,银镀层结晶细致、均匀,在电镀行业中应用比较广泛。但是该工艺成分含有剧毒的氰化钾,对工作环境要求有良好的通风设备,而且排出的废水也有毒,需要进行治理并达到国家排放要求时方可排放,以免造成环境污染。

无氰镀银是近年来研究发展的新工艺,它消除了氰化物的危害,在现在电镀中已经开始使用,并获得了一定的成果。由于工艺尚不成熟,对生产过程中出现的问题需要进一步改进和提高。

(1)氰化镀银 银在简单溶液中所沉积出的银镀层结晶比较粗大,而在络合物溶液中,则可以获得较细致的银镀层。因此,银镀层均是从络合物溶液中获得的。氰化镀银工艺规范见表 5-7。

溶液中各组分的作用及工作条件分析:

> 了解氰化镀银溶液中各成分的作用。

1)氯化银是镀银溶液中的主盐,氯化银与氰化钾络合成银氰化钾,银盐含量的多少,主导着溶液的导电性、阴极极化、分散能力和沉积速度。银盐若是偏高或偏低,对溶液都不好;若是过高或过低，会导致镀层粗糙、色泽差和容易变色。

表 5-7 氰化镀银工艺规范

镀液成分及工作条件/（g/L）	配方一	配方二	配方三
氯化银（AgCl）	—	30～40	35～40
硝酸银（$AgNO_3$）	70～90	—	—
氰化钾（KCN）	100～125	45～80	65～80
游离氰化钾（KCN）	45～75	30～55	35～45
硝酸钾（KNO_3）	70～90	—	—
混合光亮剂	5～10	—	—
碳酸钾（K_2CO_3）	—	18～50	—
氨水（$NH_3 \cdot H_2O$）	—	0.5	—
温度/℃	10～43	10～35	10～35
电流密度/（A/dm^2）	1～3.6	0.3～0.8	0.1～0.5
阳极	质量分数不少于99.95%的电极银板		

2）氰化钾是络合性极强的络合剂。氰化钾（总）与银盐络合生成银氰络离子，它在阴极上还原形成银镀层。在溶液中还存在着一定量的游离氰化钾，游离氰化钾能够保证溶液中银离子的稳定性，能提高溶液的导电性，使阳极正常溶解，故在氰化镀银溶液中存在游离氰化钾是非常重要的。

3）碳酸钾是导电盐，其导电性非常好。在正常情况下，碳酸钾不应加得过多。因为溶液中的氰化钾在与空气作用下也能生成碳酸钾，碳酸钾控制在工艺范围内即可。

4）添加剂在氰化镀银溶液中起着加强阴极极化的作用，添加量要严格控制，否则银镀层会变脆。

5）适当提高溶液温度，阴极电流密度可以增大，可使镀银的沉积速度加快；但温度过高，溶液挥发过快，碳酸盐积累过多，而且会排出大量有毒气体。因此，氰化镀银溶液的温度以室温最好。

6）选择电流密度，应视溶液中银的含量、游离氰化钾的含量及添加剂的性质来确定。如果单纯提高电流密度，不适当降低氰化钾的游离量，或含银量过高，都会产生尖角效应，使两端的工件因此会被烧焦。

7）在一般情况下，镀银所使用的阳极纯度为99.95%（质量分数）银板。如果使用不纯的银板作阳极，会产生一些杂质，直接影响溶液的稳定性。要严格控制阴极和阳极的比例，否则阳极板会钝化，阴、阳极面积比例在1∶1为宜。阳极钝化表现为：即使在使用纯度很高的银板作阳极时，也会造成极板变色。这是由于阴、阳极面积比例失恒、电流密度过大造成的。解决方法是增加阳极面积、降低电流或减少阴极上的工件。为了有效地控制银的含量，如果长时间停槽时，应从液槽中取出阳极。

（2）硫代硫酸盐镀银　镀液呈酸性，成分比较简单，成本较低，配制溶液比较方便，分散能力也很好，允许电流密度较小，镀层的结合力好。但由于含有少量的硫，容易使银变色，再加上添加剂的作用镀层较脆。

硫代硫酸盐镀银工艺规范见表5-8。

表5-8　硫代硫酸盐镀银工艺规范

镀液成分及工作条件/（g/L）	配方一	配方二
硫代硫酸钠	250	350~360
偏重亚硫酸钾	40~50	50~55
硝酸银	40~50	45~55
添加剂/（mL/L）	8~12	1~2（滴/升）
附加剂	0.3~0.5	—
pH	5~6	6.5~7
阴极电流密度/（A/dm^2）	0.2~0.3	0.2~0.6

溶液中各组分的作用及工作条件分析：

1）硝酸银是提供银离子的主盐。

2）硫代硫酸钠是络合剂，其含量在240g/L时，对加强溶液稳定性有较大的作用。

3）偏重亚硫酸钾主要作用是稳定硫代硫酸钠盐，阻止其分解成二氧化硫和硫。

4）使用添加剂，能够得到光亮的镀层，省去因化学出光而损失银镀层。由于它能增强阴极极化和提高溶液的分散能力，故可在允许的范围内提高阴极电流密度。这种添加剂实际上是含氮的有机化合物与含有环氧基团的化合物的缩合物。

5）辅加剂能够防止阳极钝化，使阳极板正常溶解。

6）溶液的pH值比较稳定，pH值升高时，银离子在溶液中很容易被氧化变成胶态银的高价氧化物，对溶液稳定有较大的影响；pH值过低时，硫代硫酸钠就会分解，生成二氧化硫和硫，会使溶液不稳定。因此pH值最好控制在5~6的范围内。

7）硫代硫酸盐镀银，可根据不同要求适当升高温度，并以搅拌为辅助手段，可获得较厚的银镀层；如果温度过高，银镀层光亮度会下降。

8）在一定的温度条件下，提高阴极电流密度，能增大阴极极化，提高溶液的分散能力。

（3）磺基水杨酸镀银　镀液呈碱性，成分简单，配制比较方便，深度能力也较理想，银镀层结晶细致，具有良好的焊接性、抗硫性、耐蚀性，而且结合力好，无脆性。但溶液中的氨易挥发，pH值变化大，遇氯化物时溶液容易变浑浊。磺基水杨酸镀银工艺规范见表5-9。

表 5-9　磺基水杨酸镀银工艺规范

溶液成分及工作条件	含量/（g/L）
硝酸银（$AgNO_3$）	20~40
磺基水杨酸	100~140
氢氧化钾（KOH）	8~13
总氨量（醋酸铵：氨水 = 1:1）	20~30
温度	室温
阴极电流密度	0.2~0.4A/dm^2
阴、阳极面积比	2:1

无氰镀银工艺很多，除上述几种外，还有亚硫酸盐镀银、吡啉酸镀银、焦磷酸盐镀银、碘化钾镀银等，但在电镀生产中工艺都不够完善，还需要进一步改进。现在已经在生产中应用较广的无氰镀银有：硫代硫酸盐镀银、磺基水杨酸镀银和焦磷酸盐镀银等。

二、镀前准备

按照图样及工艺要求，对工件进行检查，应符合图样上的各项工艺要求，并应有上道工序检验合格的证明，而且工件表面应无油漆、金属屑、毛刺等缺陷。根据不同材料的工件，选择适合该工件的工艺。

工件在用专用挂具或用铜丝绑挂过程中，要使工件的低凹处和不通孔朝上，以避免压空气使镀层形成气袋。在用铜丝绑工件时要选择在工件合适的位置，做到挂具印越小越好。选择专用挂具时，在电镀前需要将挂具上的银镀层退除，使触点和工件结合良好，以保证电镀质量。

起动镀银生产线的溶液加热装置、阴极摆动装置和镀铜、镀镍、镀银的电源，确定设备运转正常。检查与电源相连的电极、极杠是否能够正常连续给电，有氧化层的电极应用砂纸打磨干净。现在镀银基本上以氰化物镀银为主，所以电镀前应起动抽风设备15min后再进行电镀操作。操作者在电镀过程中，应严格遵守"电镀安全操作规程"，以防中毒等事故发生。

三、光亮镀银的操作

在氰化镀银溶液中加入适量的光亮剂，可以获得光亮或半光亮的银镀层。在溶液中光亮剂的主要作用是增大阴极极化，使镀覆在工件表面的银镀层光亮细致。现在应用比较广的光亮剂有：二硫化碳及其衍生物、无机硫化物、有机硫化物、硒和碲的化合物。

> 熟练掌握镀银前的预处理方法。

镀银工件一般多是铜及其合金，钢铁件镀银较少。如果钢铁件需要镀银，一般都要先镀上一层铜，由于铜的电位较负，工件在进入镀银溶液时会发生置换反应,使银镀层比较疏松,结合力变差。因此,镀银除了进行和其他镀种一样的脱脂、除锈等前处理外,还需要进行特殊的前处理。其处理方法有汞齐化、浸银或预镀银。其目的是提高银镀层的结合力,防止铜、铁离子污染镀银溶液,镀前处理是镀银工艺的重要特点。

1. 汞齐化

将铜、铜合金或经过预镀铜的工件,浸入含有汞盐及络合剂的溶液中,使工件表面状态发生变化,称为汞齐化。

由于铜的电位较负,铜可以置换出金属汞而形成汞齐化层。有汞齐化层可以防止在镀银溶液中发生置换银镀层,从而可提高镀层的结合力。常用的汞齐化溶液成分及工作条件见表5-10。

表5-10 汞齐化溶液成分及工作条件

溶液成分及工作条件/(g/L)	配方一	配方二	配方三
氧化汞（HgO）	5~10	—	—
氯化汞（HgCl）	—	6~7	—
氰化汞［$Hg(CN)_2$］	—	—	5~10
氰化钾（KCN）	50~100	—	10~20
氯化铵（NH_4Cl）	—	8~10	—
温度/℃	室温	室温	室温
时间/s	3~5	3~5	3~5

汞齐化处理时间不能过长,处理后要仔细清洗工件,避免污染溶液。另外汞的毒性很大,在生产中要注意安全。

2. 浸银

由于汞的毒性较大,在镀银过程中也可以用浸银代替汞齐化。浸银就是把工件先浸入含低浓度的银盐和高浓度的络合剂溶液中,使工件表面上沉积一层致密而且结合力好的银层,然后再进行镀银,就不会产生疏松的置换银镀层了。浸银工艺规范见表5-11。

表 5-11 浸银工艺规范

溶液成分及工作条件/（g/L）	配方一	配方二
硝酸银（AgNO$_3$）	15～20	6～10
硫脲[(NH$_2$)$_2$CS]	200～220	—
吡啶酸	—	60～100
丁二酸	—	20～40
匀染剂 102	—	0.05～0.1
pH 值	4	6.7～7
温度/℃	15～30	室温
时间/min	1～2	1～2

3. 预镀银

在镀银之前，在工件表面镀上一层薄且结合力好的银镀层，称为预镀银。采用预镀银的目的，主要是防止工件进入镀银溶液时发生置换反应，造成银镀层结合力不好。预镀银一般采用较高的络合剂、相对较低的金属盐溶液，操作时必须带电下槽，并要用大电流冲击，使工件表面迅速生成一层致密的银镀层，可大大提高工件银镀层的结合力。预镀银工艺规范见表 5-12。

表 5-12 预镀银工艺规范

溶液成分及工作条件/（g/L）	配方一	配方二
氰化银（AgCN）	1～2	—
硝酸银（AgNO$_3$）	—	12～15
氰化钾（KCN）	60～150	60～70
温度/℃	室温	室温
阴极电流密度/（A/dm^2）	2～3	0.2～0.4
时间/s	5～10	5～10

4. 光亮镀银的操作方法

掌握光亮镀银的方法

光亮镀银的工艺流程：→有机溶剂脱脂→上挂具→超声波脱脂→热水清洗→流动冷水清洗→电解脱脂→热水清洗→浸蚀→冷水清洗→中和→流动冷水清洗→氰化镀铜→回收槽清洗→流动冷水清洗→镀光亮铜→冷水清洗→镀光亮镍→流动冷水清洗→活化→流动冷水清洗→预镀银→镀光亮银→回收槽清洗→流动冷水清洗→化学钝化或电解钝化→回收槽清洗→冷水清洗→热水清洗→干燥→银镀层防变色处理→检验→包装。

1）工件装挂必须牢靠并应导电良好，装挂不宜太密，更不能互相遮挡。如果工件有遮挡，会降低工件遮挡部位的镀层光亮度，影响工件的装饰效果。

2）工件在入镀槽之前，应确定工件表面的油污、锈蚀、抛光膏等已经处理干净。

3）预镀银是镀银操作中的一个重要环节，目的是获得一层薄而且致密结合力好的银镀层，以阻止工件表面生成结合力差且有疏松的置换银镀层。预镀银时要带电入槽，并用2倍的大电流冲击电镀，以使工件表面得到一层均匀的银镀层，然后再将电流调整到工艺规定的范围。其操作方法可参照预镀银工艺规范进行。

4）预镀银后不用经过水洗，可直接镀光亮银。镀银时应带电入槽，工件入槽后，将电流调整到工件电镀时所需的电流总量。在镀银过程中，要经常观察工件变化，核对电流值大小，及时增减电流，保证镀银正常进行。还要及时调整由于溶液搅拌而引起的挂具和工件移动，防止工件不导电或工件互相遮挡现象的发生，保证每个工件各部位镀层亮度一致。其具体的工艺可参照"光亮镀银工艺规范"进行。

5）工件入槽和出槽时，应严格遵守工艺规程，各工序要紧密衔接，不允许工件在上下两道工序之间停留时间过长而影响电镀质量。出槽时，要将工件内腔及表面的溶液滴净，以减少溶液的带出量。检查工件是否满足工艺要求，镀层是否均匀一致，有无掉落工件。如有掉落的工件应及时打捞，避免污染溶液。

6）将电镀后的工件放入电解钝化液中进行钝化处理，经过电解钝化后的镀银工件可提高抗变色能力，但为了进一步提高工件的抗变色能力，还可以涂有机溶剂保护膜。

注意事项：根据工件表面不同油污情况，选用不同的脱脂溶液；根据工件材料不同选择不同的浸蚀工艺，严格控制酸的成分和浓度，避免工件造成过腐蚀；纯铜及 H62 黄铜、H59 黄铜材质的工件可以省去镀铜，直接进入镀银工序，但必须带电入槽，入槽时要用 1~2 倍的大电流冲击，防止发生置换反应。钢铁工件必须进行镀铜、汞齐化或预镀银后，方可进行镀银；预镀银的工件在镀银时必须带电入槽，避免发生置换银镀层；在镀银过程中，要经常移动工件，防止工件压空气，同时注意观察工件在镀液中的变化，及时调整电流，避免工件因为电流过大或过小，使镀层烧焦或无镀层；由于银在含硫的空气中容易变色，镀银后的工件需要进行防变色处理，并将工件放入干燥器中储存。

四、对银镀层的质量要求

（1）外观要求　银镀层正常的外观应是银白色，经钝化处理后稍带浅黄色调的银白色，结晶细致平滑，结合力好。

（2）允许缺陷　有轻微的水迹和夹具印；锡焊件或银焊件在焊接处有少许发黄、灰暗；由于材质的不同和表面状况的差异，同一工件允许稍有不均匀的颜色和光泽；孔深大于直径的孔、不通孔允许无镀层。

（3）不允许缺陷　镀件表面粗糙、斑点、起泡、脱落和明显条纹；局部无镀层（通孔深处及工艺文件规定的除外）。

五、不合格银镀层的退除

不合格银镀层根据工件材料的不同，选择适合的退镀工艺。

（1）化学法退除银镀层　此工艺适用于铜及铜合金工件退除不合格的银镀层，溶液中严禁带入水，工件在退除银镀层前一定要彻底干燥，以防止溶液腐蚀基体。化学法退除银镀层工艺规范见表5-13。

表 5-13　化学法退除银镀层工艺规范

溶液成分及工作条件	含　　量
硫酸（H_2SO_4）	300mL/L
硝酸（HNO_3）	150mL/L
温度/℃	50～80
时间/min	退净为止

注意：在化学法退除银镀层时，溶液中严禁有水，退除银镀层的工件要干燥后再放入溶液中退除，否则会造成工件过腐蚀，甚至造成工件报废。

（2）电解法退除银镀层　其工艺规范见表 5-14。

表 5-14　电解法退除银镀层工艺规范

溶液成分及工作条件	配　方　一	配　方　二
硫酸（H_2SO_4）	100%（体积分数）	—
硝酸钠（$NaNO_3$）/（g/L）	30	1～2
铬酐（CrO_3）/（g/L）	—	100～150
温度/℃	20～50	18～25
阴极电流密度/（A/dm^2）	5～10	5～10
时间	退尽为止	退尽为止
阴极	铅板	不锈钢板

注意：在电解法退除银镀层时要轻轻移动工件，可加快退镀的速度。

（3）铝及其合金银镀层的退除　铝及铝合金的不合格银镀层的退除工艺规范见表 5-15。

表 5-15　铝及铝合金的不合格银镀层退除工艺规范

溶液成分及工作条件	含　　量
硝酸（HNO_3）	50%（体积分数）
水	50%（体积分数）
温度	室温
时间	退尽为止

注意：在退除银镀层的过程中，要经常查看工件，防止工件过腐蚀。

第八节　合　金　电　镀

一、合金镀层的用途及合金电镀工艺的分类

随着现代工业的生产和科学技术的发展，人们对金属的表面性能提出了种种新的要求，而仅靠有限的十多种单一金属镀层就远远满足不了需要，电镀合金不但能解决电镀单金属所不能解决的各种问题，而且电镀合金从理论上可以认为是无限的，这对于解决镀层的耐腐蚀性能、较高的硬度、更美丽的外观和较高的耐磨性与耐高温性能，以及优良的弹性、较好的钎焊性、导电性、磁性等方面问题有很大的作用，因而它为电镀工业的发展开辟了一条宽阔的道路。

合金电镀通常按合金中含量最高的元素来分类，因此可将合金电镀分为：铜基合金、银基合金、锌基合金、锡基合金、镍基合金电镀等。在生产上有实用价值的主要是二元合金电镀，其次是三元合金电镀，四元以上的合金电镀难以获得恒定组成的镀层。

二、仿金电镀

仿金层色泽美观、庄重高雅是深得群众喜爱的珍贵装饰镀层。现代仿金镀层是以三元合金为主，分为无氰镀液和有氰镀液两类。随着清洁生产促进法的实施，无氰镀液得到更广泛的推广。

1. 仿金电镀前准备

仿金镀层可在光亮铜层或光亮镍层上施镀，因此工件在镀仿金

之前，必须具有合格的光亮铜层或光亮镍层，而且镀层的光亮度要求均匀一致，否则将影响仿金色的逼真效果。

2. 仿金电镀的操作

1）镀仿金之前，必须获得合格的光亮铜层或光亮镍层。

2）镀仿金电流密度一般不大于 $0.5A/dm^2$。

3）镀仿金电镀时间不能太长，一般为 60~180s，镀层厚度小于 $2\mu m$。电镀时间过长，镀层亮度减弱，甚至会出现失光现象。

4）镀液 pH 值对镀层色泽影响很大。在生产中，可通过调节 pH 值来控制镀层的色泽，使镀层逼真于金色。pH 值过低，色泽偏红；pH 值过高，色泽偏白。

5）后处理仿金镀层对空气和水中的杂质十分敏感，容易变色和泛点，因此必须进行钝化、涂膜等后处理，以提高"仿金"镀层的耐蚀性和抗变色能力。钝化以化学方法为主，请在车间工艺员的指导下配制钝化溶液，工件在钝化溶液中浸 30~60s，清洗后，直接浸水溶性漆或烘干后浸清漆等。

3. 仿金层的质量要求

镀层色泽均匀，逼近金色，镀层结合牢固，不发花、无起泡、无起刺、无烧焦及海绵状沉积。

4. 不合格镀层的退除

对于不合格的镀层，必须经退镀后再重新电镀。退镀方法一般是使用化学方法，其溶液为铬酐 150~250g/L，硫酸 5~10g/L，退净为止。镀层退除后的工件必须经活化后方可重新镀仿金，否则镀层发花。

三、锡铅合金电镀

随着电子工业的发展，对电子元器件的可焊性提出了越来越高的要求，可焊性已成为衡量电子元件好坏的一个重要指标，锡铅合金电镀层可以较好地解决电子元件的可焊性。锡铅合金电镀溶液，有传统的氟硼体系溶液和非氟的柠檬酸盐、甲磺酸盐型和氨磺酸盐型等。

1. 镀前准备

对于一般电子元器件的铜引线，经电解脱脂、活化后便可以镀锡铅合金。而对于钢铁基体，必须在镀锡铅合金之前镀铜或镀镍打底，才能获得良好的结合力和光亮均匀的锡铅合金镀层。

2. 锡铅合金的电镀操作

1）镀锡铅合金之前，必须获得合格的铜底层。

2）挂镀时，工件装挂要牢固，不能相互遮挡，以免形成阴阳面，工件入槽时必须带电入槽。

3）挂镀时要配备阴极移动，使电流密度满足工艺范围，才能避免低电流密度区发雾不亮的现象。但是电流密度也不能过高，过高会引起镀层中含锡量的升高。

4）严格控制溶液的温度范围，温度过高会引起镀层中含锡量的升高。

5）严格按照镀后的清洗工艺操作，不能跳槽清洗，以免影响工件的可焊性。

6）钝化处理时，对于小型工件要不断地抖动，以免互相叠压，造成钝化膜变色、发花甚至不能生成钝化膜等现象。

7）热水清洗后要迅速甩干、烘干，以免工件留有水印和发花。

3. 锡铅合金镀层的质量要求

1）镀层厚度、种类应符合设计图样要求。

2）镀层外观呈银白色，光亮均匀细致，结合力良好。

3）镀层不应有起泡、针孔、粗糙、烧焦、裂纹、漏镀、污斑、变色等现象。

4. 不合格镀层的退除

不合格镀层通常采用化学法或电解法退除，请在车间工艺员的指导下根据不同材质的基体选择不同的方法，特别需要注意的是对于电子元器件上的塑封基体退镀后不能变色。

1）选择在良好的通风环境下进行退除操作。

2）退除时应随时观察工件的镀层是否退净。

3）退净后应及时清洗、活化后再重新电镀。

第九节 塑料电镀

一、塑料电镀的用途

随着科学技术和工业生产的不断发展,各种工程塑料的应用越来越广,特别是在航空、航天、汽车、通信设备和轻工产品等方面的应用越来越多,使用工程塑料可以大量节省有色金属和机械加工工时,降低产品成本,提高劳动生产率,同时还减轻了产品的重量。但是各种工程塑料存在着:不导电、不导热、不耐磨、易变形、不耐污染以及外观不美等缺陷,而通过电镀技术可以使各种工程塑料镀覆导电层、焊接层、导磁层、耐磨层及装饰性镀层,从而推动了各种工程塑料在工业上的应用。

二、塑料工件的镀前准备

工程塑料工件电镀之前要检查工件上是否有亮点、花斑,这些缺陷有可能是由于树脂熔化不均匀造成的,使这些部位无法粗化,造成镀层结合力差,甚至镀不上镀层。

1. 消除应力

由于塑料制品在成型过程中常常具有较高的残余应力,如不将其消除,即使随后各道工序均处理合格,也很难保证塑料基体与金属镀层之间的结合。因此,对于需要进行电镀的塑料制品必须先检查其应力。

(1) 应力的检查方法 将工件完全浸入 24℃±3℃ 的冰醋酸中 2~5min,取出后立即清洗、吹干。若表面出现白色裂纹,则表示有应力,裂纹越多应力越大。

(2) 应力的消除方法 将有应力的工件放入 25%(体积分数)的丙酮中,在室温条件下浸泡 30min 即可去除应力,或将有应力的工件放在 60~75℃ 的水中保温 2~3h 也可去除应力。

2. 工件脱脂

塑料工件表面的油污电镀前应除去,脱脂温度不宜高于 40~

50℃，脱脂时间不能太长，以防工件变形。脱脂液可以采用金属预处理的脱脂液，也可采用有机溶剂脱脂，但是使用时一定要注意远离明火。

3. 工件的粗化

（1）工件准备　粗化是塑料电镀的关键步骤，对镀层与基体的结合力有着显著影响。应根据工件的尺寸、形状、数量、塑料的物理化学性质和工件的用途等，在车间工艺员的指导下确定选用不同的粗化方法。

（2）粗化方法　有机械粗化、化学粗化等方法。单独机械粗化，不能确保镀层与基体有良好的结合力，它只能作为化学粗化的辅助手段。应用最多的是化学粗化。化学粗化溶液分为高铬酸型和低铬酸型。请在车间工艺员的指导下，根据不同材料选择不同的溶液进行粗化。

（3）粗化操作要点

1）粗化时，操作人员应穿好防护服和工作靴，戴好防护镜，以免硫酸溅出造成人身安全事故。

2）工件经脱脂后，放入粗化槽中，为防止工件漂起影响粗化效果，可用与硫酸不产生反应的重物压上，粗化过程中应翻动工件2～3次。

3）粗化液的温度，应经常检查并控制在60～70℃。温度低，粗化效果不好；温度高会引起工件变形。

4）粗化后的工件出槽时，应尽可能滴尽溶液，以减少溶液的带出损耗和减少铬酐的污染。

5）粗化合格的工件，表面应呈微暗，平滑不反光，能很好地被水湿润。

4. 中和还原

为将在化学粗化过程中残留于工件表面上的六价铬清洗干净，还需在体积分数为10%的氨水中进行中和，在质量分数为1%～5%的亚硫酸钠中进行还原，然后在100～200mL/L的盐酸中于室温条件下浸蚀1～3min。

5. 敏化

敏化是使塑料工件表面吸附一层易被氧化的物质，成为催化膜。

（1）工件准备　在粗化后经中和还原的工件表面上进行。

（2）敏化方法　目前应用较多的是氯化亚锡法，将已粗化后经中和还原的工件放入氯化亚锡溶液中，使表面吸附溶液，在水洗时由于清洗水 pH 值远较敏化液 pH 值高，便发生二价锡的水解作用，生成微溶于水的凝胶状物并吸附在工件表面形成胶体膜。

（3）敏化操作要点

1）防止敏化液在空气中氧化，可在敏化液中放入一根金属锡条。当氧化发生时是金属锡氧化为亚锡离子，而不是溶液中的亚锡离子被氧化，因为锡氧化溶解比亚锡氧化容易，电位低一些。

2）工件放入敏化液中要不断地抖动工件，以使敏化均匀。

3）工件敏化取出后应反复清洗，因为敏化的催化膜要在清洗时水解形成。

4）清洗水的流速不能过大，工件水洗时要慢一些。当清洗水变为很白的混浊水时应更换清水。

5）敏化清洗后合格的工件，其表面颜色比未敏化前稍浅，色调均匀。

6. 活化

塑料件的活化，是将敏化后的工件浸入活化液中，在工件表面沉积一层稀薄的贵金属（银或钯），使之成为化学镀的活化中心，以便于化学镀。

（1）工件准备　在敏化后合格的工件上进行。

（2）离子型活化液操作　氯化钯的价格昂贵，常用的离子型活化液为硝酸银，其活化操作要点是：

1）活化液中应滴入少量氨水，以防硝酸银在空气中遇光分解，可提高活化液稳定性。

2）硝酸银价格较贵，操作时应防止带出损失，同时不要使皮肤接触，以免被银氧化变黑，污染皮肤。

3）将工件放入活化液中，要连续抖动工件，浸泡 3~5min。工件取出后应尽量滴尽活化液。不工作时，应盖好活化液，避光保存，以延长使用寿命。

(3) 胶体钯型活化液操作　钯盐比银盐昂贵，活化出槽时，应注意滴尽活化液和进行回收。活化液使用一段时间后，若出现分层时，可按活化液实际容量加入 10～20g/L 氯化亚锡，即消除分层现象。工件的活化温度应控制在 20～40℃ 范围之内，时间为 3～10min。

7. 还原解胶

(1) 还原处理

1) 经银盐活化的工件清洗后，应在 1:9（质量比）的甲醛溶液中于室温条件下浸泡 0.5～1min，以除去工件表面残存的活化液，防止将其带入化学镀溶液中。经还原处理的工件，可直接进入化学镀液，不必清洗。

2) 经钯盐活化的工件清洗后，可浸泡在室温条件下的次磷酸钠 10～30g/L 的溶液中 0.5～1min，进行还原处理。

(2) 解胶处理　经胶体钯活化后的工件表面，会吸附一层胶态钯微粒，无催化活性，应将钯周围的二价锡离子水解去除胶层才能达到催化活性。解胶可在盐酸溶液中进行，温度为 40～45℃，浸泡时间为 1min。

(3) 还原解胶质量要求　经活化还原解胶后的工件，其表面颜色较敏化后明显加深，为一层均匀的红褐色（银盐型活化液）或浅咖啡色膜（胶体钯活化液）。若色泽很浅，说明活化不够，应重新敏化、活化，可重复 2～3 次。采用银盐活化的工件，多用于化学镀铜工艺；采用胶体钯型活化的工件，多用于化学镀镍工艺。

8. 化学镀铜或化学镀镍操作

(1) 化学镀铜

1) 准备工作：化学镀铜溶液分为甲液和乙液两部分。甲液为含有铜盐的溶液，乙液为含有还原剂的溶液。请在车间工艺员的指导下配制。

2) 工作准备：在经过活化还原后合格的工件表面进行。

3) 化学镀铜操作

① 粗化、敏化、活化一定要保证质量，工件表面应呈明显的红

棕色或褐色，经还原后应立即浸入化学镀铜液中。

② 老的化学镀铜液沉积较快，新配溶液为清澈见底的翠蓝色，工件放入后经几分钟诱导时间即可沉积铜层。

③ 在化学镀铜过程中，应经常抖动工件。工件必须浸没在化学镀铜溶液中，切忌露出液面，否则局部将无镀层。

④ 化学镀铜溶液的温度为 18～25℃ 为宜。温度不能太高，否则镀液将很快自行分解、失效，造成浪费；温度太低镀铜速度太慢。

⑤ 化学镀铜的时间较长，一般为 30min。若镀层出现粉状沉积物，可用细软的布或棉纱在水中用手工擦掉。

⑥ 化学镀铜的工件清洗干净后应及时进行电镀。

4）化学镀铜层的质量要求

① 化学镀铜层应均匀细致紧密，全部覆盖工件表面，不得有漏镀现象。

② 化学镀铜层的颜色应呈浅玫瑰红色，当结晶紧密时允许颜色稍有偏暗。

③ 化学镀铜层表面应光滑，不得有粉状沉积物，允许用手工擦掉浮渣。

④ 化学镀铜层应与基体结合牢固，不允许有鼓泡、起皮和严重划痕。

（2）化学镀镍

1）准备工作

① 镀液准备。常用的化学镀镍溶液含有硫酸镍、次亚磷酸钠、柠檬酸钠、氯化铵，请在车间工艺员的指导下配制溶液。

② 工件准备。在氯化钯活化后再经还原解胶的工件表面上进行。

2）化学镀镍的操作

① 化学镀镍时，镀件需用钯盐活化，而不能用银盐活化，因为银对镍不具有催化活性。

② 化学镀镍溶液的工作温度范围为 35～45℃，加热时应采用水浴间接加热。

③ 化学镀镍时，要经常抖动工件，以保证镀层的完整。化学镀

的时间一般为 10min 左右。

3）化学镀镍层的质量要求

① 化学镀镍层应结晶细致、光滑并全部覆盖在工件表面上，不应有漏镀现象。

② 化学镀镍层为银灰色。

③ 化学镀镍层与基体结合牢固，不允许有起泡、起皮等缺陷。

三、塑料电镀的操作

1. 塑料电镀 Cu/Ni/Cr

1）工件准备应在化学镀后的工件表面上进行。

2）电镀 Cu/Ni/Cr 操作步骤

① 化学镀铜后上挂具镀光亮铜前，应注意挂具与工件接触只能为多点接触，切忌采用面接触。因为接触面大，镀光亮铜时，由于接触处挂具分散电流，使化学镀铜不能及时镀上铜层而被溶解，给电镀光亮铜造成困难。

② 塑料工件镀光亮铜与金属件镀光亮铜不同，塑料工件在入槽电镀时，要带电入槽，电流密度应适当小些，让工件化学镀铜上全部镀上一层铜层后，再加大至正常电流密度。

③ 化学镀镍的塑料件，最好先镀上一层暗镍再镀光亮铜、光亮镍，或直接镀暗镍 2~3min 后镀光镍。

④ 塑料件镀镍后镀铬，工作温度应比金属件低，为 46~48℃。

2. 塑料件镀 Cu/Ni/Cr 的质量要求

与其他装饰铬层要求一样，参见本章第五节。

3. 塑料件镀仿金

塑料件上镀仿金具有华贵的装饰外表，可在光亮铜层或光亮镍层上施镀，其操作方法与金属件镀仿金相同。

4. 塑料件镀银

可在光亮铜层或光亮镍层上施镀，其操作方法与金属镀银相同。

四、不合格镀层的退除

1. 预处理镀层的退除

预处理大致分为粗化、敏化、活化三个工序。

（1）粗化　粗化不合格无退除可言，应继续粗化一次即可。

（2）敏化　敏化不合格，可重新敏化 1~2 次。

（3）活化　活化一次达不到要求时，应重新操作一遍，粗化时间可缩短至 10min 左右。

2. 化学镀层的退除

（1）化学镀铜层的退除　退除化学铜层的操作是将工件浸入废镀铬溶液中，不断抖动，退净为止。此法退速不快，但对塑料件无氧化作用，退除化学镀铜层后的塑料件，颜色和原来的本色一样。

（2）化学镀镍层的退除　通常采用稀硝酸溶液退除，严格控制溶液的温度，绝对不能超过 60℃ 以上。否则，会使塑料氧化变色、变质，需要重新进行预处理操作，严重时甚至使工件报废。

3. 电镀层的退除

（1）铜镀层的退除　对于电镀铜镀层产生的不合格品，可采用铬酐、硫酸溶液退除。

（2）镍镀层的退除　对于塑料件镀镍只要求亮度不要求厚度时，若镍镀层不亮可重新镀铜、镀镍、无需退除。

（3）铬镀层的退除　塑料件上未镀上铬镀层或铬镀层发灰时，可用 1:1 盐酸溶液退除铬镀层后重新镀铬。

（4）Cu/Ni/Cr 复合镀层的退除

1）采用三氯化铁 500~550g/L、盐酸 50~80g/L 溶液退除，操作温度为 5~45℃。此法对复合镀层可一次退除，退除效果好，工件久置于退除溶液中对光泽无影响。但退速慢，使用一段时间后残渣较多，应及时清理。

2）采用盐酸-硝酸溶液退除，先将铬镀层在工业级盐酸中退除，然后在 1:1 的硝酸溶液或废的硝酸溶液中退除，退除时严格控制温度，不能超过 30℃，否则会使塑料氧化变色，影响电镀质量。

3）电镀仿金镀层的退除，可按照金属件的退除方法，参阅本章

第八节。

4）电镀银镀层的退除，参阅本章第七节金属银镀层的退除方法。

第十节　电镀技能训练实例

- 训练1　镀锌

1. 操作流程

根据图样对工件镀锌要求，编制此工艺操作流程如下：电化学脱脂→水洗→浸蚀→水洗→镀锌→水洗→出光→水洗→钝化→水洗→干燥→检验→包装。

2. 操作说明

（1）电化学脱脂　为了避免产生"氢脆"，选用阳极脱脂方法进行处理。根据工件的表面积计算所需电流，一般为 5~10A/dm^2；根据工件表面油污情况，确定脱脂时间为 3~5min（详见第四章电镀前表面预处理第三节脱脂部分的有关内容）。

（2）水洗　采用三级逆流漂洗方式进行清洗，每槽清洗时间不少于30s，并使挂具在水中上下起落3~5次。使用挂水试验法对脱脂质量进行检验（以下各水洗步骤的操作方法相同）。

（3）浸蚀　采用工业级盐酸进行浸蚀，根据工件表面锈蚀情况，确定浸蚀时间为0.5~1min（详见第四章电镀前表面预处理第四节浸蚀除锈部分的有关内容）。

（4）镀锌　采用碱性锌酸盐镀液进行电镀，根据工件表面积计算所需电流，一般为 1~3A/dm^2；根据工件镀层厚度要求，确定时间为15~20min（详见第五章常见电镀工艺第二节镀锌部分的有关内容）。

（5）出光　处理时间为 5~10s。

（6）钝化　采用彩色钝化溶液进行钝化处理，时间为 5~20s（详见第六章电镀后处理第四节钝化部分的有关内容）。

（7）干燥　将工件均匀放入甩干机内，甩干时间为 3~5min；待甩干机完全停止后，把工件取出，自然晾干。

（8）检验　根据锌镀层质量检验标准进行检验，并测量镀层厚度是否符合要求。

（9）包装　根据相应的要求进行包装。

（10）填写各项工艺记录。

● **训练2　镀装饰铬**

1. 操作流程

根据图样对工件镀装饰铬的要求，编制此工艺操作流程如下：磨抛→超声除蜡脱脂→水洗→电化学脱脂→水洗→浸蚀→水洗→氰化镀铜→回收→水洗→光亮硫酸盐镀铜→水洗→光亮镀镍→水洗→镀装饰铬→回收→回收→水洗→检验→包装。

2. 操作说明

（1）磨抛　根据工件表面粗糙程度进行相应的磨光、抛光，使其达到镜面光亮，符合相关要求（详见第四章电镀前表面预处理第三节机械整平部分的有关内容）。

（2）超声除蜡脱脂　控制溶液温度为50~55℃，超声除蜡脱脂时间为3~5min，工件出槽时应该仔细检查其表面是否有抛光膏存在，若有必须彻底清除（详见第四章电镀前表面预处理第三节脱脂部分的有关内容）。

（3）水洗　采用三级逆流漂洗方式进行清洗，每槽清洗时间不少于30s，并使挂具在水中上下起落3~5次。使用挂水试验法对脱脂质量进行检验（以下各水洗步骤的操作方法相同）。

（4）电化学脱脂　选用阳极脱脂方法进行处理。控制溶液温度为50~55℃；由工件的表面积计算所需电流，一般为5~10A/dm^2；根据工件表面油污情况，确定脱脂时间为3~5min（详见第四章电镀前表面预处理第三节脱脂部分的有关内容）。

（5）浸蚀　采用工业级盐酸溶液进行浸蚀，根据工件表面锈蚀情况，确定浸蚀时间为0.5~1min（详见第四章电镀前表面预处理第四节浸蚀除锈部分的有关内容）。

（6）氰化镀铜　控制镀液温度为50~55℃；根据工件表面积计算所需电流，一般为1~3A/dm^2；电镀时间为1~3min（详见第五章常见电镀工艺第三节镀铜部分的有关内容）。

第五章 常用电镀工艺

(7) 回收 在回收槽内清洗 30~60s，并且使挂具在水中上下起落 3~5 次。

(8) 光亮硫酸盐镀铜 工件必须带电入槽，控制镀液温度为 20~30℃；根据工件表面积计算所需电流，一般为 3~5A/dm²；电镀时间为 5~10min（详见第五章常见电镀工艺第三节镀铜部分的有关内容）。

(9) 光亮镀镍 控制镀液温度为 50~55℃；根据工件表面积计算所需电流，一般为 1~3A/dm²；电镀时间为 10~15min（详见第五章常见电镀工艺第四节镀镍部分的有关内容）。

(10) 镀装饰铬 控制镀液温度为 45~55℃；根据工件表面积计算所需电流，一般为 25~30A/dm²，电镀时间为 0.5~1min（详见第五章常见电镀工艺第五节镀铬部分的有关内容）。

(11) 检验 根据装饰性铬镀层质量检验标准进行检验。

(12) 包装 根据相应的要求进行包装。

(13) 填写各项工艺记录。

复习思考题

1. 如何进行工件电镀面积的计算？
2. 如何进行非镀表面的绝缘操作？
3. 如何进行一般工件的镀锌操作？
4. 如何进行弹性工件的镀锌操作？
5. 锌镀层的质量要求有哪些？
6. 如何进行氰化镀铜操作？
7. 如何进行光亮硫酸盐镀铜操作？
8. 铜镀层的质量要求有哪些？
9. 如何进行光亮镀镍操作？
10. 镍镀层的质量要求有哪些？
11. 如何进行镀装饰铬操作？
12. 如何进行镀硬铬操作？
13. 装饰铬镀层的质量要求有哪些？
14. 硬铬镀层的质量要求有哪些？

15. 如何进行硫酸亚锡光亮镀锡操作?
16. 如何进行光亮镀银操作?
17. 如何进行锡铅合金电镀操作?
18. 如何进行仿金电镀操作?
19. 如何进行塑料电镀操作?

第六章

电镀后处理

培训学习目标 通过本章的学习,了解电镀后处理的目的、作用与分类,正确掌握电镀锌、铜、镍、铬、银、锡镀层的后处理操作。

第一节 电镀后处理的意义

为了消除在电镀过程中产生的一些缺陷,改善镀层的装饰性和理化性能,提高镀层的力学性能,特别是提高镀层的耐蚀性,必须在电镀之后,针对各种镀层进行相应的后处理。

一、电镀后处理的作用

1)清除表面残液,工件自电镀槽取出后表面会粘附强酸、强碱或氰化物镀液,如不及时清理干净,将对镀层产生腐蚀,对后续工艺施工也造成不便,所以必须彻底清洗干净。

2)提高耐蚀性,很多镀层本身的耐蚀性并不强,难以真正起到防护作用。为了提高耐蚀性,可采用钝化处理,钝化膜的耐蚀能力比镀层可以提高好几倍。

3)提高镀层的亮度,采用镀后出光,可使镀层得到化学抛光的效果。

4)消除镀层应力,提高镀层结合力,采用驱氢的方法可消除电镀过程中氢的渗入致使镀层晶格扭曲造成的应力,避免工件使用过程中断裂、镀层起泡和剥落。

5）改善镀层理化性能，化学镀镍磷合金再经过一定热处理，可使其导磁性增大，导电性减弱，也可增加镀层硬度。

二、电镀后处理的分类

根据后处理方法或作用，可分为清洗、出光、钝化、驱氢、干燥、防变色等几类。每类后处理方法，又有多种方式，分别适用于不同的镀种和各类生产部门。例如，大规模生产方式和小型作业的方式不一样，手工操作和自动生产线的操作又不同。

第二节 清 洗

一、清洗的目的

清洗是电镀过程和电镀后处理的重要工序。清洗直接与产品质量、生产成本、环境保护等方面有关。清洗的目的，一是清除掉工件表面附着的残液，保证镀层不受腐蚀；二是防止工件上的残液带入下道工序，污染后续电镀。工件有效的清洗，应该是在满足工件清洗干净的前提下，用最少量的水达到清洗干净的目的。

二、清洗的操作

对于贵金属电镀和毒性大的电镀，为了回收利用、降低成本、减少污水的排放，在清洗的第一道应设立一个回收槽，回收槽的水不排放，达到一定浓度后直接进行处理或可作为镀液的补充，常用方法有以下几种。

1. 单级（槽）清洗

这是电镀中使用最早的方法，一个槽、一个槽的单独分开清洗，每个槽单独供水、排水，用水量较大。这种方式应该淘汰。

2. 喷淋清洗

为了节省水资源，可采用喷淋方式，即将水和压缩空气连通，工件在一定压力的清洗水中清洗，既容易清洗干净，又节约水资源，操作时水的压力不能过大,否则容易引起工件在喷淋过程中互相碰撞而使镀层表面划伤碰伤。形状简单的工件,适于喷淋清洗,工件形状复杂时喷淋效果不理想。

3. 多级(槽)清洗

多级清洗就是将水槽做成几级,供水在最后一级,因此又称为多级逆流漂洗。一般采用多级逆流漂洗,根据各级连通的方式,又分为连续逆流式最后一级供水清洗、间歇逆流式最后一级供水清洗和逆流喷淋组合式清洗三种。

(1)连续逆流式最后一级供水清洗 如图6-1所示。这种方式方法简单,耗水量少,清洗效果好,此方法生产中经常用到。

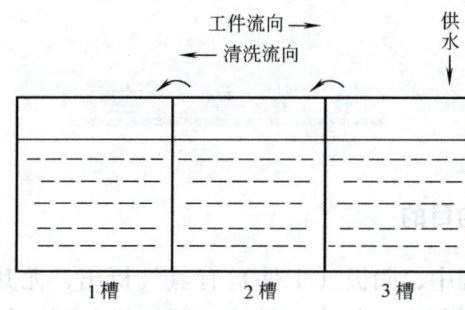

图6-1 连续逆流式最后一级供水清洗槽

清洗操作注意事项:

1)工件一定要按顺序操作,一级清洗完后再进入第二级,第二级清洗完后再进入第三级,切忌跳槽清洗。否则,就失去了连续逆流多级清洗的意义,而变成单级清洗了。

2)供水流量要适中,不能过大。否则水翻腾而外溢,造成各槽之间相互污染,达不到清洗效果,更达不到节约用水的目的。

3)对于需要回收和进行废水处理的清洗水,当第一回收槽达到一定浓度时,可将回收水加入镀槽或进行废水处理。

(2)逆流和喷淋混合式清洗 这种方式是先喷淋清洗并回收大部分残液清洗水,然后再进行逆流漂洗。

清洗方式虽有几种,但最常用的还是连续逆流式最后一级供水清洗，它既适用于手工操作，也适用于自动线连续生产。

4. 热水洗

在很多镀种的后处理中，有热水洗这道工序，对于后处理的中间工序，热水洗主要用于碱性镀液清洗的工序，目的是利用具有一定温度的热水排挤出镀件表面孔隙中的残余碱液，便于后续加工的进行，此时热水的温度一般不低于70℃。对于最后一道镀后处理工序的热水洗，主要是利用高温热水烫干工件，热水温度要求沸腾为最好，这样的热水可使工件在短时间内达到很高温度，取出工件甩去水珠很快就能烫干，工件表面水迹很少，可提高镀层外观质量。

对有不通孔且较深的工件或形状复杂的工件清洗，应在清洗水中多停留一些时间，且不断抖动工件，以利于不通孔内残液的清洗。

第三节 驱 氢

一、驱氢的目的

在电镀过程中，阴极（工件）有氢气析出，尤其是镀铬，电流大部分消耗在析氢上。络合物镀液，阴极极化强，析氢较严重。当工件预处理除锈和阴极电解脱脂，都有可能析氢。若氢以原子状态渗入工件基体或镀层，会产生很大内应力，使镀层变脆，甚至起泡、剥落或断裂。驱氢的目的，就是使渗入工件及镀层中的氢以氢气形式排出，从而提高镀层的结合力和力学性能，延长工件的使用寿命。

二、驱氢的操作

驱氢的操作可在烘箱或油槽中进行。驱氢温度为200~250℃，处理时间为2~4h。驱氢的关键在于严格控制温度，时间要保证。温度控制多采用自动温控，驱氢时间应从工件入炉后并达到预定温度时开始计算。

烘箱、温控设备的检查方法：将自动温控器调至较低温度（例如50℃），开启烘箱，升温绿色指示灯亮，当温度达到50℃时，红色指示灯亮，温度控制装置的继电器自动断开，停止加温。打开炉门，使温度下降，温控继电器立即合上，绿灯亮红灯灭，继续加温。如反复几次动作正常，说明温控系统完好。

第四节 钝 化

一、钝化的目的

镀层在钝化之前需要出光处理，加之钝化液本身具有化学抛光作用，因此钝化的目的之一是提高镀层表面的亮度，但更重要的目的是使镀层表面生成一层结合牢固、组织致密的钝化膜，将镀层与空气隔绝，从而提高镀层的耐蚀能力（比未经钝化的镀层高几倍），延长工件使用寿命。

二、锌镀层的钝化

1. 锌镀层钝化前的准备

钝化前需要进行出光处理，目的是提高镀层亮度。对于碱性镀锌，还有中和镀层及孔隙内残液的作用，如锌酸盐镀锌的醋酸中和和氯化物镀锌的碱液中和等。出光液请在车间工艺员的指导下配制。

钝化液的种类很多，从铬酸浓度上可分为高铬钝化液、中铬钝化液、低铬钝化液和三价铬钝化液。从钝化后工件的颜色上可分为白钝化、彩钝化、军绿钝化、黑色钝化等。随着清洁生产法的实施，三价铬钝化液的使用将会得到推广与普及。

2. 高、中铬钝化的操作注意事项

1）正确掌握钝化时间。高铬钝化液是气相成膜，也就是说钝化膜是在工件由钝化液中取出后在空气中停留时生成的。因此，停留时间的长短会直接决定钝化膜的厚度和色彩。一般是在钝化液中和空气中各停留15s。具体停留时间，应根据工件表面光亮程度、钝化液的使用时间和钝化液成分而定。

2）工件在钝化时不得互相粘贴。否则粘贴部位的钝化膜极薄且色彩不佳。

3）工件在钝化时要不断抖动，这样所得钝化膜色彩才较均匀，而且无严重流痕。

3. 低铬钝化操作注意事项

1）低铬钝化液对镀层基本上无化学抛光作用，钝化膜的光泽取决于镀层本身的光亮度和出光效果，所以低铬钝化必须在光亮细致的锌镀层上进行。

2）低铬钝化膜为液相成膜，也就是说钝化膜在钝化液中生成，因此工件钝化的时间对钝化膜的颜色、厚度起决定作用，钝化时间一般为 8~12s。具体时间应根据工件表面光亮程度、钝化液使用时间的长短和钝化液成分而定。为了正确确定钝化时间，可先将少量工件进行试钝化，根据钝化膜的要求，得出适当的钝化时间，再进行批量钝化，以免成批返工。

3）钝化液中硫酸含量要严格控制，硫酸含量过高，钝化膜会失去光泽，呈暗褐色；硫酸含量过低，钝化膜不牢，用手即可擦掉。

4）低铬钝化无流痕产生，钝化时也应不断抖动工件，防止互相粘贴、叠压。否则，钝化膜色泽偏淡，甚至无膜生成。

4. 三价铬钝化操作

1）三价铬钝化液的配制，请在车间工艺员指导下进行。

2）三价铬钝化操作注意事项

① 镀层厚度一般要求大于 $5\mu m$ 以上，以防止钝化时漏镀。

② 严格控制溶液 pH 值在工艺范围之内，以免影响钝化膜的质量。

③ 严格控制钝化液的温度，确保使用时在工艺范围之内，避免影响钝化膜的质量。

④ 新配溶液在使用前，应在操作温度下连续搅拌 1~2h，确保溶液充分老化。

5. 钝化膜的质量要求

（1）高、中铬钝化膜的质量要求

1）钝化膜的颜色应符合图样要求（彩色、白色或蓝色等）。

2）钝化膜应有一定的光泽，不能呈无光暗褐色。

3）钝化膜与基体结合牢固，用布擦不掉。在 50~60℃的热水中浸 1h 颜色无显著减退。

4）钝化膜允许有不严重的流痕及挂具印，允许工件边缘色彩稍淡。

（2）低铬钝化膜的质量要求　低铬钝化膜质量要求基本与高铬钝化膜相同。

（3）三价铬钝化膜的质量要求　三价铬钝化膜质量要求基本与低铬钝化相同，只是钝化膜的颜色是淡五彩颜色。

三、铜镀层的钝化

1. 铜镀层钝化前的准备

铜镀层或铜件浸蚀后的光亮铜材表面在空气中很容易氧化，由光亮的玫瑰红色变成暗红色或黑色，因此必须钝化，使其表面生成一层钝化膜，可在一段时间内保持鲜艳玫瑰红色不变。铜镀件的钝化，工件镀铜出槽后，经清洗立即钝化，否则钝化效果差，铜材钝化需在浸蚀后进行。

铜镀层钝化分为电解钝化法和化学钝化法，请在车间工艺员指导下进行钝化溶液的配制。

2. 钝化操作注意事项

钝化时，工件必须全部浸入溶液中，并且要不断抖动，以免工件相互粘贴、叠压。取出工件后，应在空气中停留片刻，以保证钝化膜的生成。钝化后一定要清洗干净，否则钝化膜呈暗色，影响美观和抗变色能力。清洗干净后，应根据具体溶液配方选择是否用热水清洗并及时干燥，以确保抗变色能力。

3. 铜镀层钝化膜的质量要求

铜镀层钝化膜的颜色应比原铜层更光亮，呈鲜艳的玫瑰红色，钝化膜应无严重水迹。

四、银镀层的钝化

1. 银镀层钝化前的准备

银镀层在空气中易变色，尤其对硫化物、硫化氢气体具有极强的亲和力，使银镀层的导电、焊接、反光率等性能显著下降。因此，银镀层需要进行适当处理，以提高抗变色能力，钝化是其中方法之一。

银镀层钝化有电解法和化学法两种,请在车间工艺员的指导下配制钝化液。

2. 钝化操作注意事项

现在的镀银,由于是光亮镀层,可达到镜面光亮。工件出槽后经清洗可直接钝化。化学钝化时,要注意工件不能相互叠压、粘贴。电解钝化时,工件挂钩与液面接触处容易产生较多气泡。

3. 银镀层钝化膜的质量要求

银镀层钝化后,应比钝化前更光亮细致,呈纯净的银白色,不能有黑色或黄色的斑点,钝化膜的抗变色能力要经浸硫化氢溶液试验合格。

第五节 防变色处理

一、防变色处理的目的

为了提高锌、铜、银等金属镀层的抗腐蚀防变色能力,在经过钝化处理后再进行防变色处理,可提高金属镀层的抗腐蚀防变色能力。

二、锌镀层的防变色处理

对于锌镀层来说,在大气中腐蚀是不可避免的,为提高钝化膜的防变色能力,可采取如下方法:

(1) 保证钝化膜牢固 工件钝化清洗干净后,必须严格按工艺要求的温度和时间干燥。对于表面粗糙的工件,镀锌清洗后应在热水中浸5~10min,以排出工件孔隙中残余的溶液后,才可进行钝化处理并得到牢固的钝化膜。

(2) 保证钝化膜完整 工件钝化后在下挂具、运输和装配中,应防止工件划、磕。在装配时,尤其是标准件,例如螺钉、螺母的装配,尽量不要破坏钝化膜。

(3) 浸水溶性漆

1) 浸涂时,应防止工件相互粘贴、叠压,以保证涂膜全部覆盖工件表面。

2）浸涂后，应尽量滴净工件上的水溶性漆，并及时甩干。

三、银镀层的防变色处理

银镀层在镀后因清洗不良或干燥不彻底，在空气中受硫影响等原因容易变色，可以采用以下方法进行处理：

（1）化学钝化和电化学钝化　详见本章第四节。

（2）阴极电泳　在镀银结束后，进行阴极电泳处理，使银镀层上形成一层致密的薄膜。

（3）浸水溶性漆和有机溶液保护膜

1）涂料易着火，操作时应远离火源，注意安全。

2）操作过程中，应注意劳动保护，防止溶液溅入眼、口内。

3）浸涂时，为防止小件粘贴，应经常抖动，以保证工件表面全部覆盖；大件可采用挂具进行浸涂。

4）浸涂后，应尽量滴净工件上的水溶性漆并及时甩干。

四、铜镀层的防变色处理

铜镀层的防变色处理方法有：

（1）化学钝化　详见本章第四节。

（2）涂水溶性漆和有机溶液保护膜

1）涂料易着火，操作时应远离火源，注意安全。

2）操作过程中，应注意劳动保护，防止溶液溅入眼、口内。

3）浸涂时，为防止小件粘贴，应经常抖动，以保证工件表面全部覆盖；大件可采用挂具进行浸涂。

4）浸涂后，应尽量滴净工件上的水溶性漆并及时甩干。

第六节　干　　燥

一、干燥的目的

几乎所有的镀层镀后处理的最后一道工序都是干燥，干燥的目的有以下几方面：

1）增强镀层钝化膜的抗蚀能力。
2）提高镀层钝化膜的光亮度。
3）及时干燥可防止镀层产生水迹，提高外观质量。
4）防变色处理涂有机膜后应马上烘干，才能保障有机膜牢固和防变色效果。

二、干燥的操作

干燥的操作方法很多，应根据电镀生产需要和设备情况适当选择不同方法。

1）首先进行压缩空气吹干，对于镀锡、银、铜、镍、铬可直接用热水烫干；对于镀锌，则不能用热水烫干，否则钝化膜的颜色将变成紫红色，使光泽减弱。因此对于镀锌件钝化后，只宜采用压缩空气吹干，清除净大量水分后再烘干。但要注意采用压缩空气吹干时，压缩机最好配备油水分离器，以免污染镀层表面。

2）对于数量多、体积小的工件，可采用离心机甩干后再烘干。

3）烘干设备可采用自动控温的电烘箱和蒸汽烘炉，一般温度控制在 60～80℃，烘干时间为 1h 以上。电烘箱应采用带循环风的，可以降低炉内温差，一般应不超过 20℃。

复习思考题

1. 镀后处理的作用有哪些？
2. 锌镀层常用的防变色处理方法有哪些？怎样操作？
3. 银镀层防变色处理的方法有哪些？
4. 简述镀后处理干燥的目的。
5. 锌镀层的钝化处理的目的是什么？常用的钝化液有哪几种？

第七章

金属的氧化和磷化

培训学习目标 通过本章的学习,基本了解金属的氧化膜和磷化膜的性质和用途,了解溶液中各成分的作用,熟练掌握操作方法和操作过程中的注意事项。

第一节 钢铁件的氧化

一、钢铁件氧化的用途及其分类

钢铁件的氧化又称为钢铁的发蓝,钢铁通过氧化处理,使其表面生成保护性的氧化膜,膜层的组成主要是磁性氧化铁(Fe_3O_4),一般呈黑色和蓝黑色,如经抛光的工件表面,在氧化处理后色泽美观,有光泽,铸钢和含硅量较高的特种钢,氧化膜呈褐色或黑褐色,膜层厚度约为 $0.6\sim1.5\mu m$,因此氧化处理不影响工件的精度。氧化膜虽然能提高钢铁件的耐蚀性,但它对钢铁件的保护性能仍然是很弱的,若将发蓝后的工件用肥皂水或重铬酸钾溶液处理后再进行浸油处理,则能提高氧化膜的耐蚀性和润滑性。

由于氧化生成的氧化膜色泽美观,有较大的弹性和润滑性,故氧化常用于机械、精密仪器、仪表、武器、日用品的防护和装饰。由于氧化是在碱性溶液中进行的,各种钢铁件氧化后没有氢脆影响,因此像弹簧钢、细钢丝及薄片钢件也常用氧化膜作防护层。

1. 氧化方法

> 了解氧化溶液各成分及工作条件对氧化膜的影响。

氧化方法有多种,常用的有化学法、电化学法或热加工法等,本章重点介绍化学法——碱性氧化法,其工艺规范见表 7-1。

表 7-1 碱性氧化法工艺规范

溶液成分及工作条件/(g/L)	配方 1	配方 2	配方 3		配方 4	
			第一槽	第二槽	第一槽	第二槽
氢氧化钠（NaOH）	550~650	600~700	550~650	700~840	550~650	700~850
亚硝酸钠（$NaNO_2$）	150~200	200~250	100~150	150~200	—	—
硝酸钠（$NaNO_3$）					70~100	100~150
重铬酸钾（$K_2Cr_2O_7$）		25~35				
温度/℃	135~145	130~135	130~135	140~152	130~135	140~152
时间/min	40~120	15	15	45~60	15	45~60

配方 1 为通用氧化溶液,氧化膜比较美观光亮。配方 2 氧化速度较快,但氧化膜光亮度差。配方 3 可以获得具有保护性能的蓝黑色光亮氧化膜。配方 4 可获得较厚的黑色氧化膜。

2. 氧化溶液成分及工作条件对氧化膜的影响

1）在氧化溶液中,氢氧化钠与工件表面发生化学反应,当溶液中氢氧化钠浓度高时,可使氧化膜厚度略微增加,但容易产生膜层疏松和多孔的缺陷；当氢氧化钠浓度过高时,膜层出现红色挂灰,当其超过 1100g/L 时,则磁性氧化膜将被溶解,无法形成氧化膜；反之,氢氧化钠浓度低时,则膜层薄、发花且防护性能差。

2）亚硝酸钠是氧化剂,提高溶液中亚硝酸钠浓度,能使氧化速度加快,膜层致密、牢固；亚硝酸钠浓度低时,膜层厚而疏松。

3）氧化必须在溶液沸腾的情况下进行,溶液沸点随着氢氧化钠浓度的增加而升高（每 15g 氢氧化钠,可使槽温升高 1℃）,温度升高,氧化速度加快,膜层致密且薄；温度过高,氧化速度变慢,膜

第七章 金属的氧化和磷化

层发生溶解、疏松。一般进槽温度取下限,出槽温度取上限。

4)溶液中少量的铁可以促进生成紧密的氧化膜,但过量的铁会妨碍氧化过程的正常进行。生产上一般都是在新配制的氧化溶液中加入少量旧液。当含铁量过多时,应稀释溶液,铁的正常含量为 0.5~2.0g/L。

5)氧化温度、时间与钢铁含碳量的关系见表 7-2。

表 7-2 氧化溶液工作温度和氧化时间的关系

工件材料			温度/℃	时间/min
铸铁			135~138	10~25
碳钢	碳的质量分数(%)	0.7 以上	135~138	10~25
		0.7~0.4	138~142	25~40
		0.4~0.1	140~145	40~60
合金钢			140~145	60~120

6)氧化后的氧化膜耐蚀性能较低,通常可将氧化后的工件放在肥皂水溶液或重铬酸钾溶液中进行填充处理,然后洗净吹干,再在 105~110℃ 的全损耗系统用油(L—AN32)、锭子油或变压器油中浸 5~10min。填充处理工艺规范见表 7-3。

表 7-3 填充处理工艺规范

肥皂水溶液		重铬酸钾溶液	
肥皂水溶液浓度(质量分数)	3%~5%	重铬酸钾溶液浓度(质量分数)	3%~5%
温度	90~95℃	温度	90~95℃
时间	5min	时间	10~15min

二、钢铁件的氧化准备

需要进行氧化处理的工件必须先经过脱脂、除锈等预处理后才能进行氧化处理。

1）工件表面应无油漆、油脂、金属屑、毛刺,也不允许有变形和损伤。

2）铸件表面应无未除尽的砂粒,也不允许有砂眼和孔洞。

3）对于未经机械加工的铸件、锻件、焊接件、热处理件等要先进行喷砂或抛丸处理,将工件表面清理干净后方能进行氧化处理。

4）氧化前要熟知工艺流程和工艺质量要求。

5）氧化工艺流程为脱脂→除锈（或抛丸、喷砂）→氧化→清洗→封闭（浸油等）→检验。

三、钢铁件的氧化操作

1）了解氧化工件的技术要求和质量要求

2）熟悉氧化工艺过程,并及时对所用溶液液面、温度等工艺条件进行检查,保证溶液的成分和工作条件在规定的范围之内。

3）在氧化操作前5min,打开抽风机抽风,并穿戴好劳动保护用品。

4）要根据工件情况进行装架或装筐,按工艺流程进行操作。

5）操作过程注意事项

① 工件应避免互相碰撞,中空密封件应留有出气孔,以免发生炸裂。有锡焊的工件不能进行氧化处理。

② 氧化用的工装、挂具不得用铜材和铝材制作。

③ 由于氧化溶液温度较高,而且为强碱性,溶液易挥发,故加水时,要先把水加热到80℃左右,然后用铁瓢将水沿槽边缓慢加入。工件出槽、入槽时要轻拿轻放,以免溶液溅出伤人,造成安全事故。

④ 进行浸油封闭处理时,要先将工件水分除净。

四、对钢铁件氧化的质量要求

1）氧化膜外观不应有残缺、发花和严重水迹,其颜色依据材质不同可有灰黑、蓝黑、黑等颜色,颜色应均匀一致。

2）氧化膜不应有划伤和挂灰现象。

五、不合格氧化膜的退除

在氧化冲水之后进行检查，不合格的氧化膜可用1:1盐酸溶液退除，冲水后继续进行氧化处理。对于已浸油处理的不合格氧化膜，必须先将油脂去除后再进行酸蚀去除氧化膜后可重新氧化。

第二节　钢铁件的磷化

一、钢铁件磷化的用途及其分类

钢铁件在含有磷酸盐的溶液中，经过一系列的化学和电化学的反应，表面上生成一层难溶于水的磷酸盐保护膜的过程称为钢铁件的磷化。

磷化膜呈灰白色或黑色，由于这种膜有较多的细孔，经填充、浸油以及涂漆后，在大气中才有较好的抗腐蚀能力。磷化膜具有良好的润滑性能，可减少摩擦，又具有良好的绝缘性能（正常情况下，击穿电压为250~380V），经涂漆处理后，击穿电压可达1000V。磷化膜的厚度一般为5~20μm，且与钢铁件结合牢固。

钢铁件经过磷化处理，其力学性能及磁性保持不变。磷化膜的主要用途是作防锈层和油漆底层、作变压器及电机转子和定子硅钢片的绝缘层，以及作减摩层等，常用于汽车、船舶、机械、军工以及航天、航空等方面。

按磷化温度的不同，分为高、中、常温磷化三种。

高温磷化的优点是获得的膜层结合力、耐蚀、耐热和硬度均较好，而且磷化速度快。缺点是溶液挥发快，溶液内成分变化快，膜层中易有杂质沉淀，使结晶不均匀。

中温磷化的优点是膜层的耐蚀性与高温成膜接近，溶液稳定、磷化快。缺点是溶液成分较为复杂，不易掌握。

常温磷化的优点是使用溶液无需加热，溶液稳定、节能、成本低廉。缺点是膜层的耐蚀性、耐热性较差，生产效率低。

1. 高、中、常温磷化工艺规范（见表7-4）

表7-4 高、中、常温磷化工艺规范

溶液成分及工作条件/（g/L）	配方1	配方2	配方3
磷酸二氢盐	25～30	30～35	30～40
碳酸锰	2～5	—	—
总酸度/点	2～4	5～7	3.5～5
硝酸锌	—	80～100	140～160
氟化钠	—	—	3～5
温度/℃	97～99	60～70	室温
时间/min	730	10～15	40～60

注："点"是指当分析总酸度与游离酸度时，用0.1mol的氢氧化钠溶液去和10mL磷化溶液所消耗氢氧化钠的毫升数。1"点"即指0.1mol氢氧化钠溶液的毫升数（滴定总酸度的"点"用酚酞为指示剂，滴定游离酸度的"点"用甲基橙为指示剂）。

2. 磷化液成分及工作条件对磷化膜的影响

1）磷化液中需要有一定的游离酸才能保证铁的溶解，使磷化膜结晶细致。同时，由于在成核过程中要消耗一定数量的酸，因此需要有一定数量的酸来补充，以不断溶解较多的铁，生成较多的晶核。如果磷化液中酸含量过高，则因酸与铁的作用加快，产生大量的氢气，氢气析出时会起搅拌作用，从而使晶核生成困难，同时还会使晶核溶解，使得磷化时间延长，磷化膜结晶组织粗大，防锈能力降低。由此可见，严格控制游离酸度是十分必要的。

2）磷化液的总酸度以取偏上限为好，因为这样会使晶核生成速度加快，膜层结晶细致。但总酸度不易太高，否则会使晶核生长速度过快，使膜层疏松，耐蚀能力下降。

3）磷化液中存在少量的铁有一定好处，可使金属与溶液界面处很快地达到离子浓度过饱和的程度，但含铁量不能过高（一般低于1.6g/L）当达到一定浓度时，便会产生沉淀，并沉积于槽底；含铁量太低，会延长磷化时间，而且会在工件表面沉积一些不易清洗的附着物。实践证明，在新配制的溶液中，加入一定量的铁，有利于磷化膜的生成。

第七章 金属的氧化和磷化

4）提高溶液温度，可使磷化反应速度加快，并使磷化膜的附着力提高；但溶液温度过高，由于亚铁离子的氧化，使游离酸度不稳定，溶液混浊，并使工件附上白灰。

5）磷化时，使用的催化剂有硝酸盐、亚硝酸盐、氯化物、氟化物及双氧水等。使用双氧水时，溶液控制较困难；使用氯化物时，磷化膜颜色灰暗而且易形成粉末状；使用硝酸锌作催化剂，可以避免上述缺点，使磷化膜致密均匀。硝酸根可以降低磷化槽液的工作温度，在适当的条件下，硝酸根与钢铁作用生成少量一氧化氮，使亚铁离子稳定；硝酸根含量过高时，会使高温磷化膜变薄，使中温磷化液中亚铁离子积累过多，使常温磷化膜易出现黄色锈迹；亚硝酸根含量过多时，磷化膜表面易出现白点。氟离子是一种有效催化剂，它可以加快磷化晶核的生长速度，使结晶致密，耐蚀性增强（在常温磷化中尤为突出）。例如，磷化液中加入氟化钠，可使磷化膜增厚，耐蚀性能提高，但氟化物用量过多时，会使结晶粗大，使常温磷化液的使用寿命缩短。

6）锌离子可以加快磷化速度，使磷化膜致密，结晶闪烁有光，允许在较宽的工作范围内工作，这一点在中温和常温磷化中尤为重要，仅含锰盐的磷化溶液，在中温或常温下不能生成磷化膜结晶。锌离子含量低时，磷化膜疏松发暗；锌离子含量过高时（特别是在亚铁离子和五氧化二磷较高时），磷化膜晶粒粗大，排列紊乱，脆弱且灰白较多。

7）锰离子可以提高磷化膜硬度、附着力和耐蚀能力，并能使磷化膜结晶均匀，颜色加深。但在中温和常温磷化液中，锰离子含量不可太高，否则不易生成磷化膜。中温磷化保持锌离子与锰离子之比为 1.5:1～2:1。

8）由于硫酸对金属腐蚀不均匀，易产生过腐蚀和挂灰现象（适当加入少量食盐，可减少挂灰现象）。因此，经过喷砂处理去掉表面锈蚀和氧化皮的工件，其磷化质量要比酸洗的效果好。另外，由于缓蚀剂多属有机化合物，其含量过高时，会吸附在工件表面上，使生成的磷化膜不均匀，甚至不生成磷化膜，故酸洗液里不宜加入缓蚀剂。

此外，工件经挤压、冷轧加工会形成硬化层，必须经过喷砂或强腐蚀处理，否则会使磷化速度变慢，结晶极细，甚至生不成磷化膜。

9）高、中碳钢和低合金钢较容易磷化，磷化膜黑而厚，但膜层有变粗的倾向。低碳钢磷化膜颜色较浅，结晶致密，如果在磷化前进行适当的浸蚀，可显著提高磷化膜质量。

10）溶液中含有铝、砷、铅、铜、硫酸根和氯根时，对磷化槽液是非常有害的，硫酸根离子的含量以不大于 0.5g/L 为宜，否则会延长磷化过程，磷化膜孔隙多，容易锈蚀。过量的硫酸根，可用硝酸钡沉淀，1g 硫酸根需用 2.7g 硝酸钡，但钡盐不可过量，以免延长反应时间，使膜层结晶粗大，表面白灰多。氯离子的含量不得大于 0.5g/L，其危害性与硫酸根相似。过量的氯离子，可用硝酸银沉淀，然后用铁屑或铁板置换残留的银离子。铜离子不论是在浸蚀溶液还是在磷化溶液中，均会导致工件表面发红，降低耐蚀性能。铜离子可用铁屑除去，当确定磷化液内有过量的有害杂质时，应重新配制溶液。

二、钢铁件的磷化准备和工艺流程

> 熟练掌握钢铁件磷化的准备和操作过程。

1）需要进行磷化的工件，必须先经过脱脂、除锈等预处理或喷砂处理后，方可进行磷化处理。

2）要熟悉磷化工艺流程和质量要求。

3）对需要进行磷化的工件进行检查，不能有影响质量的毛刺、砂眼和变形等质量缺陷。

4）磷化工艺流程为脱脂→清洗→浸蚀（或喷砂抛丸）→清洗→中和→冲水→磷化→清洗→封闭→干燥→下架检验。

三、磷化工艺操作

1）了解磷化件的技术要求和质量标准。

2）熟悉磷化工艺操作规程，及时补充溶液成分，对溶液温度进行检查，保证溶液的成分和工作条件在规定的范围之内。

第七章　金属的氧化和磷化

3）操作前提前5min打开抽风机抽风，并穿戴好劳动保护用品。

4）根据工件情况进行上架、装筐，按工艺流程进行磷化工艺操作。

5）操作过程注意事项

① 磷化前酸浸蚀液不宜加入缓蚀剂，因为这类有机物质会吸附在工件表面上抑制磷化反应，造成磷化膜不均匀。工件进行喷砂处理后，磷化质量较好，喷砂后的工件应尽快进行磷化，磷化前可增加表调工艺以确保质量。

② 磷化过程中会产生大量氢气，应注意工件的摆放，对有内腔的工件其开口要向上并尽量接近液面，使气体顺利溢出，对有不通孔或凹槽的工件其开口要尽量朝上并充满溶液，以使磷化膜完整。

③ 要及时清除磷化槽底部的磷酸铁沉淀。

④ 磷化后的工件如需提高其耐蚀性能，可在重铬酸钾为75～95g/L、碳酸钠为10～16g/L的80℃的溶液中进行封闭处理10min，也可将工件干燥后放在100～110℃的锭子油中浸10min，其工艺规范见表7-5。若磷化后进行喷漆，可待工件干燥后进行。

表7-5　磷化膜填充和封闭处理工艺规范

溶液成分及工作条件/（g/L）	填　充	封　闭
铬酐（CrO_3）	1～3	0
锭子油、全损耗系统用油、P—2防锈乳化液	—	100
温度/℃	70～90	105～115
时间/min	3～5	5～10

四、磷化膜的质量要求

1）外观为颜色均匀、结晶、细致的连续灰黑色或黑色的磷化膜。

2）能满足特定产品的耐磨、耐蚀等性能要求。

五、不合格磷化膜的退除

不合格的磷化工件可在1:1的盐酸溶液中退除，或在化学脱脂溶液中浸渍1～2min退除，或经喷砂退除后重新进行磷化处理。

第三节 铝及其合金的氧化

一、铝及其合金氧化的用途及其分类

1. 铝及其合金氧化的用途

金属铝是银白色的,相对原子质量为 26.98,密度为 $2.7g/cm^3$,熔点为 659.8℃,标准电极电位为 -1.66V。

铝及其合金由于有较高的力学性能,良好的导热性和导电性,而且无磁性,密度较小,所以在电子、电器、汽车、飞机等制造业中被广泛地使用。

铝及其合金的表面在大气中虽然能生成一层保护基体的氧化膜,但这层氧化膜为非晶态,膜层孔隙多,自我保护能力差。为了提高铝及其合金的耐蚀能力,通常进行氧化处理,使其表面生成不同厚度的氧化膜,以提高耐蚀能力和耐磨性,以及其他电学和物理性能。

用化学或电化学方法可以使铝及其合金获得氧化膜。根据使用电解液的不同,所获得的氧化膜性能也各不相同。经不同溶液的阳极氧化而生成的氧化膜具有不同的用途:

(1) 防腐蚀层 阳极氧化生成膜具有很高的化学稳定性,可以作为铝及其合金的防护层。防腐蚀能力与氧化膜的厚度及氧化膜的孔隙率和铝合金的成分有关,氧化膜厚的要比氧化膜薄的强,孔隙少的要比孔隙多的强,纯铝的膜比铝合金的膜强。

(2) 防护装饰层 工件外表有装饰要求时,需经化学或电化学抛光,然后在硫酸液中进行阳极氧化,能得到透明度很高的铝氧化膜。由于膜层有吸附有机和无机颜料的特性,因而可以获得不同的色彩,这些氧化膜除了有防护作用外,还能起到装饰作用。

(3) 硬质耐磨层 为了获得硬度较高而且又耐磨的氧化膜,可以在草酸或硫酸溶液中进行阳极氧化,获得的氧化膜硬度较高,而且氧化膜层比较厚,厚膜层上的孔为储油创造了有利条件,从而又增强了耐磨性。铝及其合金经氧化后生成氧化膜的硬度与其他金属的硬度对比见表 7-6。

表7-6　铝及其合金氧化膜与其他金属的硬度对比

材料名称	硬　度	材料名称	硬　度
未氧化纯铝	30～40HBW	淬火工具钢	1100HV
铝合金氧化膜	400～600HBW	硬铬镀层	700～800HV
纯铝氧化膜	1200～1500HV	刚玉	2000HV

（4）绝缘性　铝具有良好的导电性，铝及铝合金经阳极氧化后，氧化膜能起到绝缘作用。例如从草酸溶液的阳极氧化获得的氧化膜，其电阻率可达到$2000k\Omega \cdot m$，击穿电压高达980V。

（5）结合力　由于氧化膜是在基体上直接生成的，与基体的结合力非常好，用机械方法很难从基体上将其分离。显然它们之间的结合力要比其他电镀获得的镀层结合力要高得多，但氧化膜的脆性较大，经氧化后的工件不能承受较大的压力。

（6）电镀底层　铝及其合金直接电镀获取镀层是比较困难的，即使得到镀层也不能达到需要的性能，铝及其合金只有在表面附着一层附着力好的底层才可获得所需要的合格镀层，铝氧化膜既可作为电镀底层，也可作为喷漆用的底层。

2. 铝及其合金氧化工艺的分类

铝及其合金氧化工艺分为阳极氧化和化学氧化。其中，阳极氧化有硫酸、铬酸和草酸等类型；化学氧化有碱性化学氧化、磷酸盐-铬酸盐氧化、化学导电氧化等。

> 了解硫酸阳极氧化的优点和缺点。

（1）硫酸阳极氧化　在硫酸电解液中可以获得耐蚀性与耐磨性较高和吸附性较好的无色透明氧化膜，几乎所有的铝及其合金都能在这种电解液中进行阳极氧化。硫酸阳极氧化电解液成分比较简单，电能消耗少，氧化时间短，所以这种电解液在表面处理行业中得到广泛应用。这种电解液的缺点是工作过程中需要对溶液进行冷却，而且氧化膜须进行补充处理（封闭处理），才能获得较好的防护性能。其工艺规范见表7-7。

表 7-7　硫酸阳极氧化工艺规范

溶液成分及工作条件/(g/L)	配方 1	配方 2	配方 3
硫酸（H_2SO_4）	160~200	160~200	100~110
铝离子（Al^{3+}）	<20	<20	<20
温度/℃	13~26	0~7	13~26
电压/V	12~22	12~22	16~24
电流密度/（A/dm^2）	0.5~2.5	0.5~2.5	1~2
时间/min	30~60	30~60	30~60
阴极材料	纯铝或铅锡合金板	纯铝或铅锡合金板	铅板
阴极面积:阳极面积	1.5:1	1.5:1	1:1
搅拌	压缩空气搅拌		
电源	直流电	直流电	直流电

注：配方 1、3 适用于一般要求的铝及其合金的表面装饰处理。
配方 2 适用于硬度、耐磨性要求较高的铝及其合金的表面装饰处理。

铝及其合金在硫酸溶液中阳极氧化的特点是同时发生两个性质相反的过程：氧化膜的生成过程和氧化膜的溶解过程。这两个过程所占的比例大小决定于溶液的浓度、电流密度、温度及电解时间等因素。

1）对于硫酸浓度较高的溶液，氧化膜的形成速度减慢；反之，采用较稀的溶液有利于氧化膜的成长，但增大硫酸浓度能获得具有较高吸附能力的多孔膜层，其弹性也较好，所以生产中一般都采用体积分数为 10%~20% 的硫酸溶液。

2）电流密度是生成氧化膜的重要条件之一，适当提高阳极电流密度，氧化膜的生成可以加快，而且孔隙率高，对封闭和着色有利；若使用较小的电流密度，氧化膜的生成较慢，但膜层非常致密。在一定范围内，膜层的生成与电流密度成正比。但是不能认为只要加大电流密度，就能得到更厚的膜层。当电流密度超过 $6A/dm^2$ 时，膜的生成速度不但不能加快，反而减慢了。电流密度的大小，要根据阳极氧化的实际要求而定，一般在 $0.8~2.5A/dm^2$ 之间。

3）溶液温度是决定氧化膜质量的基本因素，它是重要的工艺条件之一。温度上升，膜层的溶解加快；温度过高时，甚至不能得到氧化膜。温度过低时，氧化膜脆而且易裂。所以，温度应在15~22℃的范围内最为适宜，在这个温度范围内得到的氧化膜耐蚀性能是较好的。

4）氧化时间对膜层的厚度和工件尺寸变化都有较大的影响。如果氧化时间过长，氧化膜反而会更薄。溶液的浓度、工作条件及需要的厚度，决定通电时间长短。对于公差要求较严的工件来说，在阳极氧化时所用时间就要特别加以控制。

> 了解铬酸阳极氧化的特性。

（2）铬酸阳极氧化　铬酸阳极氧化获得的氧化膜比较薄，其厚度只有2~5μm，膜层质软、弹性高，能保持原来工件的精度和表面粗糙度，基本上不降低原材料的疲劳强度。但是氧化膜的耐磨性不如硫酸阳极氧化膜，膜层不透明，颜色由灰白色到深灰色。该膜层与有机物的结合力良好，不但是油漆的良好底层，而且还广泛用于橡胶粘接件与蜂窝结构的面板。

由于铬酸对铝的溶解度较小，因此适用于工件尺寸公差小，表面粗糙度值要求小的工件以及一些铸件、铆接件和点焊件等，不适用于含铜高的铝合金工件。

铬酸阳极氧化无论溶液成本还是电力消耗，都比硫酸阳极氧化大，因此在使用方面受到限制。铝及其合金铬酸阳极氧化工艺规范见表7-8。

表7-8　铝及其合金铬酸阳极氧化工艺规范

溶液成分及工作条件/（g/L）	配方1	配方2	配方3
铬酐（CrO_3）	30~40	50~55	95~100
温度/℃	32~40	38~41	35~39
阴极电流密度/（A/dm²）	0.2~0.6	0.3~0.7	0.3~0.5
电压/V	0~40	0~40	0~40
时间/min	60	60	60
pH值	0.65~0.8	<0.8	—
阳极材料	铅板	铅板	铅板或石墨
适用范围	尺寸公差范围小的抛光工件	一般机械加工件、钣金件	纯铝及其他铝合金工件

在氧化开始 15min 内，使电压由 0 逐步上升到 40V，在 40V 下持续 45min 至氧化完全断电取出工件。

> 了解草酸阳极氧化的特性。

(3) 草酸阳极氧化　草酸阳极氧化获得的氧化膜厚度约为 8~20μm，耐蚀能力和硬度与硫酸阳极氧化膜差不多，孔隙率比硫酸阳极氧化膜要小。但绝缘性比较好，在不含铜的铝合金上可以获得银白色、黄铜色、黄褐色的装饰性膜层。

草酸阳极氧化成本较高，电能消耗比较大，因此这种工艺在阳极氧化中受到限制。一般只有工件有特殊要求时才使用此工艺。如制作电气绝缘保护层、日用品表面装饰等。草酸阳极氧化工艺规范见表 7-9。

表 7-9　铝及其合金草酸阳极氧化工艺规范

溶液成分及工作条件/（g/L）	配方 1	配方 2	配方 3
草酸（$H_2C_2O_4$）	47~53	50~70	80
蚁酸（HCOOH）	—	—	47
温度/℃	16~21	28~32	13~18
阴极电流密度/（A/dm^2）	2~3	1~2	4~5
电压/V	110~120	40~60	40 初始
时间/min	120	30~40	20~30
阴极材料	碳精棒	碳精棒	碳精棒
电源要求	直流电	直流电	直流电或交流电
适用范围	电气绝缘工件	表面装饰工件	快速氧化

> 熟悉化学氧化的工艺规范和化学氧化特点。

(4) 化学氧化

1) 化学氧化分类：按溶液酸碱性质可分为酸性化学氧化和碱性化学氧化；按氧化膜性能可分为氧化物膜层、磷酸盐膜层和铬酸盐膜层等。化学氧化膜一般较薄，有无色透明膜层、彩色膜层。氧化膜具有导电性能、一定的耐蚀性和装蚀性，在航空、机电、电子、日用品等方面有较广泛的应用。

第七章 金属的氧化和磷化

2）酸性化学氧化：表7-10为磷酸盐-铬酸盐氧化工艺规范。

表7-10 磷酸盐-铬酸盐化学氧化工艺规范

溶液成分及工作条件	配方1	配方2
磷酸（H_3PO_4）/(mL/L)	50～60	45
铬酸（CrO_3）g/L	20～25	6
氟化氢铵[(NH_4)HF_2]/(g/L)	3～3.5	—
硼酸（H_3BO_3）/(g/L)	1～1.2	—
氟化钠(NaF)/(g/L)	—	3
温度/℃	30～36	15～35
时间/min	3～6	10～15

此工艺又称为磷化法，膜层颜色为无色到浅蓝色，膜层致密，膜层厚度约为3～4μm，为提高其耐蚀性，经氧化清洗后的工件可在40～45g/L的重铬酸钾溶液中于90～100℃下钝化10min，清洗后于60℃烘干。适用于各种铝及其合金材料。

3）碱性化学氧化 其工艺规范见表7-11。

表7-11 碱性化学氧化工艺规范

碱性化学氧化成分及工作条件/(g/L)	含量
无水碳酸钠（Na_2CO_3）	50
铬酸钠（Na_2CrO_4）	15
氢氧化钠（NaOH）	2.5
温度/℃	80～100
时间/min	10～20

经化学氧化后的工件清洗干净后，在20g/L的铬酸溶液中进行钝化处理5～15s，再次清洗、干燥，膜层颜色为金黄色，厚度约为0.5～1μm，适用于纯铝和铝镁合金。

（5）磷酸盐-铬酸盐化学氧化 此工艺使用磷酸较多，也称为磷化法。氧化膜颜色为无色到浅蓝色，膜层厚度约3～4μm，氧化膜致密，耐蚀性高，氧化后工件尺寸无变化，适用于各种铝及其合金。

为加强它的耐蚀能力，可对氧化膜进行填充处理，即将氧化工件清洗干净后在温度为 90~100℃ 的 40~45g/L 重铬酸钾溶液中浸渍 10min，然后清洗干净，在 65℃ 左右的烘箱中进行干燥即可，适用于一般工件。也可以在温度为 90~100℃ 的 20~30g/L 的硼酸溶液中浸渍 10~15min，然后清洗干净，在低于 70℃ 的烘箱中进行干燥处理。磷酸盐-铬酸盐化学氧化工艺规范见表 7-12。

表 7-12　磷酸盐-铬酸盐化学氧化工艺规范

溶液成分及工作条件/（g/L）	配方一	配方二
磷酸（H_3PO_4）	50~60mL/L	45
铬酐（CrO_3）	20~25	6
氟化氢铵［$(NH_4)HF_2$］	3~3.5	—
硼酸（H_3BO_3）	1~1.2	—
氟化钠（NaF）	—	3
温度/℃	30~36	15~35
时间/min	3~6	10~15

注：配方一适用于处理铆钉等小件；配方二获得的氧化膜较薄，韧性好，耐蚀能力也较强，适用于氧化后需要变形加工的铝及其合金。

除了以上所述的化学氧化和磷酸盐-铬酸盐化学氧化溶液配方外，化学氧化的溶液配方还有很多，其工艺规范见表 7-13。由于化学氧化设备简单，根据不同的化学溶液配方可以得到透明、彩色、导电等不同性能和用途的氧化膜，因此在航空、电气、日用品等方面有着广泛的应用。化学氧化是铝合金氧化中重要的一个分支。

表 7-13　化学氧化工艺规范

溶液成分及工作条件/(g/L)	配方一	配方二	配方三
磷酸（H_3PO_4）	22	—	—
铬酐（CrO_3）	2~4	4~6	3.5~6
氟化钠（NaF）	5	1	0.8
硼酸（H_3BO_3）	2	—	—
铁氰化钾	—	0.5	—

（续）

溶液成分及工作条件/(g/L)	配方一	配方二	配方三
重铬酸钠（$Na_2Cr_2O_7$）	—	—	3～3.5
温度/℃	室温	30～35	25～30
pH	—	—	1.5
时间	15～60s	20～60s	3min

二、铝及其合金的氧化准备

铝及其合金氧化时，首先确认电源是否正常，电源应采用设有电压和电流调节的整流电源，电源整流器的波纹系数不大于10%。

有加热或冷却要求的槽子（清洗槽除外），应有温度控制和指示装置。使用有腐蚀性气体和挥发性有害气体的槽子时，应先打开排风系统5min后方可进行生产。

操作时，应穿戴好劳动保护用品，注意安全防护。如果采用压缩空气搅拌，要确保输出的压缩空气是洁净的。用来导电的电极，应该有良好的电接触，表面不能有妨碍导电的物质。确定各槽液的化学成分和浓度都在工艺范围内。

选择适当工件夹具或专用挂具，挂具须有良好的导电性，其主体材质可采用纯铝或铝合金和钛材制作，在保证通电良好的情况下，工件与挂具的接触点要少，专用挂具和通用挂具均要有弹性，接触要牢靠。

夹具或专用挂具在使用前要经过碱浸蚀，去掉表面的氧化膜。

三、铝及其合金的化学氧化操作

1. 铝及其合金化学氧化工艺流程

脱脂→清洗→碱腐蚀→清洗→硝酸出光→清洗→化学氧化→清洗→封闭→清洗→干燥→检验包装。

2. 化学氧化操作及注意事项

1）化学脱脂是化学氧化的一个重要环节，如果脱脂不彻底，直接影响氧化膜的质量。工件表面油污较重时，应先用其他方式清除油污，方能入槽脱脂，在脱脂过程中，应随时除去溶液表面的油污，防止脱脂后的工件发生二次污染。经常查看溶液温度，加温有利于加快脱脂速度，但温度过高，乳浊液不稳定。所以，工作温度应控制在 80~90℃ 之间，正常情况 5~15min 工件表面油污就能清洗干净，如果超过 15min 还未除去油污，说明溶液成分不对，应调整或更换溶液。

2）将化学脱脂后洁净的工件，放入化学碱浸蚀溶液中进行碱浸蚀，操作过程中要轻轻抖动挂具，使工件得到均匀浸蚀，但不可用力过猛，防止工件掉入浸蚀槽中造成工件过腐蚀。碱浸蚀溶液的温度不宜过高，应控制在 60~70℃ 之间。新配制的溶液浸蚀时间取下限，控制在 0.5~1min 之间。为保证工件精度，对精度要求高的工件只可浸蚀一次，对精度要求不高的工件允许返修两次。

3）硝酸出光。碱浸蚀后的工件表面有一层均匀的黑膜，可在硝酸溶液中退除。时间不宜过长，黑膜除尽为止。

4）化学氧化。按照图样要求选择化学氧化工艺方法。将工件放入化学氧化槽中，轻轻抖动工件，注意不要使工件相互碰撞。化学氧化过程较短，时间控制很关键，氧化时间可根据溶液的氧化能力和温度来确定。温度低、氧化能力弱时，可适当延长氧化时间；氧化能力强、温度高时，可适当缩短氧化时间。

5）氧化后工件应立即清洗干净，并在温水中烫洗，温度控制在 50℃ 为好，这样便于将工件上的残液洗净。为了进一步提高耐蚀性能，还可以进行封闭处理，然后把工件清洗干净，放在低于或等于 70℃ 烘箱内干燥即可。由于氧化膜膜层只有 3~4μm，装卸工件时要轻拿轻放，不能划伤、碰伤工件。

6）将合格的工件单独包装，整齐地摆放在成品箱中。

注意：热水洗在氧化前进行的，水温不得低于 80℃，这样有利于将工件上的残液洗净。氧化后的热水洗，主要是使工件快速干燥，水温不能超过 50℃，否则会损伤氧化膜。

四、铝及其合金的阳极氧化操作

铝及其合金阳极氧化工艺很多，在生产中应用最广泛的是硫酸阳极氧化，其工艺特点：将铝及其合金在体积分数为10%～20%的硫酸电解液中，通电进行阳极氧化处理，所获得的氧化膜具有较强的吸附能力、较高的硬度、良好的耐磨性能和耐蚀性能，氧化膜呈无色透明，容易染成各种美丽的颜色。

硫酸阳极氧化还具有溶液稳定，杂质允许范围宽，与铬酸、草酸阳极氧化相比，消耗电能少，操作方便，成本低廉。但由于氧化过程中要求电解液温度较低，一般需要安装冷却系统。

硫酸阳极氧化适用于大部分的铝及其合金的氧化处理。

1. 铝及其合金阳极氧化工艺流程

有机溶剂脱脂→上挂具→化学脱脂→化学浸蚀→热水清洗→流动冷水清洗→硝酸出光→流动冷水清洗→硫酸阳极氧化→流动冷水清洗→封闭处理→流动冷水清洗→压缩空气吹干→卸挂具→检验→包装。

2. 铝及其合金阳极氧化操作要点

1）首先起动硫酸阳极氧化生产线的设备，如排风系统、加热设备、冷却设备及空气搅拌系统。确定各溶液的指标都在工艺范围内，氧化用的电源工作正常，擦拭导电杠，保证氧化过程正常供电。硫酸阳极氧化工艺涉及到的都是强酸、强碱，所以在操作过程中要严格遵守"安全操作规程"，穿戴好劳动保护用品，防止人身伤害。操作前，应熟悉图样的技术要求，核对工件材料及数量，并计算入槽的电流密度。

2）将经过前处理的工件装挂，挂具要求具有良好的导电能力，在保证通电良好的情况下，工件与挂具的接触点越少越好。专用挂具和通用夹具均要求有弹性，接触要牢固。阳极氧化的装夹工件非常重要，这是获得合格氧化膜的关键条件之一。夹具在使用前要经过碱浸蚀，工件与夹具的接触要好、要牢。对于有口和不通孔的工件，口要朝上放置，不影响气体的排出，防止压空气。同一材质工件应使用同一夹具，且夹具形状应为圆形，以便分散电力线，防止烧断挂具。

3）进行硫酸阳极氧化，将工件挂在阳极杠上，起动阳极氧化电源，电压应逐渐升高，并应轻微抖动工件，阴、阳极不允许互相碰撞，氧化过程中要注意电压、温度、时间等工艺参数是否正常。经常观察工件的导电情况，装夹工件的挂具与溶液交接处应能够看到气泡产生，同时阴极也有气泡产生，则证明导电良好，反之，则不导电。不导电的工件要及时取出，经过碱浸蚀后再重新氧化。阳极氧化完成时，应先停电，然后取出工件。工件入槽和出槽都要轻拿轻放，防止溅起溶液伤害操作者。

4）进行封闭处理，热水封闭宜采用蒸馏水或去离子水，而不用自来水，以防水垢吸附在氧化膜孔中影响氧化膜的质量。

5）从挂具上卸工件时，注意不要划伤工件而导致氧化膜被破坏。自检氧化后的工件是否符合图样要求，不合格的工件应及时返修。

6）成品检验，参照铝及其合金氧化膜的质量要求进行。

7）产品包装，将合格的工件单独包装，摆放在产品箱中，注意文明生产。

3. 注意事项

氧化后需要着色的工件，着色前应用流动冷水仔细清洗，不能用热水洗。氧化后的工件不能用手摸，任何油污、液体吸附在氧化膜上都会影响着色的质量。氧化后的工件应在 30min 内迅速着色。纯铝、铝镁和铝锰合金经阳极氧化后，可以着成各种鲜艳的颜色。而铝硅系合金由于氧化膜发暗，只能着成深色。需要喷漆的氧化工件，阳极氧化后在 24h 内必须完成喷漆工序。

五、对铝及其合金电化学氧化和化学氧化的质量要求

1）外观颜色均匀，不应有无氧化膜现象（除挂具点一小部分外）。

2）不应有严重水迹、发花、挂灰、烧焦、过腐蚀、疏松氧化膜、划伤、脏污等现象。

3）电学和物理性能应能满足图样的技术要求。

六、不合格氧化膜层的退除

对于铝及其合金阳极氧化不合格的工件，可直接在碱浸蚀液中

退除,退除时间以氧化膜退尽为止。精密工件可在下述工艺规范下退除:

磷酸(H_3PO_4)	35~40mL/L
铬酐(CrO_3)	15~20g/L
温度	70~90℃
时间	退尽为止

复习思考题

1. 什么是发蓝,简述发蓝的用途。
2. 为什么发蓝后要进行填充处理?
3. 简述发蓝的工艺流程,在操作过程中应注意什么?
4. 什么是磷化?其主要用途有哪些?
5. 简述磷化的工艺流程,在操作过程中应注意什么?
6. 磷化后为什么要进行封闭处理和填充处理?
7. 什么样的发蓝膜层是合格的?不合格的膜层怎样退除?
8. 什么样的磷化膜是合格的?不合格的膜层如何退除?
9. 在铝件硫酸阳极氧化过程中,温度对氧化膜有何影响?应该如何控制?
10. 铝及其合金阳极氧化膜的性质有哪些?
11. 铝件的阳极氧化挂具制作有哪些要求?工件在装夹时有哪些注意事项?

第八章 电镀清洁生产

培训学习目标 通过本章的学习,应该知道清洁生产的定义、内容及开展清洁生产的意义;了解电镀行业的现状、电镀"三废"的来源和危害性、电镀行业实施清洁生产的措施、电镀废水的排放标准,掌握电镀废水处理的基本方法。

第一节 概 述

一、清洁生产的定义

> 了解电镀清洁生产的基本知识。

清洁生产是指不断采取改进设计、使用清洁的能源和原料、采用先进的工艺技术与设备、改善管理、综合利用等措施,从源头削减污染,提高资源利用效率,减少或者避免生产、服务和产品使用过程中污染物的产生和排放,以减轻或者消除对人类健康和环境的危害。清洁生产的实质是预防污染。

清洁生产是一项实现经济与环境协调发展的重要措施。清洁生产是一种新的创造性的思想。该思想将整体预防的环境战略持续地应用于生产、产品和服务等全过程中,以增加生态效率和减少对人类及其生存环境的风险。清洁生产对生产过程,要求采用清洁工艺和生产技术,提高能源、资源的利用率,以及通过资源削减和废物回收利用来减少和降低所有废物的数量和毒性;对产品和服务而言,

第八章　电镀清洁生产

要求对产品的全生命周期实行全过程管理控制,从考虑产品的配方设计、有毒有害的原辅材料替代、节约能源与资源、包装与消费方式到生产工艺、生产的操作管理直至废弃物的回收利用等环节,并且要将环境因素纳入到设计和所提供的服务中,从而实现经济与环境协调发展。

清洁生产已成为当今世界的一种国际潮流,是实现社会可持续发展的惟一途径,是可持续发展战略指引下的一种全新的生产模式,是实现经济与环境协调发展的重要有效手段。2003年1月1日《中华人民共和国清洁生产促进法》正式施行,为我国推行清洁生产提供了法律依据。为了认真贯彻落实《中华人民共和国清洁生产促进法》,加快推行清洁生产,提高资源利用效率,减少污染物的产生和排放,保护环境,增强企业竞争力,促进经济社会可持续发展,国家发展改革委员会、国家环保总局等十一部委发布《关于加快推行清洁生产的意见》。清洁生产是工艺发展的一大趋势,是对粗放的传统工业发展模式的根本变革,是走新型工业化道路、实现可持续发展战略的必然选择,也是适应我国加入世界贸易组织、应对绿色贸易壁垒、提高企业整体素质和增强企业竞争力的一项重要措施。环境管理体系是企业管理的组成部分,能够帮助企业从环境管理方面促进清洁生产的实施。开展ISO14000认证,可以提高清洁生产水平。

清洁生产是从全方位、多角度的途径去实现清洁生产的。与末端治理相比,它具有十分丰富的内涵,主要表现在:用无污染、少污染的产品代替毒性大、污染重的产品;用无污染、少污染的能源和原材料代替毒性大、污染重的能源和原材料;用消耗少、效率高、无污染、少污染的工艺、设备代替消耗高、效率低、产污量大、污染重的工艺、设备;最大限度地利用能源和原材料,实现物料最大限度的厂内循环;强化企业管理,减少跑、冒、滴、漏和物料流失;对必须排放的污染物,采用低费用、高效能的净化处理设备和"三废"综合利用的措施进行最终的处理和处置。

清洁生产除强调"预防"外,还体现了以下两层含义:其一是可持续性,清洁生产是一个相对的、不断的持续进行的过程;其二是防止污染物转移,将气、水、土等环境介质作为一个整体,避免末端治理中污染物在不同介质之间进行转移。

清洁生产的内容,包括清洁的能源、清洁的生产过程、清洁的产品。清洁的能源,指采用各种方法对常规的能源采取清洁利用的方法,如城市煤气化供气等;对沼气等再生能源的利用;太阳能、风能等新能源的开发以及各种节能技术的开发利用。清洁的生产过程,是指尽量少用或不用有毒有害的原辅材料;采用无毒、无害的中间产品;选用少废、无废工艺和高效设备;尽量减少生产过程中的各种危险性因素,如高温、高压、低温、低压、易燃、易爆、强噪声、强振动等;采用可靠、简单的生产操作和控制方法;对物料进行内部循环利用;完善生产管理,不断提高科学管理水平。清洁的产品是指产品设计应考虑节约原材料和能源,少用昂贵和稀缺的原料;产品在使用过程中以及使用后不含危害人体健康和破坏生态环境的因素;产品的包装合理;产品寿命和使用功能合理;产品使用后易于回收、重复使用和再生。

二、清洁生产的意义

1. 工业污染治理所面临的问题

发达国家在20世纪60年代和70年代初,由于经济快速发展,忽视对工业污染的防治,致使环境污染问题日益严重。公害事件不断发生,如日本的水俣病事件,对人体健康造成极大危害,对生态环境造成严重破坏,社会反映非常强烈。环境问题逐渐引起各国政府的极大关注,并采取了相应的环保措施和对策。例如,增大环保投资,建设污染控制和处理设施,制定污染物排放标准,实行环境立法等,以控制和改善环境污染问题,取得了一定的成绩。但是通过10多年的实践发现:这种仅着眼于末端控制和治理,使产生的污染物通过治理达标排放的办法,虽在一定时期内或在局部地区起到一定的作用,但并未从根本上解决工业污染问题。其原因在于:

1)随着生产的发展和产品品种的不断增加,以及人们环境意识的提高,对工业生产所排污染物的种类检测越来越多,规定控制的污染物(特别是有毒有害污染物)的排放标准也越来越严格,从而

第八章 电镀清洁生产

对污染治理与控制的要求也越来越高。为达到排放的要求,企业要花费大量的资金,大大提高了治理费用,即使如此,一些要求还难以达到。

2)由于污染治理技术有限,治理污染实质上很难达到彻底消除污染的目的。因为一般末端治理污染的办法是先通过必要的预处理,再进行生化处理后排放。而有些污染物是不能生物降解的污染物,只是稀释排放,不仅污染环境,甚至有的治理不当还会造成二次污染;有的治理只是将污染物转移,废气变废水,废水变废渣,废渣堆放填埋,污染土壤和地下水,形成恶性循环,破坏生态环境。

3)逐渐显露出末端治理的弊端。首先,末端治理设施投资大、运行费用高,造成企业成本上升,经济效益下降;第二,末端治理存在污染物转移等问题,不能彻底解决环境污染;第三,末端治理未涉及资源的有效利用,不能制止自然资源的浪费,使一些可以回收的资源(包含未反应的原料)得不到有效地回收利用而流失,致使企业原材料消耗增高,产品成本增加,经济效益下降,从而影响企业治理污染的积极性和主动性。因此,发达国家通过治理污染的实践,逐步认识到防治工业污染不能只依靠治理末端的污染物,要从根本上解决工业污染问题,必须遵循"预防为主"的原则,将污染物消除在生产过程之中,实行工业生产全过程控制。20世纪70年代末期以来,不少发达国家的政府和各大企业集团(公司)都纷纷研究开发和采用清洁工艺(少废、无废技术),开辟污染预防的新途径,把推行清洁生产作为经济和环境协调发展的一项战略措施。

2. 我国经济发展面临的问题

长期以来,我国经济发展一直沿用以大量消耗资源、粗放经营为特征的传统发展模式,通过高投入、高消耗、高污染来实现较高的经济增长。20世纪80年代以来,随着改革开放的不断深化,我国经济得到了高速发展,经济效益也有了很大提高,但从总体上看,我国工业生产的经济技术指标仍大大落后于发达国家。经济的高速增长,城市化进程的加快,各种资源的开发和消耗不断增加,由于传统的生产模式导致资源利用不合理,大量的资源和能源变成"三废"排入环境,对环境带来了很大的影响。根据1994年中国环境状况公报(不包括乡镇工业),全国废气排放量 11.4 万亿 m^3,SO_2 排放量达 1825 万 t,全国普遍存在酸雨的污染问题。某些城市,如长沙、赣州和宜宾等酸雨的出现频率达 90%,部分地区已被列为世界三大酸雨区之一。1994 年,全国废水总排放量 365.3 亿 t,其中工业废水排放量 215.5 亿 t,占总废水排放量的近六成。

20 世纪 70 年代以来,虽然我国明确提出了"预防为主、防治结合"的工业污染防治方针,并通过合理产业布局,调整原材料和能源结构,调整产品结构,加强技术改造,开发新资源,对"三废"进行综合利用,强化环境管理等手段防治工业污染,但"预防为主"的方针并没有形成完整的法规和制度,而且预防不是侧重于"源头削减",而侧重于末端治理,如"三同时"、"限期治理"、"污染集中控制制度"、"浓度达标排放"等,这些都是末端治理的措施。

通过 20 多年来我国在环境保护方面的巨大努力,虽然使得工业污染物排放总量没有同经济发展一起增长,某些污染物排放量还有所降低,但我国总体环境状况仍趋向恶化。每年因为环境污染所造成的经济损失高达 1000 亿元,如此惊人的数字,已使社会难以承受。而环境和资源所承受的压力,反过来又严重制约着社会经济的发展。这种经济发展与环境保护之间的不协调现象,其表现越来越明显,已不容继续存在下去了。

3. 开展清洁生产的意义   实施清洁生产的意义是基本知识,需要知道。

清洁生产是一种全新的发展战略,它借助于各种相关理论和技术,在产品的整个生命周期的各个环节采取"预防"措施,通过将生产技术、生产过程、经营管理及产品等方面与物流、能量、信息等要素有机结合起来,并优化运行方式,从而实现最小的环境影响、最少的资源、能源使用最佳的管理模式以及最优化的经济增长水平。更重要的是,环境作为经济的载体,良好的环境可更好地支撑经济的发展,并为社会经济活动提供所必须的资源和能源,从而实现经济的可持续发展。

(1) 开展清洁生产是实现可持续发展的惟一途径 1992 年 6 月在巴西里约热内卢召开的联合国环境与发展大会上通过了《21 世纪

第八章 电镀清洁生产

议程》。该议程制定了可持续发展的重大行动计划，并将清洁生产看作是实现可持续发展的关键因素，号召企业提高能效，开发更清洁的技术工艺，更新、替代对环境有害的产品和原材料，实现对环境、资源的有效保护和管理。

（2）开展清洁生产是控制环境污染的有效手段　清洁生产彻底改变了过去被动的、滞后的污染控制手段，强调在污染产生之前就予以削减，即在产品及其生产过程并在服务中减少污染物的产生和对环境的不利影响。这一主动行动，鼓励企业采用改进生产方式，改变原料，加强设备维护等花费低、效益高的污染预防技术。经近几年国内外的许多实践证明，具有效率高、可带来经济效益、容易为企业接受等特点，因而实行清洁生产将是控制环境污染的一项有效手段。

（3）开展清洁生产是减轻末端治理负担的重要措施　末端治理作为目前国内外控制污染最重要的手段，为保护环境起到了极为重要的作用。然而，随着工业化发展速度的不断加快，末端治理这一污染控制模式的种种弊端逐渐显露出来。

清洁生产从根本上扬弃了末端治理的弊端，它通过生产全过程控制，减少甚至消除污染物的产生和排放。这样不仅可以减少末端治理设施的建设投资，也减少了其日常运转费用，大大减轻了企业的负担。

（4）开展清洁生产是提高企业竞争力的最佳途径　提高企业的市场竞争力，是企业的根本要求和最终目标。开展清洁生产的本质在于实行预防污染和全过程控制，它将给企业带来不可估量的经济、社会和环境效益。

清洁生产是一个系统工程，一方面它提倡通过工艺改造、设备更新、废弃物回收利用等途径，实现"节能、降耗、减污、增效"，从而降低生产成本，提高企业的综合效益；另一方面它强调提高企业的管理水平和员工的整体素质，包括管理人员、工程技术人员、操作工人在内的所有员工在经济观念、环境意识、参与管理意识、技术水平、职业道德等方面的素质。同时，清洁生产还可有效改善操作工人的劳动环境和操作条件，减轻生产过程对员工健康的影响，为企业树立良好的社会形象，促使公众对其产品的支持，提高企业的市场竞争力。

第二节 电镀清洁生产

一、电镀行业的现状

电镀工业是我国重要的加工行业，据粗略估计，全国现有 15000 家电镀生产厂点，从业人员总数超过 50 万人，约有 50000 多条生产线。电镀行业年产值约为 100 亿元人民币。由于电镀企业具有投入少，便于作坊式生产的特点，所以近十年来，很多小厂点如雨后春笋应运而生。

我国电镀行业的企业规模普遍较小，用于技术改造和技术引进的投资有限；由于缺乏专业性训练和在岗培训，生产工人的技术水平都比较低；大部分的企业仍然沿袭粗放型经营管理模式，造成生产效率低，原辅材料和能源消耗比较高，适应市场变化能力比较差，因此经济效益也不高。

电镀行业所产生的污染物非常多，造成的后果也是相当严重的。电镀生产过程中排放的有毒废气、废水、废渣是环境的主要污染源之一。在国家规定检查的 19 种污染环境的物质之中，电镀废水中就有 14 种之多，所以对电镀废水的治理是重中之重。由于我国电镀厂点小、多、分散，且大部分硬件不足、处理软件几乎无从谈起，所以我国每年约有千万吨含一类剧毒物（Cr^{6+}、CN^- 等）废水在直接排放。电镀废水污染江、河、湖、海，危害人畜健康，破坏生态系统。

电镀生产过程中，除了产生大量的废水外，还要排出大量的废气。这些废气一方面严重影响工作人员的身体健康；另一方面严重腐蚀生产设备，伤害各种生物，污染环境。

电镀生产过程中还产生大量的废渣，这些废渣若直接倒掉，既严重污染环境，又使许多贵重的有色金属流失。据估计，每年随废水和废渣流失的铜、镍等金属可达数万吨。如果能将其大部分回收利用，既有显著的经济效益，又有良好的社会效益。

二、电镀"三废"的来源及其危害性

1. 废气的来源和危害性

在电镀生产过程中所排出的废气可分为两类：一类是含尘气体，如磨光、抛光、喷砂等工序在操作过程中产生的灰尘，这些灰尘的颗粒都比较大，通常会较快地落在地面上，若不收集处理此类含尘气体，这些灰尘将会飘散在一定范围内，不仅污染环境，而且人体吸入后会导致哮喘、支气管炎、矽肺病等病症；另一类是含有有毒物质的气体，如氮氧化物（NO_2、NO）气体、氰氢酸、二氧化硫、硫化氢、铬雾等。

（1）酸碱废气　电镀前处理的脱脂、浸蚀工序在生产过程中将产生大量的酸碱废气，这对人的呼吸系统有严重的刺激性。

（2）氮氧化物废气　铜、铝等工件在采用硝酸处理过程中将产生大量的氮氧化物废气。其中一氧化氮（NO）与血液中血红蛋白相结合生成不活泼的氧化氮血红蛋白，引起组织缺氧；二氧化氮（NO_2）刺激肺和气管而引起咳嗽、血压下降、神经系统麻痹与慢性气管炎，甚至会因为血液变质而引起死亡。

（3）含氰废气　在氰化镀铜、氰化镀银等工序中都会产生含氰废气——氢氰酸（HCN），它有苦杏仁气味，电镀车间中氢氰酸以蒸气状存在，可以被多种物质，如木材、砖墙、水泥等吸收。氢氰酸是一种剧毒物质，只需 50mg 便能致人死亡。

（4）铬酸废气　在镀铬过程中，将产生大量铬酸废气，它能引起人的上呼吸道感染、铬疮、皮炎等病。与其长期接触后，使鼻中隔受到酸蚀，引起糜烂、溃疡而造成鼻中隔穿孔。

（5）含苯废气　通常是在使用苯、甲苯、二甲苯等有机溶剂脱脂过程中便会产生含苯废气。苯类废气主要通过呼吸道进入人体内，也可由皮肤吸收进入人体内。在通风不良的环境中工作，短时期内吸入高浓度的苯类蒸气可引起急性中毒；而长期吸入较低浓度的苯类蒸气，也可引起慢性中毒，如记忆力减退、乏力、眼睛失明、白细胞减少、血小板和红细胞降低等症状。

车间操作区空气中有害物质的最高容许浓度见表 8-1。

表 8-1　车间空气中有害物质的最高容许浓度

物 质 名 称	最高容许浓度/（mg/m³）
抛光、磨光和喷砂的粉尘	10
硫酸、三氧化硫	2
氧化氮	5
氢氰酸、氢氰酸盐	0.3
三氧化铬、铬酸盐、重铬酸盐	0.05
苯	40
甲苯、二甲苯	100

2. 废水的来源和危害性

（1）废水的来源　了解电镀废水的来源，对于设法减少废水排放量、降低废水中所含有毒物质和重金属的浓度都有很大的帮助。电镀废水的主要来源有生产过程中镀件的清洗、镀液的带出、镀液的过滤、镀液的跑冒滴漏以及镀液的废弃和更新等。

1）清洗：清洗过程是电镀废水的最主要来源。无论是电镀前预处理、电镀、电镀后处理过程中，镀件从一种溶液进入另一种溶液之前，都要清洗，在此过程中就把许多有害物质带入水中。例如，前处理时产生酸碱废水；镀铜、镀镍时产生含有重金属废水；钝化处理时产生含铬废水等。

2）溶液的带出：在电镀生产过程中，操作时常有各种溶液被带出，多数带出溶液进入清洗水中。例如，因挂具设计不合理，操作时在溶液槽上方停留时间短，都容易增加溶液的带出量，而这些被带出的溶液都汇集到废水中。

3）溶液的过滤：过滤也是电镀废水的重要来源之一。例如，在过滤过程中，过滤机出现渗漏和灌引水后再排引水时的疏忽而流失等；过滤后，对过滤机、槽子和滤纸、滤芯等进行清洗时，连同滤渣和水一起排入废水中；镀液过滤后，镀槽底部常有浓的、杂质多的液体，如碱性镀锌等，一般是将这些难以处理的泥渣用水稀释而排入废水中。

4）溶液的废弃：在电镀生产过程中，所用的许多溶液都有一定寿命，当杂质积累过多时，若对杂质难以处理或处理成本过高时，就不得不将其废弃。在更换溶液时，可采取尽力回收处理的措施，但是在处理过程中，总是或多或少有废液废渣排入废水中。

(2) 废水的危害性

1) 酸碱废水：酸碱废水是电镀废水中数量较大的一种废水。酸碱废水对江河湖海中的微生物有益菌的生长有损害，不利于自然净化，对鱼类等水生动物危害更大；酸碱废水排入农田牧场，会影响土壤团粒结构，破坏作物对有机肥或化肥的吸收，损害农作物生长，导致庄稼萎缩；酸碱废水混入生活饮用水中，人畜长期饮用后，其后果不堪设想。

2) 含氰废水：含氰废水主要来自氰化镀铜、氰化镀银等和不合格镀层的退除过程，含氰废水是电镀生产中毒性最大的废水。氰化物易溶于水，在地面水中不稳定，人体对氰化钠的中毒致死剂量为0.2g，对氰化钾的中毒致死剂量为0.10~0.15g。

3) 含铬废水：含铬废水也是电镀生产中的主要废水之一。铬酸可通过呼吸道、消化道、皮肤和粘膜进入人体，在人体中主要积淀在肝、肾和内分泌腺中，极易引起呼吸道炎症，如鼻炎、咽炎、支气管炎，严重时造成鼻穿孔；积淀于肝、肾脏会引起肝硬化，导致肝癌；Cr^{6+}还是致皮炎、呼吸道癌症的物质之一，它还会导致皮炎，铬酸能侵蚀皮肤，在皮破损伤处会引起疼痛刺骨且难治愈的铬疮。经还原处理后的三价铬对高等动物毒性减弱，但对鱼类、海洋渔业危害仍极大。

4) 含重金属废水：在电镀生产中，常使用多种重金属化合物，如镉、铅、铜、镍、锌、银、金等，都有不同程度的毒性，尤其是镉、铅、铜的毒性最大。

① 镉。金属镉及其化合物都有剧毒性，慢性镉中毒就会导致"疼痛病"，原因是镉取代了骨骼中的钙而使骨质变软，导致骨骼变形，身躯缩短，全身疼痛。镉还可通过母体遗传给婴儿，毒害后代。

② 铅。金属铅及其化合物都有毒性，铅中毒后能引起贫血、神经衰弱、高血压、肾炎等，也会损害肠胃。

③ 铜。金属铜本身毒性很小，但铜盐都具有比较大的毒性，尤

其是硫酸铜,只要食入 0.65~0.915g 就会引起严重中毒。铜盐会引起呕吐,主要损害肝肾;皮肤接触铜化合物,会引起皮炎和湿疹,严重时会发生皮肤坏死。

④ 镍。镍是致癌物质之一,它进入人体后,主要存在于脊髓、脑、肺和心脏,以肺为主,对电镀操作人员易引起镍皮炎。

⑤ 锌。锌是人体必不可少的元素之一,但过量的锌会造成急性肠胃炎,引起溃疡。

⑥ 金、银。金、银等贵重金属对人均有害,在生产中应注意节约、加强回收利用。

5) 含有机络合物废水:含有机物及含磷的清洗剂,会使硅藻类猛长,消耗大量溶解氧,能引起鱼类窒息死亡;络合物会诱导致癌;废水中的硼会导致女性不育。一些冷脱剂及三氯乙烯等会导致血液中毒,破坏臭氧层。

3. 废渣的来源及危害性

废渣主要来源于溶液槽底沉积的泥渣和污水处理过程中沉积的处理废渣等,其危害性是一方面造成大量资源浪费,即使回收利用,也会有一部分丢失,影响企业的经济效益;另一方面对环境影响严重,容易从土壤转移到水等其他介质中,对人体健康产生不良后果,造成严重的社会影响。

三、电镀行业实施清洁生产的措施

> 电镀行业实施清洁生产的措施是要点,应该理解和掌握。

电镀行业是一个消耗能源和资源多、污染环境严重的行业,清洁生产为电镀行业持续健康发展指明了方向、明确了方法。那么,如何根据每一个企业自身状况实施清洁生产,从而实现减污、降耗、增效呢?电镀企业可以从以下几个方面着手:

1. 加强管理,完善工艺

在电镀生产过程中,能源的消耗、污染物的产生与从业人员的素质有直接的关系,而企业管理者又是决定的因素。所以,首先要从提高管理人员自身素质开始,使其既要懂管理,又要会技术,实

第八章 电镀清洁生产

行岗位分工,由工艺员专职负责工艺规程的制订和监督执行,加强对电镀溶液的维护,延长其使用寿命和周期;再者是要加强操作人员的工作责任感,严格执行操作规程,注意每一个工艺环节,提高产品质量,降低返修率。

2. 开发和完善电镀设备

要实现电镀行业的清洁生产,必须要提供先进高效的电镀生产设备。首先是提高现有设备的性能与质量,尽快缩小与国外先进设备的差距,进而全面达到国际先进水平;其次,要适应清洁生产的需求,电镀设备及其配套设备都必须不断完善、提高采用低能耗的开关电源和脉冲电源,既可降低能耗又可改善镀层质量;随着自动化技术的发展,电镀生产线的自动化、智能化程度越来越高,运行更加平稳可靠;电源设备、热交换器、过滤机和溶液自动化管理系统也日益完善;最后,要加快开发和推广使用节约原材料、回收原材料的相应设备,逐步取代污染环境的废气、废水、废渣的处理与回用设备。

3. 电镀生产中的清洁生产方案

(1) 电镀前预处理过程　电镀前预处理过程会产生含酸碱废水、含酸碱废气、粉尘、有机溶剂废水和废气以及各种废渣等废物。在电镀处理前,要事先检查镀件基体状况,选择合适的清洗方法及电镀工艺,防止电镀过程中各种缺陷的产生;采用机械方法(如喷砂、磨光、抛光等)来除去氧化膜、锈蚀物;采用化学溶液、电化学溶液或超声波脱脂溶液来代替溶剂脱脂。若必须使用溶剂脱脂,则应选择低毒或无毒的有机溶剂(如石油溶剂、萜烯、乙酸酯、胺类、酸类等);采用生化脱脂技术(使用高乳化效能脱脂剂,并配合利用已自然存在的微生物的降解作用去消耗被乳化的油污),不仅利于环保还可大大降低成本;采用低温高效脱脂剂,可以降低能源消耗;定期分析调整化学脱脂溶液、电化学脱脂溶液和浸蚀溶液,采用油水分离器或过滤装置,除去油污,延长脱脂溶液使用寿命;定期清除溶液中杂物;采用各种形式的逆流漂洗工艺,例如间歇逆流漂洗、连续逆流漂洗、喷雾淋洗、反喷淋、气雾淋洗、升温搅拌逆流漂洗等,改进提高清洗效率;浸蚀废液复用于脱脂清洗水和脱脂废液的处理。

(2) 电镀过程 电镀过程中主要产生含酸碱废水和废气、含氰化物废水和废气、含重金属离子废水、各种电镀废弃溶液及废渣等。

1) 革新工艺设备,改进系统设计:合理设计工艺槽布局;采用额定电压与槽电压相匹配的晶闸管整流器;使用脉冲电源、高频开关电源等;镀槽上方加喷淋回收装置;设计高效清洗槽,采用多级逆流清洗系统;使用自动清洗节水装置(如安装脚踏开关、光敏电触点开关、节流阀、电导传感器等),控制清洗水量,减少污水排放;改进镀槽构造,防止镀液意外渗漏;采用自动生产线(溶液循环过滤、pH自动控制、添加剂和镀液成分自动分析补加装置)等。

2) 及时维护溶液,延长使用寿命:指定专人负责配制并维护溶液各种成分,使其维持在工艺要求范围;操作人员必须经培训合格后才能上岗,严格遵守作业指导书和操作规程;镀液采用连续过滤,使用无油压缩空气进行搅拌,并配有良好的温度控制;监测溶液pH、电导率值,当其下降时及时调整;正确设计挂具和滚桶,定期清洗检查其完好性;采用纯阳极或阳极袋包裹阳极,减少残渣;被镀工件入镀槽前,要认真检查表面清洁度和挂具完好性,避免脏物带入溶液;定期用小电流电解溶液,去除金属杂质,延长溶液使用寿命;及时清除掉入镀槽中的工件。

3) 原辅材料替代与工艺变革:开展无害、无毒工艺试验,缩小有害、有毒镀液的使用范围(如采用碱性镀锌替代镀镉;镀锌镍合金、锡锌合金替代镀镉;氯化物镀锌替化氰化物镀锌;铝离子溅射沉积替代镀镉);从浓的六价铬钝化向低浓度六价铬钝化直至采用三价铬钝化方向转化;采用宽温度、低浓度稀土添加剂镀铬;采用三价铬工艺、锡钴合金工艺等代替六价铬装饰性电镀和功能性电镀;采用高质量原材料和可循环利用的化学材料;采用去离子水配制溶液;采用不用电镀工艺的涂覆层(如电泳涂装替代人造装饰性电镀;氮化钛代替装饰件仿金镀;塑料喷涂替代防护装饰性电镀)等。

4) 减少溶液带出:在镀液中添加润湿剂,降低表面张力;适当提高溶液温度,降低溶液粘度;采用低浓度镀液工艺,减少带出溶液中成分含量;采用聚酯浮球或铬雾抑制剂覆盖在镀铬溶液表面,以减少铬雾逸出;增加铬雾回收装置;合理设计挂具,正确装挂工件,以减少溶液带出量(如尽可能使工件表面排列垂直;挂具与工件长的方向应平行;挂具与工件的平行方向应稍斜,使工件与挂具点接触,弯曲的工件拐角向下等);经常检查电镀挂具是否有绝缘层起皮或裂纹,否则会造成带出溶液的增加;采用挡液板、滴液槽、镀后加浸渍回收槽等方法加强带出溶液的回收;镀件出槽要缓慢,适当延长滴液时间;在镀槽上安装挂具杆,在滴液期间放置挂具,使其滴液一段时间后再转入下一步清洗;采用机器装置提升挂具,保证充分滴液时间和控制提升速度。

5)清洗水和废弃溶液的综合利用:弱酸浸蚀后的清洗水可用于碱性脱脂后清洗;清洗水闭路循环,例如逆流漂洗、活性炭吸附过滤、电渗析、蒸发等;将废水分流处理,把可回收金属的废水与其他废水分流;采用废水中有用金属的回收和水的回用工艺,例如电解回收/电解冶金;离子交换电解;反渗透;电渗析;膜过滤;蒸发、结晶等;把废水终端回收。

第三节 电镀废水的排放标准

为贯彻《中华人民共和国环境保护法》、《中华人民共和国水污染防治法》和《中华人民共和国海洋环境保护法》,控制水污染,保护江河、湖泊、运河、渠道、水库和海洋等地面水以及地下水水质的良好状态,保障人体健康,维护生态平衡,促进国民经济和城乡建设的发展,《污水综合排放标准》(GB8978—1996)对工业废水规定了最高允许排放浓度标准,其中与电镀行业关系较大的有:

六价铬化合物	0.5mg/L(按Cr^{6+}计)
氰化物	0.5mg/L(按CN^-计)
汞及其无机化合物	0.05mg/L(按Hg计)
镉及其无机化合物	0.1mg/L(按Cd计)
铅及其无机化合物	1.0mg/L(按Pb计)
砷及其无机化合物	0.5mg/L(按As计)
铜及其化合物	1.0mg/L(按Cu计)

锌及其化合物　　　　　　5.0mg/L（按 Zn 计）

银及其化合物　　　　　　0.5mg/L（按 Ag 计）

镍及其化合物　　　　　　1.0mg/L（按 Ni 计）

第四节　电镀废水的处理方法

一、电镀废水处理的基本方法

电镀废水处理的基本方法，通常分为物理法、化学法、物理化学法、生物法四大类。

1. 物理法

这是最基本、最常用的一类净化处理废水的技术，它既可作为独立的处理方法应用，也可用作化学法、生物法的预处理方法，甚至成为这些方法不可分割的一个组成部分。物理法主要是用来分离或回收废水中的悬浮性物质，它在处理过程中不改变污染物质的组成和化学性质。常用的物理法有：重力分离法、离心分离法、过滤法、回收蒸馏结晶法等。一般情况下，物理处理方法所需的投资和运行费用比较低。

> 废水处理的基本方法需要了解。

2. 化学法

化学法主要是利用化学反应来分离或回收废水中的胶体物质、溶解性物质等污染物，以实现回收有用物质，降低废水中的酸碱度，去除金属离子和有害物质等目的。此种处理方法既可使污染物质与水分离，也能够改变污染物的性质，所以可达到比简单的物理法更高的净化程度。常用的化学处理方法有氧化还原法、中和法、萃取法、化学沉淀与混凝法等。由于化学处理法常采用化学试剂或材料，故处理费用较高，运行管理的要求也较严格。通常情况下，化学处理法还需与物理处理法配合起来使用。

3. 物理化学法

物理化学法最适用于当需要从废水中回收某种特定的物质时，或是当废水有害、有毒且不易被微生物降解时。常用的物理化学法有吸附法、离子交换法、电解法、电渗及反渗透法等。

4. 生物法

生物法是利用自然界存在的大量微生物所具有的氧化分解有机物、且能将其转化为无机物的功能，采取一定的人工方法，创造出有利于微生物生长繁殖的环境，使其大量繁殖，以提高分解氧化有机物效率的一种废水处理方法。实践证明，利用微生物处理废水中的有机物，具有效率高，运行费用低，分解后的污泥可作为肥料等优点。所以，此法主要用来除去废水中溶解的或胶体状的有机污染物质。常用的生物法有：好氧的活性污泥法、生物膜法、厌氧的消化池法等。

二、电镀废水的化学处理法

1. 中和法

中和法就是使废水进行酸碱中和反应，即在酸性废水中投加碱，在碱性废水中投加酸，调节废水的 pH 值为 6.5~8.5。同时，还可借助中和作用，使部分金属离子呈氢氧化物沉淀而除去。一般在电镀生产过程中，既有酸性废水产生，又有碱性废水产生，将它们汇集在一起，基本上能起到中和作用，通常不需另投加化学药品。

2. 化学沉淀法

在被处理的废水中投加化学沉淀剂，使其与废水中的某些溶解性有毒有害物质产生化学反应，生成溶解度小的难溶于水的化合物，如盐类等沉淀下来，然后再分离出去，从而降低了溶解性有毒有害物质的浓度，达到处理废水的目的。

常用的沉淀剂有氢氧化钠、氢氧化钙、碳酸钙、碳酸钡、二氧化硫、硫化钠等。

1）向废水中加入氢氧化钠、氢氧化钙等，可使废水中含有的重金属离子生成氢氧化物沉淀。为了促使氢氧化物完全沉淀，需要注意调整 pH 值。这种方法对于处理简单重金属离子的效果比较好，当废水中有络合离子生成时，就不容易达到处理要求。

2）向含铬废水中投加碳酸钠，使其生成难溶解的铬酸钠沉淀，再进行过滤，可以实现除去有害物质六价铬的目的。

3）利用重金属硫化物在水中的溶解度都比较小的特点，向含有重金属离子（Cu^{2+}、Zn^{2+}、Ni^{2+} 等）的废水中投加硫化物（如硫化钠、硫化氢等），使其生成硫化物沉淀（CuS、ZnS、NiS 等）。硫化物沉淀比较细小，沉淀性差，通常都需要加入凝聚剂和助凝剂，如凝聚剂硫酸铝、助凝剂聚丙烯酰胺等。在加入凝聚剂和助凝剂后都能获得比较良好的处理效果。另外，若废水中存在过剩的硫离子，应添加铁丝，使它以硫化铁的形式沉淀下来。

3. 氧化还原法

将氧化剂或还原剂投加到废水中，使之与废水中有毒有害物质发生氧化还原反应，将废水中有毒有害物质转化成无毒无害或微毒微害物质或易从水中分离出来的气体和固体，从而达到净化处理的目的，这种方法称为氧化还原法。常用的还原剂有硫酸亚铁、亚硫酸氢钠、二氧化硫、硫代硫酸盐、水合肼和铁屑等；常用的氧化剂有液氯、次氯酸钠或漂白粉等。

1）化学还原法是国内外应用最早又比较广泛的一种处理含铬废水的方法，适用于浓度变化较大的含铬废水。基本原理是在 pH 值为 5~6 的酸性条件下，把还原剂（硫酸亚铁、亚硫酸氢钠、水合肼、铁屑等）投入废水中，将六价铬还原为三价铬；然后再加入石灰，把废水 pH 值变为 7~9 的碱性条件，使三价铬生成难溶的氢氧化铬沉淀而分离出来。

2）化学氧化法常用于处理含氰废水。基本原理是在 pH 值为 8.5~11 的碱性条件下，加入次氯酸钠或漂白粉等氧化剂，经过充分搅拌，次氯酸钠或漂白粉产生的次氯酸将剧毒的氰化物破坏，生成二氧化碳和氮气。

三、电镀废水的电解处理法

电解法是利用电极与废水中有毒有害物质发生电化学反应，使有毒有害物质变为无毒无害的物质，或形成沉淀析出，或生成气体逸出，达到除去污染物质的目的，如重金属离子（Cr^{6+}）在电极上析出、氰化物离子直接氧化去除等。

1. 电解处理法处理含铬废水

电解法处理含铬废水的基本原理，是在电解槽中，以铁板作为阴、阳极，向废水中加入一定量的食盐（它有增加电导和防止阳极钝化的作用），通入直流电，并采用压缩空气搅拌，进行电解处理。在直流电的作用下，从阳极铁板上溶解出亚铁离子，再由亚铁离子将废水中的六价铬还原为三价铬；同时，阴极上发生氢离子放电、不断析出氢气的还原反应。随着电解反应的持续进行，废水中的氢离子不断被消耗，溶液的pH值不断升高，当pH值大于5时，生成氢氧化铁和氢氧化铬沉淀析出。最后把水和沉淀物分离，就可以将清水排放或回用，从而实现含铬废水净化处理的目的。

2. 电解处理法处理含氰废水

电解法处理含氰废水的基本原理是靠电解氧化作用。电解法处理含氰废水在以不溶性的石墨为阳极、铁板为阴极的电解槽内进行。为了增加电导，向含氰废水中加入一定量的食盐，通以直流电后，在电解作用下，食盐中的氯离子在阳极上放电生成氯，氯是强氧化剂，能将废水中的氰根（CN^-）氧化为二氧化碳和氮气；当废水中含氰浓度高、电流密度大时，氰根（CN^-）直接氧化，使其不断氧化而逐渐减少，从而使氰化物浓度不断降低。

四、电镀废水的离子交换处理法

离子交换法是利用不溶于水、酸、碱及其他有机溶剂且具有离子交换能力的活性基团的高分子合成树脂，对废水中的离子及一切有机化合物进行选择性地交换或吸附，然后将被交换的物质用其他试剂从离子交换树脂上洗涤下来，从而达到除去或分离、回收废水中的重金属离子的目的。

1. 离子交换树脂

离子交换树脂是一种带有活性基团并具有网状结构的高分子化合物。根据其化学组成可分为苯乙烯型、丙烯酸型、环氧型、酚醛型等。根据树脂母体的不同物理结构，又可分为凝胶型、大孔型、巨大孔型等类型，其中凝胶型一般用于水的提纯；由于大孔型和巨大孔型的比表面积大，稳定性好，交换速度快，抗氧化，耐温和耐污染能力强，所以用于处理电镀废水。

根据树脂母体引进具有离子交换能力的活性基因的种类和性质

不同，又可分成阳离子交换树脂和阴离子交换树脂。在树脂母体上引进如磺基（—SO_3H）、羧基（—COOH）等酸性交换基团的叫做阳离子交换树脂；引进如胺基（—NH_2）等碱性基团的叫阴离子交换树脂。除此之外，还有引入螯合基或两性基团的树脂。

2. 离子交换法处理含铬废水的基本原理

利用离子交换树脂中可交换的基团与含铬废水中具有同种电荷的离子进行相互交换，以除去或回收废水中的有害物质。阴离子交换树脂只能与废水中的阴离子交换；阳离子交换树脂只能与废水中阳离子相互交换。含铬废水中含有 CrO_4^{2-}、$Cr_2O_7^{2-}$、Cl^-、SO_4^{2-} 等阴离子，含有 Cr^{3+}、Fe^{3+}、Cu^{2+}、Zn^{2+}、Ni^{2+} 等金属阳离子。将含铬废水通过阳离子交换柱，可把 Cr^{3+}、Cu^{2+}、Fe^{3+} 等阳离子吸附并从废水中除去。再将废水通过阴离子交换柱，可把 $Cr_2O_7^{2-}$、CrO_4^{2-} 等阴离子吸附并从废水中除去。这样，就达到了净化处理含铬废水的目的。

复习思考题

1. 什么是清洁生产？
2. 简述清洁生产的内容？
3. 开展清洁生产的意义是什么？
4. 电镀"三废"的来源和危害性有哪些？
5. 电镀行业实施清洁生产的措施有哪些？
6. 简述你所接触的电镀废水的排放标准指标。
7. 电镀废水处理的基本方法有哪几种？
8. 举例说出化学处理法在电镀废水处理中的应用。
9. 举例说出电解处理法在电镀废水处理中的应用。
10. 举例说出离子交换法在电镀废水处理中的应用。

试 题 库

知识要求试题

一、判断题（对画√，错画×）

1. 在大气条件下，钢铁工件上的锌镀层属于阴极性镀层。
（   ）
2. 在电镀工作区内，只要洗净手、脸，是可以吸烟的。（   ）
3. 抛光时，出现紧急情况，应用手抓住抛光机轴来强迫停车。
（   ）
4. 在喷砂过程中，为了提高生产效率，可以把空气压力调高超过规定值。（   ）
5. 配制酸性溶液时，应先加酸后加水。   （   ）
6. 过滤完含氰化物溶液的过滤泵，可以接着过滤酸性溶液。
（   ）
7. 当发现发蓝溶液浓度低时，应立即向溶液中添加浓碱（   ）
8. 含氰化物溶液和酸性溶液不能共同使用一个抽风机。（   ）
9. 水加热到100℃时会变成水蒸气，冷却到0℃会结成冰。这种变化属于物理变化。（   ）
10. 铁块在空气中暴露着，过一段时间表面就有一层铁锈生成，这属于物理变化。（   ）
11. 食物的腐烂、木柴的燃烧及炸药的爆炸，这些都属于化学

变化。   (   )

12. 分子是保持物质化学性质的一种微小粒子。   (   )
13. 水分子是由二个氢原子和一个氧原子组成的。   (   )
14. 原子不是化学变化中的最小粒子。   (   )
15. 带正电荷的离子称为阳离子，带负电荷的电子称为阴离子。
   (   )
16. 原子在一定条件下失去电子变成阴离子。   (   )
17. 原子在一定条件下得到电子变成阴离子。   (   )
18. 核电荷数是 8 的原子统称为氧元素，核电荷数为 13 的原子统称为铝元素。   (   )
19. 只有一种成分组成的物质是纯净物。   (   )
20. 由同一种元素组成的纯净物是单质，如镍、锌、铜。
   (   )
21. 金属单质有光泽，容易导电、传热、有可塑性、延展性。
   (   )
22. 含氧的化合物是氧化物。   (   )
23. 酸是指在水溶液中电离出的阳离子全部都是氢氧根的一类化合物。   (   )
24. 盐按其组成的不同可分为正盐、酸式盐和碱式盐三大类。
   (   )
25. 由一种或由更多种物质分散到另一种物质里的混合物叫溶液。   (   )
26. 食盐放在水里，形成盐水的过程是溶解。   (   )
27. 物质溶解度，是指在一定温度下，一定量的溶剂里所能溶解溶质的量。   (   )
28. 有些结晶水合物在干燥空气中失去结晶水，这种现象是潮解。   (   )
29. 1mol/L 氢氧化钾溶液，是指在 1L 溶液中，含有 1mol 的氢氧化钾。   (   )
30. 300g/L 铬酐溶液，就是指在 1L 溶液中含有铬酐 300g。
   (   )

31. 1kg 溶液中含有 2mg 溶质就是 2×10^{-6}。（　）
32. $H_2CO_3 \leftrightharpoons CO_2 + H_2O$ 是可逆反应。（　）
33. 在氧化还原中，还原剂被还原，氧化剂被氧化。（　）
34. 同种元素的原子都有相同的质子数，也有相同的中子数。
（　）
35. 同一周期具有相同的电子层数。（　）
36. 最外层电子数越多，失去电子越容易，金属性越强。
（　）
37. 原子半径越小，得电子越容易，非金属性越强。（　）
38. 用托盘天平称量药品时，药品放在右盘。（　）
39. 磷化是指钢铁工件在含有磷酸盐的溶液中进行化学处理。
（　）
40. 电化学是研究化学能和电能相互转变及此过程有关的现象的科学。（　）
41. 具有离子导电性的溶液是电解液。（　）
42. 在电流作用下，阳极溶解过程中产生的不溶性残渣，称为阳极泥。（　）
43. 利用挂具吊挂镀件进行电镀是挂镀。（　）
44. 用脉冲电源代替直流电源的电镀是脉冲电镀。（　）
45. 金属制件在电镀后，浸入一定浓度的溶液中，以除去表面上极薄的氧化膜，并使表面活化的过程是氧化。（　）
46. 涂敷在电极或挂具的某一部分，使表面不导电的涂层是绝缘层。（　）
47. 套在镀件上，以防止阳极泥渣进入溶液的棉布或化纤织物的袋子是阳极袋。（　）
48. 当被加工工件的材料越硬、形状越简单、表面粗糙度值要求越低时，磨光轮圆周速度应越小。（　）
49. 磨光轮的直径越大，转速越高，则磨光轮的圆周速度越大。
（　）
50. 红色抛光膏适用于钢铁工件的抛光，也可用于细磨。
（　）

51. 一般情况下，在滚光时，被处理工件和磨料占滚桶容积的 90%。　　　　　　　　　　　　　　　　　　　　　　（　　）

52. 喷砂时，砂流与被处理工件表面之间的喷射角度为 90°时效果比较好。　　　　　　　　　　　　　　　　　　　　（　　）

53. 为了提高脱脂效率，任何金属工件都应选用碱性强的脱脂溶液。　　　　　　　　　　　　　　　　　　　　　　　（　　）

54. 对弹簧件进行电化学脱脂操作时，为了避免氢脆，应进行阳极脱脂处理。　　　　　　　　　　　　　　　　　　　（　　）

55. 当使用钢丸进行喷丸操作时，最大空气压力可以达到 1MPa。
　　　　　　　　　　　　　　　　　　　　　　　　　（　　）

56. 对于铜、锌及其合金等中硬质金属抛光，抛光轮转速应在 1800r/min 左右。　　　　　　　　　　　　　　　　　（　　）

57. 粘结 120 目左右的金刚砂时，水与胶的体积比为 6:4。
　　　　　　　　　　　　　　　　　　　　　　　　　（　　）

58. 磨削铝及其合金时，磨轮圆周速度为 12m/s 左右。（　　）

59. 铜件和钢铁件可以使用同一个浸蚀溶液。　　　　（　　）

60. 因为浸蚀溶液中添加了缓蚀剂，所以可以随意延长浸蚀时间。　　　　　　　　　　　　　　　　　　　　　　　　（　　）

61. 因为浸蚀溶液中添加了缓蚀剂，所以工件可以不必进行脱脂处理，而直接进行浸蚀处理。　　　　　　　　　　　　　（　　）

62. 对于形状复杂或几何尺寸要求严格的工件，可采用先阳极浸蚀、后阴极浸蚀的联合电化学浸蚀法。　　　　　　　　　（　　）

63. 为了保证生产正常进行，掉入浸蚀溶液中的工件可以等到下班后一起捞出来。　　　　　　　　　　　　　　　　　　（　　）

64. 若采用浓酸进行浸蚀处理有色金属时，工件必须在干燥情况下进行浸蚀。　　　　　　　　　　　　　　　　　　　（　　）

65. 采用电化学法进行活化时，一般是采用阳极浸蚀。（　　）

66. 采用化学法活化时，一般使用体积分数为 3%～5% 的硫酸或盐酸溶液。　　　　　　　　　　　　　　　　　　　　（　　）

67. 钢铁工件镀硬铬时，可使用阳极电化学活化，并可直接在镀铬槽中进行。　　　　　　　　　　　　　　　　　　　（　　）

68. 采用焦磷酸盐镀铜时工件，可在焦磷酸钾溶液中进行阳极活化处理。（   ）

69. 采用氰化物镀液进行电镀时，可使用体积分数为3%～5%的稀硫酸溶液进行活化处理，并可直接入槽进行电镀。（   ）

70. 对于容易溶解的金属（如锡焊工件等），应采用阴极电化学脱脂处理。（   ）

71. 电化学抛光可以消除工件表面的宏观凹凸不平和微观粗糙。（   ）

72. 在电化学抛光操作之前，不必进行脱脂处理。（   ）

73. 经化学抛光处理后的工件，可以直接进行电镀。（   ）

74. 锌的质量分数超过30%的黄铜及含硅量多的铝合金工件，一般不适于进行电化学抛光。（   ）

75. 钢铁基体工件和铜基体工件不能使用一种活化溶液。（   ）

76. 经过有机溶剂脱脂后的工件，就可以直接进行电镀了。（   ）

77. 为了提高脱脂效果和生产效率，化学脱脂的温度应该越高越好。（   ）

78. 在电镀过程中金属离子的消耗靠阳极溶解来补充。（   ）

79. 在电镀过程中，金属离子的消耗靠主盐来补充。（   ）

80. 阴、阳极很近，阳离子很容易到达阴极并还原为金属，离子移动速度快，那就使镀层结晶变得粗糙。（   ）

81. 阴、阳极很远，阳离子到达阴极很困难，镀层形成慢，结晶很细。（   ）

82. 用电镀专用保护胶时，应强力搅拌溶液，以保证胶的均匀。（   ）

83. 使用电镀专用保护胶时，不应强力搅拌溶液，以免干燥后表面有气泡。（   ）

84. 绝缘胶、挂具漆涂覆后，只作短暂时间的电解脱脂、清洗，立即进行电镀。（   ）

85. 绝缘胶、挂具漆涂覆后，可长时间的进行电解脱脂，清洗后

进行电镀。	( )

86. 在电镀形状复杂的工件时，尤其是尖端或伸出离主要表面较远的枝叉部分时，应选用电流密度的下限值。	( )

87. 小型工件密挂电镀时，选用电流密度上限值。	( )

88. 氰化镀铜是普通的络合剂型，电镀时要戴好橡胶手套和穿好胶鞋。	( )

89. 氰化镀铜的主盐、氰化亚铜和络合剂氰化钠都是剧毒品，电镀时又有剧毒气体产生逸出，所以操作时，必须戴好口罩、橡胶手套、防护眼镜和穿好胶鞋，严防中毒。	( )

90. 工件进入氰化铜槽前必须认真清洗，严禁将酸带入镀槽中。	( )

91. 光亮酸性镀铜一般是作为钢铁件多层电镀的过渡层，作为镀前预处理和普通电镀前预处理相同后，即可直接镀光亮酸铜。	( )

92. 光亮酸性镀铜一般是作为钢铁件多层电镀的过渡层，作为前处理和普通电镀前处理相同外，还需预镀一层氰化铜，作为打底铜。	( )

93. 光亮酸性镀铜前的准备工作，包括镀前处理和起动酸铜的电源，检查溶液的温度是否在工艺范围之内。	( )

94. 光亮酸性镀铜前的准备工作，包括镀前处理和起动酸铜的电流，开启溶液的搅拌装置，检查溶液的温度是否在工艺范围之内。	( )

95. 光亮硫酸盐镀铜溶液的搅拌是获得合格光亮镀铜层的必备条件。	( )

96. 工件进入光亮硫酸铜溶液时，必须带电入槽，以防氰化镀铜层在光亮硫酸盐镀铜溶液中溶解。	( )

97. 工件经氰化镀铜后，迅速进入光亮硫酸铜溶液中以防氰化镀铜层氧化。	( )

98. 光亮硫酸盐镀铜作为中间镀层时，需要去膜处理，以保证与后续镀层之间形成良好的结合力。	( )

99. 镀铜后需镀镍的工件，一定要带电入槽，防止双性电极现

象,影响镀层结合力。 ( )

100. 预镀镍时,电流密度不要过大,应控制在 $0.5A/dm^2$ 以内,电镀时间为 3~5min,这样得到的预镀层才光滑细致,有利于后续镀层的电镀。 ( )

101. 预镀镍时,采用大电流冲击,一般应控制在 $3A/dm^2$ 以内,电镀时间为 3~5min,这样得到的预镀层光滑细致,有利于后续镀层的电镀。 ( )

102. 预镀镍后转入光亮硫酸盐镀铜时,最好采用较大电流密度闪镀 1~2min,然后降至正常电流密度继续电镀,这样有利于光亮铜层电镀。 ( )

103. 工件镀镍层镀好后,应先断电后出槽。 ( )

104. 工件出槽后,应迅速进入水洗槽中清洗。 ( )

105. 工件出槽后,应在镀槽上方停留一段时间,以减少溶液带出消耗。 ( )

106. 不合格的镍镀层在退镀时,一般根据基体材料不同选择不同的退镀方法,方法选好后,将工件放入退镀液中,退净为止。 ( )

107. 镀铬采用不溶性的铅合金作为阳极,这是镀铬过程的特殊性决定的,阳极与阴极面积之比为1:2。 ( )

108. 镀铬采用不溶性的铅合金作为阳极,这是镀铬过程的特殊性决定的,阳极与阴极面积之比为2:1或3:2。 ( )

109. 光亮镍层上镀装饰铬时,工件镀镍后应马上镀铬,如果停留时间过长,必须经稀硫酸活化。 ( )

110. 镀装饰铬的挂具与普通电镀挂具相同。 ( )

111. 镀装饰铬的挂具与普通电镀挂具不同,它必须能适应大电流通过。 ( )

112. 镀装饰铬时,按正常电流密度施镀。 ( )

113. 镀装饰铬时采用大电流密度冲击镀一段时间后,然后恢复正常电流密度施镀。 ( )

114. 镀硬铬时,采用四面挂阳极与长短阳极联合使用,可防止镀层产生椭圆度和锥度。 ( )

115. 镀硬铬时,只要阳极面积足够大,就可以避免产生椭圆度与锥度。（   ）

116. 镀硬铬时的挂具与普通电镀挂具相同,只要能与工件相互接触就可以保证电镀质量。（   ）

117. 镀硬铬的挂具必须与工件紧紧联接,绝不允许有松动,才能保证电镀质量。（   ）

118. 在镀硬铬时只要溶液成分符合工作范围,就不需要象形阳极。（   ）

119. 镀硬铬时工件进入镀槽后采用大电流冲击镀2min,然后恢复正常电流施镀。（   ）

120. 镀硬铬时应根据不同的材质选择不同的镀硬铬操作方法。（   ）

121. 电镀锡前应打开电源与空气搅拌装置,检查导电极杠与导电座导电是否良好,溶液温度是否在工艺范围之内。（   ）

122. 镀前准备好的工件经稀硫酸活化后可直接带电进入镀锡槽。（   ）

123. 镀前准备好的工件经稀硫酸活化后可直接进入镀锡槽。（   ）

124. 光亮镀锡溶液的分散能力很强,所以光亮镀锡工件装挂时可以密集一些,也能够提高产量。（   ）

125. 光亮镀锡时,工件装挂不能相互遮挡屏蔽。（   ）

126. 对于不合格的"仿金"镀层,退镀后工件必须活化后方可重新镀"仿金"。（   ）

127. 对于不合格的"仿金"镀层,退镀后工件可以直接镀"仿金"层。（   ）

128. 采用比正常电流密度大1~2倍的方法电镀锡铅合金,可以解决低电流区发雾、不亮的问题,同时保证合金比例不变。（   ）

129. 采用高于正常温度范围的方法,可以提高锡铅合金电镀的产量,同时保证合金成分不变。（   ）

130. 为了加强塑料件电镀之前的脱脂能力,可以采用高温、长时间的方法来保证塑料件的脱脂效果。（   ）

131. 对塑料工件表面的脱脂温度不宜高于 40~50℃，脱脂时间不能太长。（   ）

132. 塑料工件在粗化后和粗化前表面的光泽度、颜色没有任何变化。（   ）

133. 塑料工件在粗化时可用不与硫酸反应的重物压上，以免工件漂起影响粗化效果，粗化过程要抖动工件 2~3 次。（   ）

134. 塑料工件敏化后应反复清洗，以保证敏化后的质量要求。
（   ）

135. 塑料工件敏化后经简单清洗可以直接进入活化槽。（   ）

136. 塑料工件活化出槽时，要迅速与水洗连接，防止活化后的工件表面氧化。（   ）

137. 塑料工件活化出槽时，要尽量滴尽活化液。（   ）

138. 经钯盐活化的工件，化学镀镍时，对溶液加热可以直接加热。（   ）

139. 经钯盐活化的工件，化学镀镍时，对溶液加热应采用水浴间接加热。（   ）

140. 经化学镀铜后的塑料件，上挂具时为了保证工件的导电性，最好采用面接触。（   ）

141. 经化学镀后的塑料件，电镀铜上挂具时应与工件采用多点接触。（   ）

142. 镀锌后的高铬钝化液与低铬钝化液的区别只是铬酐含量的不同。高铬钝化液与低铬钝化液钝化膜的形成是相同的。（   ）

143. 镀锌后的高铬钝化液与低铬钝化液的铬酐含量不同，高铬钝化液是气相成膜，低铬钝化液是液相成膜。（   ）

144. 工件镀铜出槽后，经清洗立即钝化，否则钝化的效果差。
（   ）

145. 工件镀铜出槽后，可以放置一段时间再钝化，不影响钝化效果。（   ）

146. 在氰化镀锌电解液中，适量的氰化钠能稳定电解液，因此氰化钠含量越高越好。（   ）

147. 锌是一种银白色金属，易溶于酸，也溶于碱，故称为两性

金属。	( )

148. 硫酸盐镀锌适用于镀外形简单工件,并对钢铁有腐蚀作用。	( )

149. 在碱性锌酸盐镀锌工艺中,加入 DE 添加剂对镀层有增光作用。	( )

150. 在钾盐镀锌电解液中,氯化锌是主盐,氯化钾是导电盐和络合剂,硼酸是缓冲剂。	( )

151. 在各种镀锌工艺中,去除铁铜等金属杂质只可以采用锌粉和硫化钠处理。	( )

152. 锌酸盐镀锌的阳极要采用高纯度锌锭或压延纯锌板,其原因是为了减少锌板溶解,避免恶化电解液。	( )

153. 低铬白色钝化时,由于溶液中硫酸和硝酸的含量较低,所以工件在钝化液中的停留时间要长些。	( )

154. 锌与镉的化学性质相似,锌镀层的氢脆较小,故广泛地应用的高强度机械零件和弹性零件上。	( )

155. 目前,无氰镀锌工艺在电解液工作性能或镀层质量都不及氰化镀锌,所以还不能取代氰化镀锌。	( )

156. 钢铁件发蓝对工件的精度几乎没有影响,但氧化膜在空气中耐蚀性能却较低。	( )

157. 钢铁件发蓝后,应立即将冷水加入发蓝槽中,以补充发蓝溶液在氧化过程中水分的蒸发损失。	( )

158. 在碱性发蓝溶液中,严禁带入油类、碳酸盐及氯化物,但带入酸类无妨,因为酸能被溶液中的碱中和。	( )

159. 碱性发蓝溶液的沸点是随着亚硝酸钠在溶液中的浓度增加而上升。	( )

160. 复杂钢铁件发蓝时,内孔应注意向上,否则将产生空气袋,使工件局部无法生成发蓝膜。	( )

161. 在碱性发蓝溶液中,只要有四氧化三铁生成,就能在钢铁件表面生成四氧化三铁氧化膜。	( )

162. 钢铁件生成氧化膜的致密程度,取决于工艺范围,实质上是晶胞的形成速度和单个晶体的长大速度之比所决定的。	( )

163. 磷化膜经填充处理后，在空气中的防护能力要比发蓝膜强。
（　）

164. 钢铁件磷化时，溶液中硝酸盐的作用是催化作用。（　）

165. 钢铁件酸洗过度时，会造成磷化膜结晶粗糙多孔，但不影响膜的耐蚀能力。
（　）

166. 铝及其合金表面，在大气中形成的氧化膜要比阳极氧化膜厚度薄得多，且耐蚀性和耐磨性也低得多。
（　）

167. 铝及其合金的阳极氧化膜，只有在其表面无松孔时，才具有良好的耐磨性。
（　）

168. 铸铝及铝合金工件进行阳极氧化前，必须先进行喷砂处理，以清除表面的砂粒和硬壳。
（　）

169. 铝及其合金工件进行硬质阳极氧化时，为了满足工艺要求的低温条件，通常采用制冷降温和强烈搅拌的办法。
（　）

170. 不论是硬度还是耐蚀性能，纯铝的氧化膜都比铝合金的要好。
（　）

171. 由于铝及其合金的阳极氧化膜具有多孔性，故阳极氧化后的工件不能承受较大的压力和变形。
（　）

172. 对于表面要求很光亮的铝及其合金零件，在其阳极氧化前，应进行化学或电化学抛光。
（　）

173. 铝及其合金进行电化学抛光，一般只采用酸性溶液而不用碱性溶液。
（　）

174. 铝及其合金零件采用硫酸阳极氧化时，提高温度与提高电流密度同样能加速氧化膜的生长，有利于膜的厚度增加。（　）

175. 铝件上阳极氧化膜的染色，采用有机染料要比无机染料要好。
（　）

176. 银对于水、大气中的氧、硫和硫化物以及大多数酸、碱、盐，都具有良好的化学稳定性。
（　）

177. 氰化镀银电解液中，主盐是氰化银，络合剂是氰化钾，导电盐是碳酸钾。
（　）

178. 在氰化镀银电解液中，银盐含量高，可增加电解液的导电性和提高镀液的沉积速度。
（　）

179. 为了保证汞齐化处理的质量，汞齐化层越厚越好。（　　）

180. 为了使银镀层结合力更好，无论是钢铁件还是镍合金工件，都可以直接进行汞齐化处理然后镀银。（　　）

181. 为了保证氰化镀银电解液的工艺稳定性，工作条件要求室温而不需要升温。（　　）

182. 氰化镀银的镀层，抗变色能力比无氰镀银好，所以，目前还无法用无氰镀银来取代。（　　）

183. 银镀层极易和硫化物起作用生成硫化银，使银镀层变色，不仅对银镀层的导电性有影响，而且还在不同程度上影响其焊接和反光等性能。（　　）

184. 氰化镀银电解液中，银盐含量过低时，沉积速度降低，镀层颜色变深，但不易变色。（　　）

185. 为了不使氰化镀银电解液中银含量增加，可以采用一些不溶性阳极如镍、不锈钢，与银阳极配合使用。（　　）

186. 清洁生产的实质是预防污染。（　　）

187. 清洁生产的内容包括清洁的能源、清洁的生产过程、清洁的产品。（　　）

二、选择题（将正确答案的序号填入括号内）

（一）单选题

1. 下列镀层属于阳极性镀层的是(　　)。
A. 在大气条件下，钢铁工件上的铜镀层
B. 在大气条件下，钢铁工件上的铜、镍镀层
C. 在大气条件下，钢铁工件上的铜、镍、铬镀层
D. 在大气条件下，钢铁工件上的锌镀层

2. 安全电压是(　　)。
A. 36V　　　B. 380V　　　C. 12V　　　D. 220V

3. 法拉第常数等于(　　)C/mol。
A. 965　　　B. 9650　　　C. 96500　　　D. 965000

4. H_2SO_4 中的原子团是(　　)。
A. H_2　　　B. O_4　　　C. SO_4　　　D. S

5. 下面属于纯净物的是( )。
   A. 水　　　　B. 盐酸　　　　C. 硫酸　　　　D. 糖水
6. 下面属于混合物的是( )。
   A. 氮气　　　B. 空气　　　　C. 碳　　　　　D. 水
7. 下面属于单质的是( )。
   A. 镍　　　　B. 氯化物　　　C. 硫酸镍　　　D. 盐酸
8. 下面属于化合物的是( )。
   A. 镍　　　　B. 锌　　　　　C. 锡　　　　　D. 氯化镍
9. 下面不是氧化物的是( )。
   A. ZnO　　　B. Fe_2O_3　　C. CO_2　　　D. HCHO
10. 下面( )是酸。
    A. H_2SO_4　B. KCl　　　　C. KOH　　　　D. NaCN
11. 下面( )是碱。
    A. NaCN　　　B. KOH　　　　C. KCL　　　　D. H_2SO_4
12. 下面( )是盐。
    A. HNO_3　　B. $Ba(OH)_2$　C. NaOH　　　D. $CuSO_4$
13. 在一杯糖水中，( )是溶剂。
    A. 糖水　　　B. 水　　　　　C. 糖　　　　　D. 水和糖
14. 食盐放在水里，形成盐水的过程是( )。
    A. 结晶　　　B. 溶解　　　　C. 风化　　　　D. 潮解
15. NaOH 溶液放在瓶子里，到了冬天会看到瓶口有 NaOH 晶体析出，这个过程是( )。
    A. 结晶　　　B. 溶解　　　　C. 风化　　　　D. 潮解
16. 下列不属于结晶水合物的是( )。
    A. 胆矾　　　B. 绿矾　　　　C. 石膏　　　　D. H_3BO_3
17. $Na_2CO_3 \cdot 10H_2O$ 在常温或干燥的空气中会失去部分结晶水，这种现象是( )。
    A. 结晶　　　B. 溶解　　　　C. 风化　　　　D. 潮解
18. NaOH 很容易吸收空气中的水蒸气，使晶体表面变成潮湿，这种现象是( )。
    A. 结晶　　　B. 溶解　　　　C. 风化　　　　D. 潮解

19. 300g/L 铬酐溶液，叙述正确的是（　　）。

   A. 有 300L 铬酐溶液

   B. 有 300g 铬酐溶液

   C. 在 300g 铬酐溶液中有 1L 水

   D. 在 1L 溶液中有 300g 铬酐

20. 对 1mol/L 氢氧化钾溶液，叙述正确的是（　　）。

   A. 在 1L 溶液中，含有 1g 的氢氧化钾

   B. 在 1L 溶液中，含有 1mol 的氢氧化钾

   C. 在 1mol 的溶液中，含有 1g 的氢氧化钾

   D. 在 1L 溶液中，含有 56mol 的氢氧化钾

21. 铝阳极氧化用的 19% 的硫酸氧化液，是指（　　）。

   A. 100g 水溶液中，含有 19g 硫酸

   B. 19g 硫酸，溶在 100g 水里

   C. 100L 水溶液中，含有 19g 硫酸

   D. 19g 硫酸里，有 100L 水

22. 下列反应（　　）是化合反应。

   A. $2KClO_3 \xrightarrow{MnO_2} 2KCl + 3O_2 \uparrow$

   B. $2H_2O \xrightarrow{电解} O_2 \uparrow + 2H_2 \uparrow$

   C. $Zn + 2HCl = ZnCl + H_2 \uparrow$

   D. $2CO + O_2 = 2CO_2$

23. 通常，钢铁、镍、铬等硬质金属抛光时，采用的圆周速度为（　　）。

   A. 10~15m/s　B. 15~20m/s　C. 20~25m/s　D. 30~35m/s

24. 喷砂过程中，喷嘴与被处理工件之间比较合适的距离是（　　）。

   A. 100mm　B. 200mm　C. 300mm　D. 400mm

25. 下列哪种物质不具有乳化作用（　　）。

   A. 硅酸钠　B. 氢氧化钠　C. 肥皂　D. OP—10

26. 滚光时，滚桶转速通常在（　　）范围内。

   A. 0~20r/min　　　　B. 20~40r/min

C. 40~60r/min　　　　　　D. 60~80r/min

27. 对钢铁工件进行刷光操作时,最好选用(　　)。
A. 钢丝刷光轮　　　　　　B. 铜丝刷光轮
C. 天然纤维刷光轮　　　　D. 人造纤维刷光轮

28. 在使用硅砂进行喷砂时,压缩空气的压力一般情况下不超过(　　)。
A. 0.1MPa　B. 0.2MPa　C. 0.3MPa　D. 0.4MPa

29. 下列各种物质属于非皂化油的是(　　)。
A. 猪油　　B. 大豆油　　C. 花生油　　D. 润滑油

30. 滚光操作时,滚光液通常加至滚桶容积的(　　)左右。
A. 95%　　B. 90%　　C. 85%　　D. 80%

31. 对于铝、锡等软质金属抛光时,抛光轮转速应在(　　)左右。
A. 1000r/min　B. 1200r/min　C. 1400r/min　D. 1600r/min

32. 粘结40目左右的金刚砂时,水与胶之比为(　　)。
A. 8:2　　B. 7:3　　C. 6:4　　D. 5:5

33. 磨削钢制品时,磨轮圆周速度为(　　)左右。
A. 15m/s　B. 25m/s　C. 35m/s　D. 45m/s

34. 为了除去铸件上的氧化皮,浸蚀溶液中需添加(　　)。
A. 醋酸　　B. 草酸　　C. 氢氟酸　　D. 硼酸

35. 绝对不允许把(　　)带入氰化物镀液中。
A. 酸性物质　　　　　　B. 碱性物质
C. 水　　　　　　　　　D. 含氰化物溶液

36. 对于承受高负荷的零件、弹簧件等,为了避免产生氢脆,应进行(　　)。
A. 阴极脱脂　　　　　　　B. 阳极脱脂
C. 先阴极后阳极联合脱脂　D. 先阳极后阴极联合脱脂

37. 采用阴极电化学脱脂时,不能使用(　　)作为阳极。
A. 不锈钢板　　　　　　　B. 镍板
C. 铁板　　　　　　　　　D. 上述三种均不行

38. 对络合物镀液,一般要求阴、阳极面积比为(　　)

A. 1:2　　　B. 1:1.5　　　C. 1:1　　　D. 1:0.5

39. 对强酸性镀液,一般要求阴阳极面积比为(　　)。

A. 1:2　　　B. 1:1.5　　　C. 1:1　　　D. 1:0.5

40. 在使用电镀专用保护胶时,涂匀胶后在(　　)温度下烘干约10~15min。

A. 50~60℃　　B. 65~70℃　　C. 70~80℃　　D. 40~50℃

41. 氰化镀铜前必须打开抽风机(　　),以保持工作场地空气清洁。

A. 1~3min　　　　　　　B. 5~10min

C. 30min以上　　　　　D. 3~5min

42. 氰化镀铜阳极溶解快呈光亮结晶状态且阳极上大量析氢是因为(　　)。

A. 游离氰化物太高　　　B. 游离氰化物太低

C. 正常　　　　　　　　D. 含铅杂质

43. 氰化镀铜的阳极有黑色膜,是因为(　　)。

A. 碳酸盐过多　　　　　B. 含铅杂质

C. 游离氰化物太低　　　D. 正常

44. 氰化镀铜的阳极有绿色膜且阳极附近溶液呈浅蓝色。(　　)

A. 含铅杂质　　　　　　B. 游离氰化物太低

C. 碳酸盐过多　　　　　D. 正常

45. 光亮硫酸盐镀铜的阳极中磷的质量分数为(　　)。

A. 0.1%~0.3%　　　　　B. 0.5%~1%

C. 1%~3%　　　　　　　D. 0.3%~0.5%

46. 镍镀层的孔隙率较高,只有镀层超过(　　)时才无孔。

A. 10μm　　B. 20μm　　C. 25μm　　D. 30μm

47. 镀光亮镍时,镀液pH值对镀层质量影响较大,需要控制pH值为(　　)。

A. 3.2~3.8　　B. 4~4.5　　C. 5~5.5　　D. 3.8~4.0

48. 酸性镀锡溶液的阳极采用99.9%以上的高纯锡,阴、阳极面积比(　　)为好。

A. 2∶1　　　B. 1.5∶1　　　C. 1∶1　　　D. 0.5∶1

49. 电镀"仿金"时，电流密度一般不大于（　　）。
A. 0.3A/dm² 　B. 0.5A/dm² 　C. 1A/dm² 　D. 0.1A/dm²

50. 电镀"仿金"层色泽偏红是因为 pH 值（　　）。
A. 过高　　　B. 过低　　　C. 适中　　　D. 稍低

51. 电镀"仿金"层色泽偏白是因为 pH 值（　　）。
A. 过高　　　B. 过低　　　C. 适中　　　D. 稍高

52. 采用三价铬钝化时，一般要求镀层厚度大于（　　）以上，以防止钝化时漏镀。
A. 3μm 以上　B. 5μm 以上　C. 8μm 以上　D. 10μm 以上

53. 在塑料电镀之前，为了消除应力，可以将工件放在（　　）下保温 2～3h 去除应力。
A. 45～55℃　B. 60～75℃　C. 80～90℃　D. 30～45℃

54. 塑料工件经银盐活化后，应在室温条件下在质量比为（　　）的甲醛溶液中浸泡 0.5～1min。
A. 1∶5　　　B. 1∶9　　　C. 1∶10　　　D. 1∶7

55. 经胶体钯活化后的工件，解胶可在盐酸溶液中进行，温度为（　　），浸泡时间为 1min。
A. 15～25℃　B. 25～35℃　C. 40～45℃　D. 35～40℃

56. 钢铁工件驱氢的温度为（　　），处理时间为 2～4h。
A. 50～200℃　　　　　　　B. 200～250℃
C. 250～300℃　　　　　　D. 100～150℃

57. 镀锌电解液对钢铁设备腐蚀性较小、且适合自动化生产而又无毒的是（　　）电解液。
A. 氰化镀锌　　　　　　　B. 钾盐镀锌
C. 锌酸盐镀锌　　　　　　D. 硫酸盐镀锌

58. 当氰化镀锌电解液中含有少量铁杂质时，最简便的方法是（　　）。
A. 加入少量锌粉处理
B. 加入 2.5～3.0g/L 的硫化钠处理
C. 加入活性炭处理

D. 加强预处理

59. 在低铬钝化液中,铬酐含量一般为( )。

A. 2g/L 左右　　B. 4~5g/L　　C. 10~15g/L　　D. 20g/L 以上

60. 在氰化镀锌电解液中,加入少量甘油是为了( )。

A. 沉淀重金属杂质　　　　　B. 起光亮作用

C. 提高阴极极化　　　　　　D. 稳定溶液

61. 锌酸盐镀锌电解液中,氢氧化钠与金属锌的含量比是( )。

A. 5:1　　　　　　　　　　B. 3:1

C. 10:1~13:1　　　　　　　D. 20:1

62. 锌镀层低铬钝化后,钝化膜容易脱落,其主要原因除了溶液的因素外,还有( )。

A. 钝化过程中途露空或钝化时间过长

B. 溶液温度低或钝化时间不足

C. 钝化后清洗不干净或老化时间不够

D. 钝化前出光不当

63. 在 DPE 型锌酸盐镀锌电解液中,三乙醇胺含量过高,会造成( )。

A. 温度容易上升,阴极电流效率下降

B. 电流效率提高,但镀层变脆

C. 电解液分散能力降低

D. 提高镀层的光亮度和均匀性

64. 在电镀锌中阳极与阴极间的距离为( )。

A. ≤5cm　　B. ≤10cm　　C. 20~25cm　　D. ≥30cm

65. 在钾盐镀锌电解液中,pH 值应控制在( )。

A. 4.5~5.8　　B. 3~4　　C. 6~7　　D. 7~8

66. 在低氰镀锌电解液中,氰化钠的含量应为( )。

A. 80~90　　B. 20~30　　C. 10~15　　D. 10g/L 以下

67. 碱性发蓝溶液中,当氢氧化钠浓度超过 1100g/L 时将出现( )。

A. 工件表面有红色挂灰　　　B. 氧化膜薄、发花

C. 无氧化膜　　　　　　　　D. 氧化膜结晶细致

68. (　　)工件不能用碱性氧化溶液进行发蓝。

　A. 经锡焊、锡铅焊、镀锌的钢铁

　B. 铸钢、铸铁

　C. 合金钢

　D. 低碳钢

69. 发蓝时，工件的入槽温度和出槽温度应取(　　)的工艺范围。

　A. 前者上限，后者下限

　B. 前者和后者都取中限

　C. 前者下限，后者上限

　D. 入槽温度和出槽温度相同就行

70. 钢铁件经过碱性发蓝后(　　)

　A. 没有氢脆影响且不影响工件精度

　B. 有氢脆影响，但不影响工件精度

　C. 没有氢脆影响，但影响工件精度

　D. 影响氢脆和零件精度

71. 钢铁件在发蓝溶液中要获得致密的氧化膜，只有在(　　)条件下才能形成。

　A. 晶胞形成速度大于单个晶体长大速度

　B. 晶胞形成速度等于单个晶体长大速度

　C. 晶胞形成速度小于单个晶体长大速度

72. 钢铁件发蓝后，用肥皂液进行填充处理时，其处理液中的肥皂的质量分数为(　　)。

　A. 0.05%~0.1%　　　　　B. 0.03%~0.05%

　C. 1%~1.5%　　　　　　D. 1.5%~2.0%

73. 碱性发蓝时，工件放入很久，温度已超过工艺规范的上限，仍不生成氧化膜，其原因是(　　)。

　A. 氢氧化钠含量过低　　　B. 亚硝酸钠含量过低

　C. 氢氧化钠含量超过1100g/L　D. 铁含量太低

74. 碱性发蓝时，由于脱脂不彻底，或亚硝酸钠含量过少，将造成( )。

A. 工件局部不生成氧化膜

B. 工件表面有红色挂灰

C. 氧化膜的附着力差或局部脱落

D. 氧化时间短

75. 排除钢铁件表面预处理的因素外，磷化膜不均匀、发花的原因是( )。

A. 操作温度过高　　　　B. 操作温度过低

C. 总酸度偏低　　　　　D. 工件表面有过腐蚀

76. 高强度钢磷化后，应进行( )处理。

A. 浸油　　　　　　　　B. 除氢

C. 皂化　　　　　　　　D. 重铬酸盐处理

77. 铝及其合金工件的阳极氧化膜，在靠近基体金属的膜层硬度要比表面层的膜层硬度( )。

A. 低　　B. 相同　　C. 高　　D. 略低

78. 在阳极氧化条件相同的情况下，铝合金氧化膜要比纯铝氧化膜的硬度( )。

A. 低　　B. 相同　　C. 高　　D. 略高

79. 铝及其合金氧化膜对基体的结合力要比镀层的结合力( )。

A. 高　　B. 差不多　　C. 低　　D. 略低

80. 铝及其合金工件氧化处理后的膜层( )。

A. 导电性能增加　　　　B. 不能承受较大的压力和变形

C. 耐蚀能力降低　　　　D. 耐磨性增加

81. 铝及其合金工件能得到较厚氧化膜，且能满足无线电工业的高绝缘性和稳定性的是( )阳极氧化。

A. 硫酸　　　　　　　　B. 铬酸

C. 草酸　　　　　　　　D. 瓷质氧化法

82. 铝及基合金的阳极氧化方法中，有一定的毒性且氧化溶液不稳定的方法是( )阳极氧化。

A. 硫酸　　B. 铬酸　　C. 草酸　　D. 混酸法

83. 最适合铝件染色的阳极氧化方法是( )阳极氧化法。
   A. 硫酸 B. 铬酸
   C. 草酸 D. 瓷质阳极化

84. 铝及其合金工件硫酸阳极氧化,当其他条件不变时,提高硫酸浓度,则氧化膜的生长速度( )
   A. 加快 B. 正常
   C. 减慢 D. 不生成氧化膜

85. 铝及其合金工件硫酸阳极氧化,当电流密度和温度恒定时,氧化膜平均增厚速度为( )μm/min。
   A. 0.05~0.1 B. 0.2~0.3 C. 0.4~0.5 D. 0.6~0.7

86. 当铝及其合金制成的精密工件阳极氧化膜不合格时,可采用( )溶液退除效果最好。
   A. 磷酸、铬酐 B. 硫酸、氟化钾
   C. 硫酸、氟化氢 D. 氢氧化钠、碳酸钠

87. 银镀层与硫化物作用会变色,会影响银镀层的( )。
   A. 外观和反光
   B. 耐蚀性
   C. 外观、反光、导电和钎焊性
   D. 导电和钎焊性

88. 氰化镀银电解液要调整,一般氰化钾含量与银含量比为( )。
   A. 2:1 B. 4:1 C. 6:1 D. 8:1

89. 在防银变色方法中,( )方法存在着显著降低银镀层导电性的缺点。
   A. 电泳 B. 化学钝化
   C. 涂覆有机保护膜 D. 电解钝化

90. 在氰化镀银电解液中,为了增加导电性,碳酸钾的作用比提高银盐含量的作用( )。
   A. 要小的多 B. 要大的多 C. 相差不大 D. 无作用

91. 银镀层易溶于( )。
   A. 盐酸 B. 冷的稀硫酸

C. 稀硝酸 D. 浓硫酸

92. 造成银镀层变色的主要原因是(   )。
  A. 银镀层是阴极性镀层 B. 镀银工艺有问题
  C. 银镀层与硫化物反应 D. 没钝化处理

93. 在汞齐化处理过程中处理时间要(   )。
  A. 3～5s B. 10～15s C. 33s 以上 D. 5～10s

94. 在氰化镀银溶液中，镀液中的主盐是(   )，主要供给金属银离子。
  A. 氰化钾 B. 碳酸钾
  C. 氰化银钾 D. 游离氰化钾

95. 使氰化镀银层表面出现变暗、条纹的杂质是(   )。
  A. 铁 B. 铜 C. 有机杂质 D. 锌

96. 霍尔槽试验不能确定(   )
  A. 添加剂的含量 B. 电流密度范围
  C. 电流效率

（二）多选题

1. 不能与过氧化氢共同存放的是(   )。
  A. 铜 B. 铬 C. 铁 D. 可燃物

2. 下列反应属于复分解反应的是(   )。
  A. $H_2SO_4 + 2NaOH === Na_2SO_4 + 2H_2O$
  B. $H_2SO_4 + BaCl_2 === BaSO_4 \downarrow + 2HCl$
  C. $2Al + 6HCl === 2AlCl_3 + 3H_2 \uparrow$
  D. $BaCl_2 + Na_2SO_4 === BaSO_4 \downarrow + 2NaCl$

3. 下列叙述正确的是(   )。
  A. 中子不带电荷 B. 原子核是由质子和中子组成
  C. 电子不带电荷 D. 原子是由质子和中子组成

4. 元素性质的周期性变化，主要表现在(   )。
  A. 元素的金属性（失电子能力），从强到弱，非金属性（得电子能力）从弱到强的周期性变化
  B. 元素的最高正价从 +1 依次变至 +7 和 0，非金属元素的负价从 -4 依次变至 -1 和 0 的周期性变化

C. 元素的最高氧化物及其水化物的碱性从强到弱，酸性从弱到强，气态氢化物的稳定性，从小到大的周期性变化

D. 原子的半径从大到小（稀有气体例外）的周期性变化

5. 元素周期表与原子结构关系有(　　)。

A. 原子序数 = 核电荷数　　　B. 周期序数 = 电子层数

C. 主族序数 = 最外层电子数　D. 0族元素最外层电子数为8

6. 在元素周期表中，同一周期元素，从左到右的递变规律是(　　)。

A. 原子半径减小　　　　　　B. 金属性增强

C. 非金属性增强　　　　　　D. 最高正价相同

7. 容量瓶的使用方法及注意事项有(　　)。

A. 容量瓶可以直接加热　　　B. 容量瓶可以保存溶液

C. 容量瓶的瓶塞不可调换　　D. 容量瓶不能用作反应容器

8. 移液管的使用方法及注意事项有(　　)。

A. 移液管在放液时应紧贴着瓶壁，应慢慢放

B. 移液管在放液时不用紧贴瓶壁，把液放干净为止

C. 移液管在往瓶内移液时，最后残留的液滴要吹干净

D. 移液管在往瓶内移液时，最后残留的液滴应用嘴吹干净

9. 酒精灯在使用时，应注意(　　)。

A. 灯内的酒精量不少于容量的1/4，不超过2/3

B. 在点燃酒精灯时，不能用另一酒精灯点燃

C. 停用酒精灯时，要用灯帽盖熄

D. 停用酒精灯时，可用嘴吹熄

10. 下列属于第一类导体的有(　　)。

A. 导线　　　　　　　　　　B. 汇流排

C. 阳极板　　　　　　　　　D. 电解质溶液

11. 下列属于第二类导体的有(　　)。

A. 电解质溶液　　　　　　　B. 固体电解质

C. 汇流排　　　　　　　　　D. 导线

12. 下列各种物质属于皂化油的是(　　)。

A. 石蜡　　B. 凡士林　　C. 动物油　　D. 植物油

13. 常用的有机溶剂有(   )。
    A. 汽油   B. 润滑油   C. 丙酮   D. 苯
14. 化学脱脂过程中，常用的脱脂剂有(   )。
    A. 硅酸钠   B. 碳酸钠   C. 氢氧化钠 D. 磷酸钠
15. 浸蚀过程中，常用的浸蚀剂有(   )。
    A. 盐酸   B. 硫酸   C. 硝酸   D. 醋酸
16. 抛光操作时，白色抛光膏可用于(   )。
    A. 铝   B. 不锈钢   C. 有机玻璃 D. 铜
17. 磨光操作时，当磨轮圆周速度为 16m/s 左右时，适用于磨削(   )。
    A. 铜   B. 铬   C. 锡   D. 锌
18. 抛光操作时，抛光轮转速在 2300r/min 左右，适用于抛光(   )。
    A. 铝   B. 铬   C. 钢铁   D. 铜
19. 下列哪些物质不能使用强碱性溶液进行脱脂处理(   )。
    A. 不锈钢   B. 铜
    C. 锌及其合金   D. 铝及其合金
20. 下列说法正确的是(   )。
    A. 一般情况下，磨光轮的圆周速度越高，磨光的精度越低
    B. 磨光轮的直径越大、转速越高，则其圆周速度就越大
    C. 选择磨光轮的圆周速度的大小应与被处理工件的硬度成正比
    D. 被磨金属工件的硬度越高，磨光时所采用的磨料粒度应越大，即金刚砂的目数应越小
21. 与化学抛光相比，电化学抛光的特点是(   )。
    A. 抛光后的工件表面更光亮
    B. 抛光溶液使用寿命更长
    C. 不产生 NO_2（黄烟）等有害气体
    D. 可以抛光形状更复杂的工件
22. 电镀生产过程中，废水的主要来源有(   )。
    A. 清洗   B. 溶液的带出
    C. 溶液的过滤   D. 溶液的废弃

三、计算题

1. 镀锡后的工件采用 12g/L 磷酸三钠溶液中和,现在需要配制 50L 的中和溶液,需要多少磷酸三钠?

2. 配制铝阳极氧化液,需要将 20kg 的硫酸,溶在 100kg 的水中,求该溶液中硫酸的质量分数是多少?

四、简答题

1. 简述电镀在国民经济中的作用。
2. 对镀层的基本要求有哪些?
3. 什么是电镀?并举例说明。
4. 什么是电流密度?什么是电流效率?
5. 什么是电解池?
6. 简述镀层起皮、起泡、桔皮、麻点的缺陷特征。
7. 什么是驱氢和封闭?
8. 什么是饱和溶液、什么是不饱和溶液?它们之间有什么关系?
9. 书写化学方程式时需要注意哪几点?
10. 如何使用和维护磨光轮?
11. 怎样进行抛光操作?
12. 常用的脱脂方法有哪几种?其特点和适用范围如何?
13. 简述脱脂后的质量检验方法。
14. 使用含缓蚀剂的浸蚀液处理工件时为什么要加强清洗?
15. 磨光轮粘结磨料时如何进行操作?
16. 缓蚀剂在浸蚀溶液中的作用有哪些?
17. 工件滚光后的质量要求有哪些?
18. 对碱性化学脱脂溶液有哪些要求?
19. 电化学浸蚀的特点是什么?
20. 与机械抛光相比,电化学抛光有哪些优缺点?
21. 工件经浸蚀处理后的质量要求有哪些?
22. 锌镀层常用的防变色处理方法有哪些?怎样进行操作?
23. 银镀层防变色处理的方法有哪些?

24. 简述镀后干燥处理的目的。

25. 钢铁件发蓝后，为什么必须对氧化膜进行填充处理和浸油处理？

26. 制作铝件阳极氧化挂具时有哪些要求？工件装夹时有哪些注意事项？

27. 弹性工件在氰化镀锌后为什么要进行驱氢处理？

28. 铝及其合金阳极氧化膜的高温封闭方法有哪几种？

29. 锌镀层钝化处理的目的是什么？常用的钝化液有几种？

技能要求试题

一、支撑杆抛磨(图1、表1)

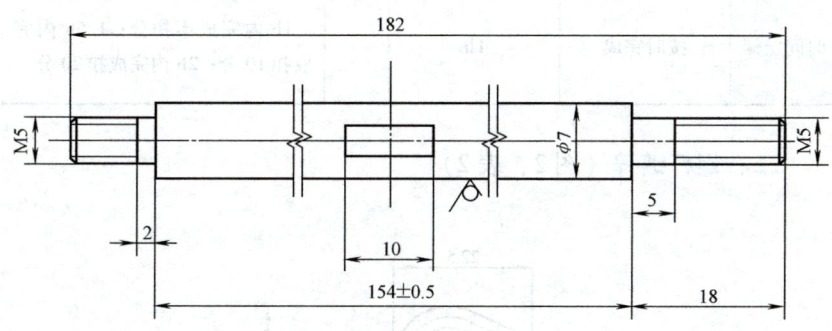

图1 支撑杆

表1 支撑杆抛磨评分表

考核项目	考核内容	考核要求	分数	评分标准
主要项目	磨轮制作	符合磨轮制作的技术要求	10	金刚砂规格及粘附不符合要求扣1~10分
	抛磨操作	抛磨操作方法正确,磨轮转速及抛光膏的选择正确	30	磨轮转速选择不正确,扣1~10分;抛光膏选择不正确,扣1~10分;抛磨时工件落地,扣1~10分
	抛磨质量	工件变形比较小,表面粗糙度值比较低,符合工艺要求	40	工件明显变形,扣1~15分;表面粗糙度不符合要求,扣1~10分;抛磨位置不符合工艺要求,扣15分

（续）

考核项目	考核内容	考核要求	分数	评分标准
一般项目	使用设备	正确使用与维护设备	10	使用设备不正确，扣1~10分
安全文明生产	安全操作规程和文明生产	严格遵守安全操作规程和文明生产规章制度	10	遵守安全操作规程不严格和文明生产不好，扣1~10分
时间定额	按时完成	1h		1h内完成不扣分；1.5h内完成扣10分；2h内完成扣20分

二、螺杆镀锌（图2、表2）

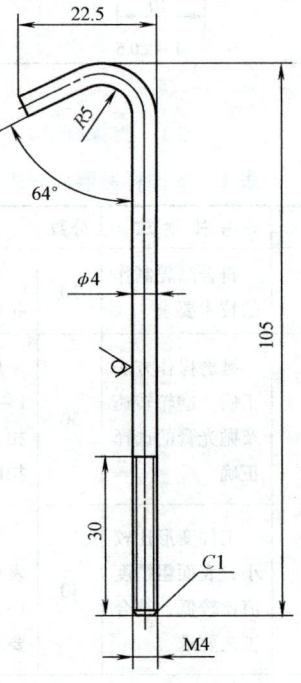

图2　螺杆

表 2 螺杆镀锌评分表

考核项目	考核内容	考核要求	分数	评分标准
主要项目	电镀操作	工艺流程执行正确；前处理、镀锌、后处理操作正确	40	执行工艺流程不严格，扣1~10分；前处理、镀锌操作不正确，扣1~20分；后处理掌握不当，扣1~10分
	镀锌层质量	锌镀层完整，结合牢固，色泽及厚度符合工艺要求	40	镀层有露底、起泡、起皮等，扣10~20分；色泽严重不均匀、偏暗，扣5~10分；镀层厚度不符合工艺要求，扣1~10分
一般项目	正确使用设备	正确使用与维护设备	10	使用设备不正确，扣1~10分
安全文明生产	安全操作规程和文明生产	严格遵守安全操作规程和文明生产规章制度	10	遵守安全操作规程不严格和文明生产不好，扣1~10分
时间定额	按时完成	1h		1h内完成不扣分；1.5h内完成扣10分；2h内完成扣20分

三、套筒镀装饰铬（图3、表3）

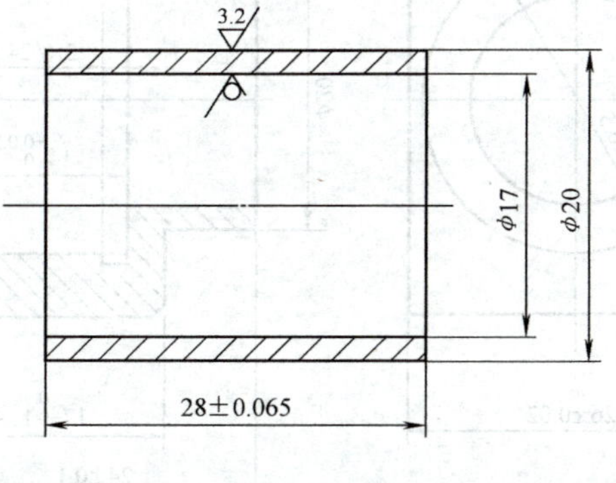

图 3 套筒

电镀工（初级）

表 3　套筒镀装饰铬评分表

考核项目	考核内容	考核要求	分数	评分标准
主要项目	电镀操作	工艺流程执行正确；前处理、镀装饰铬操作正确	40	执行工艺流程不严格，扣 1～10 分；前处理、镀装饰铬操作不正确，扣 1～30 分
主要项目	镀层质量	镀层完整，结合牢固，色泽及厚度符合工艺要求	40	镀层有露底、起泡、起皮等，扣 10～20 分；色泽、厚度不符合工艺要求扣 1～20 分
一般项目	正确使用设备	正确使用与维护设备	10	使用设备不正确，扣 1～10 分
安全文明生产	安全操作规程和文明生产	严格遵守安全操作规程和文明生产规章制度	10	遵守安全操作规程不严格和文明生产不好，扣 1～10 分
时间定额	按时完成	1h		1h 内完成不扣分；1.5h 内完成扣 10 分；2h 内完成扣 20 分

四、轴承座磷化（图 4、表 4）

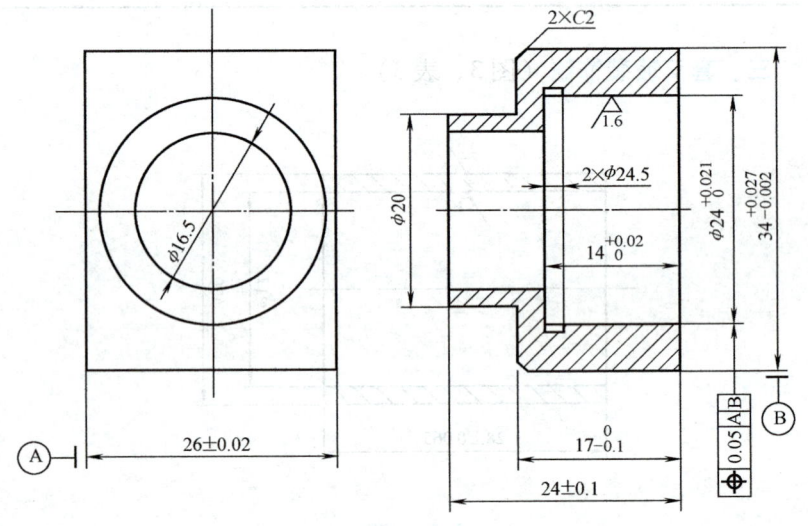

图 4　轴承座

表4 轴承座磷化评分表

考核项目	考核内容	考核要求	分数	评分标准
主要项目	磷化操作	工艺流程执行正确；工件装挂合理；前处理、磷化操作正确	40	执行工艺流程不严格，扣1~10分；工件装挂不合理，扣1~5分；前处理、磷化操作不正确，扣5~25分
	磷化膜质量	磷化膜完整，结晶均匀，膜层颜色一致，厚度符合工艺要求	40	磷化膜不完整，扣1~10分；结晶严重不均匀，扣1~10分；磷化膜颜色不均匀、挂灰较多，扣1~10分；厚度不符合工艺要求，扣1~10分
一般项目	正确使用设备	正确使用与维护设备	10	使用设备不正确，扣1~10分
安全文明生产	安全操作规程和文明生产	严格遵守安全操作规程和文明生产规章制度	10	遵守安全操作规程不严格和文明生产不好，扣1~10分
时间定额	按时完成	1h		1h内完成不扣分；1.5h内完成扣10分；2h内完成扣20分

五、垫片镀银（图5、表5）

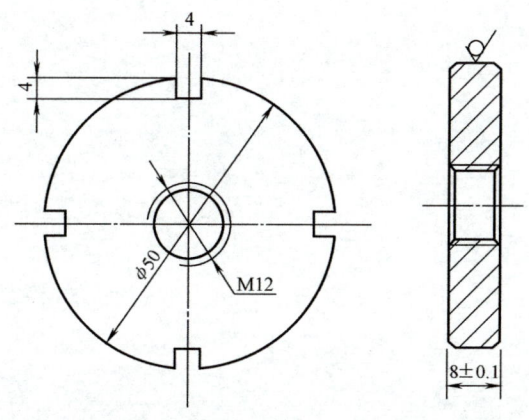

图5 垫片

电镀工（初级）

表 5 垫片镀银评分表

考核项目	考核内容	考核要求	分数	评分标准
主要项目	电镀操作	工艺流程执行正确；前处理、电镀银、后处理操作正确	40	执行工艺流程不严格，扣1~10分；前处理操作不正确，扣1~10分；镀银操作不正确，扣1~10分；后处理掌握不当，扣1~10分
	银镀层质量	镀层完整，结合牢固，镀层色泽及厚度符合工艺要求	40	镀层有露底、起泡、起皮等，扣10~20分；有黑点、不够银白，扣5~10分；银镀层厚度不符合工艺要求，扣1~10分
一般项目	正确使用设备	正确使用与维护设备	10	使用设备不正确，扣1~10分
安全文明生产	安全操作规程和文明生产	严格遵守安全操作规程和文明生产规章制度	10	遵守安全操作规程不严格和文明生产不好，扣1~10分
时间定额	按时完成	1h		1h内完成不扣分；1.5h内完成扣10分；2h内完成扣20分

模拟试卷样例

一、**判断题**（对画√，错画×；每题1分，共60分）

1. 在大气条件下，钢铁工件上的锌镀层属于阴极性镀层。（　　）

2. 在喷砂过程中，为了提高生产效率，可以把空气压力调高超过规定值。（　　）

3. 配制酸性溶液时，应先加酸后加水。（　　）

4. 过滤完含氰化物溶液的过滤泵，可以接着过滤酸性溶液。（　　）

5. 含氰化物溶液和酸性溶液不能共同使用一个抽风机。（　　）

6. 水加热到100℃时会变成水蒸气，冷却到0℃会结成冰。这种变化属于物理变化。（　　）

7. 铁块在空气中暴露着，过一段时间表面就有一层铁锈生成，这属于物理变化。（　　）

8. 分子是保持物质化学性质的一种微小粒子。（　　）

9. 水分子是由二个氢原子和一个氧原子组成的。（　　）

10. 核电荷数是8的原子统称为氧元素，核电荷数为13的原子统称为铝元素。（　　）

11. 由同一种元素组成的纯净物是单质，如镍、锌、铜。（　　）

12. 酸是指在水溶液中电离出的阳离子全部都是氢氧根的一类化合物。（　　）

13. 食盐放在水里，形成盐水的过程是溶解。（　　）

14. 有些结晶水合物在干燥空气中失去结晶水，这种现象是潮解。（　　）

15. 300g/L 铬酐溶液，就是指在 1L 溶液中含有铬酐 300g。

(　　)

16. $H_2CO_3 \rightleftharpoons CO_2 + H_2O$ 是可逆反应。　　(　　)

17. 在氧化还原中，还原剂被还原，氧化剂被氧化。(　　)

18. 用托盘天平称量药品时，药品放在右盘。　　(　　)

19. 具有离子导电性的溶液是电解液。　　　　　(　　)

20. 在电流作用下，阳极溶解过程中产生的不溶性残渣，是阳极泥。

(　　)

21. 金属制件在电镀后，浸入一定浓度的溶液中，以除去表面上极薄的氧化膜，并使表面活化的过程是氧化。(　　)

22. 当被加工工件的材料越硬、形状越简单、表面粗糙度值要求越低时，磨光轮圆周速度应越小。(　　)

23. 磨光轮的直径越大，转速越高，则磨光轮的圆周速度越大。

(　　)

24. 红色抛光膏适用于钢铁工件的抛光，也可用于细磨。

(　　)

25. 一般情况下，在滚光时，被处理工件和磨料占滚桶容积的 90%。

(　　)

26. 为了提高脱脂效率，任何金属工件都应选用碱性强的脱脂溶液。

(　　)

27. 对弹簧件进行电化学脱脂操作时，为了避免氢脆，应进行阳极脱脂处理。

(　　)

28. 当使用钢丸进行喷丸操作时，最大空气压力可以达到 1MPa。

(　　)

29. 粘结 120 目左右的金刚砂时，水与胶的体积比为 6∶4。

(　　)

30. 铜件和钢铁件必须使用同一种浸蚀溶液。　　(　　)

31. 因为浸蚀溶液中添加了缓蚀剂，所以工件可以不必进行脱脂处理，而直接进行浸蚀处理。

(　　)

32. 对于形状复杂或几何尺寸要求严格的工件，可采用先阳极浸蚀、后阴极浸蚀的联合电化学浸蚀法。

(　　)

33. 若采用浓酸进行浸蚀处理有色金属时，工件必须在干燥情况下进行浸蚀。（ ）

34. 采用化学法活化时，一般使用体积分数为3%～5%的硫酸或盐酸溶液。（ ）

35. 采用氰化物镀液进行电镀时，可使用体积分数为3%～5%的稀硫酸溶液进行活化处理，并可直接入槽进行电镀。（ ）

36. 对于容易溶解的金属（如锡焊工件等），应采用阴极电化学脱脂处理。（ ）

37. 在电化学抛光操作之前，不必进行脱脂处理。（ ）

38. 经过有机溶剂脱脂后的工件，就可以直接进行电镀了。（ ）

39. 在电镀过程中金属离子的消耗靠阳极溶解来补充。（ ）

40. 绝缘胶、挂具漆涂覆后，可长时间的进行电解脱脂，清洗后进行电镀。（ ）

41. 在电镀形状复杂的工件时，尤其是尖端或伸出离主要表面较远的枝叉部分时，应选用电流密度的下限值。（ ）

42. 小型工件密挂电镀时，选用电流密度上限值。（ ）

43. 工件进入氰化铜槽前必须认真清洗，严禁将酸带入镀槽中。（ ）

44. 光亮硫酸盐镀铜溶液的搅拌是获得合格光亮铜镀层的必备条件。（ ）

45. 工件进入光亮硫酸铜溶液时，必须带电入槽，以防氰化镀铜层在光亮硫酸盐镀铜溶液中溶解。（ ）

46. 工件经氰化镀铜后，迅速进入光亮硫酸铜溶液中以防氰化镀铜层氧化。（ ）

47. 光亮硫酸盐镀铜作为中间镀层时，需要去膜处理，以保证与后续镀层之间形成良好的结合力。（ ）

48. 预镀镍时，采用大电流冲击，一般应控制在$3A/dm^2$以内，电镀时间为3～5min，这样得到的预镀层光滑细致，有利于后续镀层的电镀。（ ）

49. 工件镍镀层镀好后，应先断电后出槽。（ ）

50. 工件出槽后,应在镀槽上方停留一段时间,以减少溶液带出消耗。（　　）

51. 镀铬采用不溶性的阳极铅合金作为阳极,这是镀铬过程的特殊性决定的,阳极与阴极面积之比为 1:2。（　　）

52. 光亮镍层上镀装饰铬时,工件镀镍后应马上镀铬,如果停留时间过长,必须经稀硫酸活化。（　　）

53. 镀装饰铬的挂具与普通电镀挂具相同。（　　）

54. 镀硬铬时,只要阳极面积足够大,就可以避免产生椭圆度与锥度。（　　）

55. 镀硬铬时工件进入镀槽后采用大电流冲击镀 2min,然后恢复正常电流施镀。（　　）

56. 对于不合格的"仿金"镀层,退镀后工件可以直接镀"仿金"层。（　　）

57. 为了加强塑料件电镀之前的脱脂能力,可以采用高温、长时间的方法来保证塑料件的脱脂效果。（　　）

58. 在碱性发蓝溶液中,严禁带入油类、碳酸盐及氯化物,但带入酸类无妨,因为酸能被溶液中的碱中和。（　　）

59. 磷化膜经填充处理后,在空气中的防护能力要比发蓝膜强。（　　）

60. 铝及其合金工件采用硫酸阳极化时,提高温度与提高电流密度同样能加速氧化膜的生长,有利于膜的厚度增加。（　　）

二、选择题

（一）**单选题**（将正确答案的序号填入括号内；每题 1 分,共 20 分）

1. 下列镀层属于阳极性镀层的是(　　)。
   A. 在大气条件下,钢铁工件上的铜镀层
   B. 在大气条件下,钢铁工件上的铜、镍镀层
   C. 在大气条件下,钢铁工件上的铜、镍、铬镀层
   D. 在大气条件下,钢铁工件上的锌镀层

2. 安全电压是(　　)。

A. 36V   B. 380V   C. 12V   D. 220V

3. H_2SO_4 中的原子团是( )

  A. H_2 B. O_4 C. SO_4 D. S

4. 下面是化合物的是( )。

  A. 镍   B. 锌   C. 锡   D. 氯化镍

5. 下面( )是酸。

  A. H_2SO_4 B. KCl   C. KOH   D. NaCN

6. NaOH 溶液放在瓶子里，到了冬天会看到瓶口有 NaOH 晶体析出，这个过程是( )。

  A. 结晶   B. 溶解   C. 风化   D. 潮解

7. 300g/L 铬酐溶液，叙述正确的是( )。

  A. 有 300L 铬酐溶液

  B. 有 300g 铬酐溶液

  C. 在 300g 铬酐溶液中有 1L 水

  D. 在 1L 溶液中有 300g 铬酐

8. 通常，钢铁、镍、铬等硬质金属抛光时，采用圆周速度为( )。

  A. 10～15m/s   B. 15～20m/s

  C. 20～25m/s   D. 30～35m/s

9. 滚光时，滚桶转速通常在( )范围内。

  A. 0～20r/min   B. 20～40r/min

  C. 40～60r/min   D. 60～80r/min

10. 对于铝、锡等软质金属抛光时，抛光轮转速应在( )左右。

  A. 1000r/min B. 1200r/min C. 1400r/min D. 1600r/min

11. 绝对不允许把( )带入氰化物镀液中。

  A. 酸性物质   B. 碱性物质

  C. 水   D. 含氰化物溶液

12. 对于承受高负荷的零件、弹簧件等，为了避免产生氢脆，应进行( )。

  A. 阴极脱脂   B. 阳极脱脂

C. 先阴极后阳极联合脱脂　　　D. 先阳极后阴极联合脱脂

13. 镀光亮镍时,镀液 pH 值对镀层质量影响较大,需要控制 pH 值为(　　)。

A. 3.2~3.8　　B. 4~4.5　　C. 5~5.5　　D. 3.8~4.0

14. 工件驱氢的温度为(　　),处理时间为 2~4h。

A. 50~200℃　　　　　　　B. 200~250℃
C. 250~300℃　　　　　　D. 100~150℃

15. 在低铬钝化液中,铬酐含量一般为(　　)。

A. 2g/L 左右　　　　　　B. 4~5g/L
C. 10~15g/L　　　　　　D. 20g/L 以上

16. (　　)工件不能用碱性氧化溶液进行发蓝。

A. 经锡焊、锡铅焊、镀锌的钢铁

B. 铸钢、铸铁

C. 合金钢

D. 低碳钢

17. 钢铁件发蓝后,用肥皂液进行填充处理时,其处理液中的肥皂的质量分数为(　　)。

A. 0.05%~0.1%　　　　　B. 0.3%~0.5%
C. 1%~1.5%　　　　　　D. 1.5%~2.0%

18. 高强度钢磷化后,应进行(　　)处理。

A. 浸油　　　　　　　　　B. 除氢
C. 皂化　　　　　　　　　D. 重铬酸盐处理

19. 在阳极氧化条件相同的情况下,铝合金氧化膜要比纯铝氧化膜的硬度(　　)。

A. 低　　　B. 相同　　　C. 高　　　D. 略高

20. 当铝及其合金制成的精密工件阳极氧化膜不合格时,可采用(　　)溶液退除效果最好。

A. 磷酸、铬酐　　　　　　B. 硫酸、氟化钾
C. 硫酸、氟化氢　　　　　D. 氢氧化钠、碳酸钠

（二）**多选题**（将正确答案的序号填入括号内；每题 2 分，共 20 分）

1. 下列反应属于复分解反应的是(　　)。
   A. $H_2SO_4 + 2NaOH == Na_2SO_4 + 2H_2O$
   B. $H_2SO_4 + BaCl_2 == BaSO_4 \downarrow + 2HCl$
   C. $2Al + 6HCl == 2AlCl_3 + 3H_2 \uparrow$
   D. $BaCl_2 + Na_2SO_4 == BaSO_4 \downarrow + 2NaCl$

2. 下列叙述正确的是(　　)。
   A. 中子不带电荷　　　　　　B. 原子核是由质子和中子组成
   C. 电子不带电荷　　　　　　D. 原子是由质子和中子组成

3. 移液管的使用方法及注意事项有(　　)。
   A. 移液管在放液时应紧贴着瓶壁，应慢慢放
   B. 移液管在放液时不用紧贴瓶壁，把液放干净为止
   C. 移液管在往瓶内移液时，最后残留的液滴不能吹干净
   D. 移液管在往瓶内移液时，最后残留的液滴应用嘴吹干净

4. 下列属于第二类导体的有(　　)。
   A. 电解质溶液　　　　　　　B. 固体电解质
   C. 汇流排　　　　　　　　　D. 导线

5. 下列各种物质属于皂化油的是(　　)。
   A. 石蜡　　B. 凡士林　　C. 动物油　　D. 植物油

6. 浸蚀过程中，常用的浸蚀剂有(　　)。
   A. 盐酸　　B. 硫酸　　C. 硝酸　　D. 醋酸

7. 抛光操作时，白色抛光膏可用于(　　)。
   A. 铝　　B. 不锈钢　　C. 有机玻璃　　D. 铜

8. 下列哪些物质不能使用强碱性溶液进行脱脂处理(　　)。
   A. 不锈钢　　　　　　　　　B. 铜
   C. 锌及其合金　　　　　　　D. 铝及其合金

9. 下列说法正确的是(　　)。
   A. 一般情况下，磨光轮的圆周速度越高，磨光的精度越低
   B. 磨光轮的直径越大，转速越高，则其圆周速度就越大
   C. 选择磨光轮的圆周速度的大小，应与被处理工件的硬度成正

比
D. 被磨金属工件的硬度越高,磨光时所采用的磨料粒度应越大,即金刚砂的目数应越小

10. 电镀生产过程中,废水的主要来源有( )。

A. 清洗　　　　　　　　　B. 溶液的带出
C. 溶液的过滤　　　　　　D. 溶液的废弃

答 案 部 分

一、判断题

1. × 2. × 3. × 4. × 5. × 6. × 7. × 8. √
9. √ 10. × 11. √ 12. √ 13. √ 14. × 15. √ 16. ×
17. √ 18. √ 19. √ 20. √ 21. √ 22. × 23. √ 24. √
25. × 26. √ 27. √ 28. × 29. √ 30. √ 31. √ 32. √
33. × 34. × 35. √ 36. √ 37. √ 38. × 39. √ 40. √
41. √ 42. √ 43. √ 44. √ 45. √ 46. √ 47. × 48. ×
49. √ 50. √ 51. × 52. √ 53. √ 54. √ 55. √ 56. √
57. × 58. √ 59. × 60. × 61. √ 62. √ 63. × 64. √
65. √ 66. √ 67. √ 68. × 69. × 70. √ 71. × 72. ×
73. √ 74. √ 75. √ 76. × 77. √ 78. √ 79. √ 80. √
81. × 82. × 83. √ 84. √ 85. √ 86. √ 87. × 88. ×
89. √ 90. √ 91. √ 92. √ 93. √ 94. √ 95. √ 96. √
97. × 98. √ 99. √ 100. √ 101. × 102. √ 103. √ 104. ×
105. √ 106. × 107. √ 108. √ 109. √ 110. × 111. √ 112. ×
113. √ 114. √ 115. × 116. √ 117. √ 118. √ 119. × 120. √
121. √ 122. √ 123. √ 124. √ 125. √ 126. √ 127. √ 128. ×
129. × 130. × 131. √ 132. √ 133. √ 134. √ 135. × 136. ×
137. √ 138. √ 139. √ 140. √ 141. √ 142. × 143. √ 144. √
145. × 146. √ 147. √ 148. √ 149. × 150. √ 151. √ 152. √
153. × 154. × 155. × 156. √ 157. × 158. × 159. × 160. √
161. × 162. √ 163. √ 164. √ 165. √ 166. √ 167. √ 168. √
169. √ 170. √ 171. √ 172. √ 173. √ 174. × 175. √ 176. ×

177. ✓ 178. ✓ 179. × 180. × 181. ✓ 182. × 183. ✓ 184. ×
185. ✓ 186. ✓ 187. ✓

二、选择题

（一）单选题

1. D 2. A 3. C 4. C 5. A 6. B 7. A 8. D
9. D 10. A 11. B 12. D 13. B 14. B 15. A 16. D
17. C 18. D 19. D 20. B 21. A 22. D 23. D 24. B
25. B 26. C 27. A 28. C 29. D 30. A 31. B 32. D
33. B 34. C 35. A 36. B 37. C 38. A 39. C 40. B
41. B 42. A 43. B 44. B 45. A 46. C 47. B 48. C
49. B 50. B 51. A 52. B 53. B 54. C 55. C 56. B
57. C 58. C 59. B 60. C 61. C 62. B 63. A 64. C
65. A 66. C 67. C 68. A 69. C 70. A 71. B 72. C
73. C 74. C 75. B 76. C 77. C 78. A 79. A 80. B
81. A 82. C 83. A 84. C 85. B 86. A 87. C 88. B
89. A 90. B 91. C 92. B 93. A 94. C 95. C 96. C

（二）多选题

1. A、B、C、D   2. A、B、D   3. A、B
4. A、B、C、D   5. A、B、C   6. A、C
7. C、D   8. A、C   9. A、B、C
10. A、B、C   11. A、B   12. C、D
13. A、C、D   14. A、B、C、D   15. A、B、C
16. A、C、D   17. A、D   18. B、C
19. C、D   20. A、B、C、D   21. A、B、C
22. A、B、C、D

三、计算题

1. 需要磷酸三钠为：

$$50L \times 12g/L = 600g$$

答：需要磷酸三钠为600g。

答 案 部 分

2. 硫酸的质量分数 [w(H_2SO_4)] = [溶质质量/（溶质质量+溶剂质量）] ×100% = [20/（20+100）] ×100% =16.7%

答：铝阳极氧化溶液中硫酸的质量分数为16.7%。

四、简答题

1. 答：电镀在国民经济中的作用是：

（1）提高制品耐蚀性能　这是电镀工艺最基本也是最重要的作用。例如，在钢铁制品上镀锌，能在一般大气条件下有效地保护基体金属免遭腐蚀。镀镉制品在海洋环境下也能不易受到腐蚀、破坏。而镀锡制品不仅耐蚀性能好，而且其腐蚀产物对人体无害，因而广泛用于与有机酸接触的由钢铁制作的食品容器中。

（2）防护制品装饰性能　许多镀层不仅能起到耐蚀性能，而且能使各种制品更加美观，具有良好的装饰作用。此类镀层常采用多层电镀，以日常生活中使用较多的自行车为例，就是在其表面上镀铜/镍/铬等镀层，可起到既耐蚀又美观的防护装饰性能。还有一些工艺制品常采用"仿金"工艺等进行装饰，以提高外观质量。

（3）修复性能　一些重要零部件，如曲轴、转轴、齿轮等磨损后，通过镀铁、镀铜、镀硬铬等可以修复磨损部位或磨削过度的加工尺寸，这具有很大的经济效益。

（4）其他功能　许多镀层可以赋予制品某种特殊的性能，如耐磨性、减摩性、导电性、导磁性、焊接性、反光性、防扩散性等。

2. 答：镀层的基本要求是：

1）与基体材料结合牢固、附着力好。

2）镀层完整、结晶细致紧密、孔隙率小，光亮镀层还应有足够的光泽度。

3）具有良好的物理、化学及力学性能。

4）具有符合相关标准规定的镀层厚度，而且镀层分布要均匀。

3. 答：电镀的基本过程就是将工件浸在金属盐的溶液中作为阴极，金属板作为阳极，接通直流电源后，在工件表面就会沉积出金属镀层。以镀锌为例，将工件浸在镀锌电解液中并作为阴极，金属锌板作为阳极，接通直流电源后，在工件表面就会沉积出金属锌镀层。

4. 答：电流密度是指电极（如电镀工件）单位面积上通过电流的大小，通常用 A/dm^2 作为单位。

电流效率是指电极上通过单位电量时，所生成产物的实际质量与其电化当量之比，通常以百分比表示。

5. 答：浸在电解质溶液中的两个电极与外加直流电源接通后，强制电流在体系中通过，从而在电极上发生化学反应，这种装置叫电解池。在电镀生产中，是将直流电源的正极和负极，用金属导线分别接到镀槽的阳极和阴极（电源正极接阳极，负极接阴极），两个电极之间形成了电场，在这种电场的作用下，电解液中的阴、阳离子发生定向移动：阳离子移向阴极，而阴离子移向阳极，与此同时，金属阳离子在阴极上获得电子，发生还原反应；而阳极板上的金属原子失去电子，进行氧化反应，生成金属离子。

6. 答：1）镀层呈片状脱离基体的现象称为起皮。

2）在电镀层中，由于镀层与金属之间失去结合力而产生的一种凸起状缺陷称为起泡。

3）镀层外观类似桔皮波纹状缺陷称为桔皮。

4）在电镀过程中，由于种种原因而在镀层表面形成许多小坑称麻点。

7. 答：1）金属制件在一定温度下加热或采用其他方法以驱除金属内部吸收氢的过程称为除氢。

2）在铝件阳极氧化后，为降低经阳极氧化形成氧化膜的孔隙率，经过在水溶液或蒸气介质中进行物理、化学处理，以增大阳极覆盖层的抗污能力及耐蚀性能，改善覆盖层的着色持久性或赋予别的所需要的性能，称为封闭。

8. 答：在一定温度下、在一定量的溶剂里不能再溶解某种物质的溶液，叫做这种溶质的饱和溶液。如还能继续溶解某种溶质的溶液，叫做这种溶质的不饱和溶液。饱和溶液与不饱和溶液在一定条件下可以相互转化，添加溶剂或升温转化为不饱和溶液；添加溶质或蒸发溶剂或降温转化为饱和溶液。

9. 答：书写化学方程式时，需要注意以下几点：1）必须是实际发生的反应，如：铜不能置换盐酸中的氢，不能写成：

答案部分

$$Cu + 2HCl = CuCl_2 + H_2 \uparrow$$

2）要配平化学方程式，使反应物和生成物中同种元素的原子总数相等，符合质量守恒定律。

3）当反应必须在一定条件下才能发生时，要在："="或"="号上下注明反应条件。

4）生成物是沉淀物时，要加注"↓"；是气体时，要加注"↑"。

5）化学反应式等式两边用于配平关系的数值称为化学计量数，它可以是整数也可以用分数。

10. 答：1）新的磨光轮要先经过刮制，使布轮平衡，然后再粘金刚砂。

2）磨光轮经过长时间使用后，轮边缘处会磨损，失去平衡或出现沟槽等现象，此时应重新刮制，重新粘磨料。

3）磨光轮经过长时间使用后，表面磨料处于钝态，砂子也脱落，这时就需要将磨光轮上的砂子全部刮掉，重新粘砂子，否则便会影响工件的磨光质量和生产效率。

4）磨光轮应保持干燥。

5）磨料、砂子型号不允许相混。

6）各种型号磨光轮，应该分类、分号、标名保管，专号使用，防止因为混用而影响磨光质量。

11. 答：1）机械抛光操作过程中，必须严格遵守"机械抛光安全操作规程"。

2）机械抛光操作前，若被处理工件表面的油污比较多和氧化皮比较厚，可以考虑先进行脱脂和除锈（如喷砂等）处理，这样能够提高生产效率。

3）机械抛光操作前，应先起动抽风机。

4）根据被处理工件的材质、形状、大小、表面粗糙度和机械抛光质量要求，选择适宜的抛光轮和抛光膏。

5）将抛光轮安装在电动机轴上，把转速调节至合适的速度。

6）把抛光膏涂抹在旋转的抛光轮的工作面上，再把工件压向抛光轮适当部位，其用力大小、抛光手法、抛光时间长短等全凭抛光人员的实践经验。

7）抛光过程中，应先以工件表面中间向左右两面抛，然后再按同样的顺序由边缘向中间抛。抛光的方向，开始时向左右呈倾斜式，然后呈纵向式，最终的方向应是呈纵向，并保持工件上的抛光方向一致。

8）当抛光轮走至工件边沿时，需要减小抛光轮与工件之间的压力，防止抛损工件。

9）抛光过程中，抛光膏要少添勤添，保持抛光轮松软。

10）如此周期性地涂抹抛光膏，反复进行抛光，直至整平工件表面、提高光泽度并保持工件外观均匀一致。

11）抛光软金属（如铝等）时，应注意避免工件局部过热，因为这样有可能引起工件变形或因过热而产生的痕印，造成镀层质量不好。

12）抛光轮使用一段时间后，要及时清除其表面上的污物。

13）工作完毕后，应关闭电动机和抽风机。

12. 答：常用的脱脂方法有 有机溶剂脱脂、化学脱脂、电化学脱脂、超声波脱脂、擦拭脱脂、滚桶脱脂以及上述方法的联合使用。

各种脱脂方法的特点及适用范围见表6。

表6 各种脱脂方法的特点和适用范围

脱脂方法	特 点	适 用 范 围
有机溶剂脱脂	脱脂快，对皂化油脂和非皂化油脂均能溶解，一般不腐蚀工件。但脱脂不彻底，需用化学或电化学方法补充脱脂。多数有机溶剂易燃，有毒，成本较高	可对形状复杂（接缝、不通孔状）的小型工件、有色金属件、油污严重的工件极易被碱溶液腐蚀的金属工件进行初步脱脂
化学脱脂	设备简单，成本低，但脱脂时间较长	一般工件脱脂
电化学脱脂	脱脂速度快而且彻底，还能除去工件表面的浮灰、浸蚀残渣等机械杂质。但需直流电源；进行阴极脱脂时，工件容易渗氢；工件深孔内的油污去除较慢	一般工件的脱脂或阳极去除浸蚀残渣

(续)

脱脂方法	特 点	适用范围
超声波脱脂	脱脂速度快,降低化学材料的消耗量,改善脱脂质量,但设备成本较高	外形复杂和由绝缘材料制成的工件、小型精密工件
擦拭脱脂	设备简单,操作灵活方便,不受工件限制,但劳动强度大,工效低	大型工件或其他方法不易处理的工件
滚桶脱脂	工效高,质量好,但不适于大型工件和易变形的工件	精度不太高的小型工件

13. 答:脱脂质量的检验方法中最常用的是水润湿法,这是利用工件表面只要有油脂便不能被水润湿的原理来进行的。

(1) 水滴试验法　将水滴至工件表面上,若水能均匀铺展开,形成一层连续水膜,则表示脱脂干净;若水形成球形,当工件摆动时,球形水珠立即会滚落下来,则表示脱脂不彻底。

(2) 挂水试验法　将工件浸入清水中,然后提出,观察工件表面状态,若工件表面形成一层连续的水膜,则表示脱脂干净;若工件表面形成一层不连续、有间断状态的水膜,则表示脱脂不彻底。

14. 答:某些缓蚀剂(如若丁)常常牢固地吸附在金属表面上,若清洗不干净,便会影响镀层的结合力或抑制磷化、氧化等反应的进行。因此,用含缓蚀剂的浸蚀液处理过的工件一定要认真清洗干净。

15. 答:磨光轮粘结磨料的操作方法是:

1) 将骨胶或皮胶的胶粒碾碎,用水浸泡 6~12h,使胶膨胀,再加入一定比例的水。磨料粒度、胶与水的比例见表7。

表7　磨料粒度、胶与水的比例

成分 \ 含量(质量分数,%) \ 粒度/目①	24~36	46~60	80~100	120~150	180~280
胶	50	45~40	35~33	33~30	30~23
水	50	55~60	65~67	67~70	70~77

① 目为非法定单位,与法定单位 mm 的关系为:24~36 目相当于 0.8~0.5mm;……180~280 目相当于 0.08~0.05mm。

2) 在水浴中加热至 60~70℃，使胶、水融溶，持续约 4h，温度应该控制在 65℃±5℃范围内，防止高温条件下胶分解失去粘结能力。

3) 磨光轮、磨料在粘结前于 60~80℃预热。

4) 用胶粘机或手工涂刷胶液，待第一层胶完全干后再刷下一层，并立即滚压所需型号的磨料，要粘均匀并压紧。

5) 在烘箱中于 60℃温度下进行干燥，或常温下干燥 24h 以上。

16. 答：在浸蚀溶液中加入缓蚀剂的作用，是为了减少强浸蚀过程中基体金属的溶解，防止工件几何形状的变化和基体金属产生氢脆，并且可以减少化学材料的消耗。缓蚀剂能选择性地吸附在裸露的金属基体上而不吸附在金属氧化物上，所以在不影响氧化物正常溶解的条件下，可提高析氢的电压，从而减缓了浸蚀液对金属基体的腐蚀。

17. 答：工件滚光后的表面应该无油污、锈蚀物和氧化皮等，具有均匀一致的、相对较低的表面粗糙度值，但工件不允许变形，不能有划痕、倒边和螺纹损坏等缺陷。

18. 答：对碱性化学脱脂溶液的要求有如下几点：

1) 溶液具有良好的浸透性和乳化性，脱脂能力强，而且可以阻止油污再次吸附。

2) 溶液具有比较好的稳定性，可以连续使用。

3) 安全无毒，泡沫少，水洗性能好。

19. 答：与化学浸蚀相比，电化学浸蚀的优点是：浸蚀速度快，酸量消耗少，使用寿命长，可浸蚀合金钢；缺点是：设备投资比较大，耗费电能，电解液的分散能力差，对复杂工件的浸蚀效果较差。

20. 答：与机械抛光相比，电化学抛光的优点是：抛光后的工件表面不变形、表面光泽度高、反射能力强；操作简单、抛去厚度容易控制；可抛小型工件、形状复杂的工件，抛光速度快；抛光后的工件进行电镀，可提高镀层与基体金属的结合力等。缺点是：不能除去工件表面的深划痕、深麻点等宏观的凹凸不平缺陷以及工件表面的气孔；不能除去金属中的非金属杂质；在多相合金中，有一相不易阳极溶解就会影响抛光质量等。

答 案 部 分

> 浸蚀的质量要求是要点，应该理解、掌握。

21. 答：工件经浸蚀处理后的质量要求有：

1）经过浸蚀后的工件表面，应无氧化膜或褐色的碱膜存在。

2）钢件基体浸蚀后表面应呈银灰白色；有色金属基体浸蚀后应无花斑、发暗等现象，工件表面有良好的水润湿性能。

3）工件表面不允许出现过腐蚀现象，如麻点、麻坑等。

22. 答：对于锌镀层来说，在大气中腐蚀是不可避免的，为提高钝化膜的防变色能力，可采取如下方法：

（1）保证钝化膜牢固　工件钝化后应清洗干净，严格按工艺要求的温度和时间干燥。对于表面粗糙的工件，镀锌清洗后还应在热水中煮 5~10min，以排出工件孔隙中残留的溶液，然后再进行钝化处理，才能得到牢固的钝化膜。

（2）保证钝化膜完整　工件钝化后下挂具、运输和装配中，应防止工件划、磕，最好工件不落地。在装配时，尤其是标准件，例如螺钉、螺母的装配，应注意不要用力过猛，否则将损坏钝化膜。

（3）浸水溶性漆　操作注意事项：

1）浸涂时，应防止工件相互粘贴、叠压以保证涂膜全部覆盖在工件表面上。

2）浸涂后，应尽量滴净工件上的水溶性，漆并及时甩干。

23. 答：银镀层因镀后清洗不良或干燥不彻底，在空气中受硫的影响很容易变色，可以采用以下方法进行处理：

1）化学钝化和电化学钝化。

2）镀银后进行阴极电泳处理，使银镀层上形成一层致密的薄膜。

3）浸有机膜操作注意事项

① 涂料易着火，操作时应远离火源，注意安全。

② 操作过程中，应注意劳动保护，防止漆液溅入眼、口内。

③ 浸涂时，为防止小件粘贴，应经常抖动，以保证涂膜全部覆盖在工件表面；大件可采用挂具进行涂装。

④ 浸涂后，应尽量滴净工件上的漆并及时甩干。

24. 答：几乎所有的镀层镀后处理的最后一道工序都是干燥，干燥的目的有以下几方面：

1）增强镀层钝化膜的抗蚀能力。

2）提高镀层钝化膜的光泽度。

3）及时干燥可防止镀层产生水迹，提高外观质量。

4）防变色处理涂有机膜后应马上烘干，才能保障有机膜的牢固及抗变色效果。

25. 答：钢铁件发蓝后，对氧化膜进行填充处理和浸油处理，主要是为了提高发蓝膜的防护性能和抗蚀能力。

26. 答：铝件的阳极氧化挂具应具有良好的导电能力，挂具体可采用铝及其合金制作，其挂钩采用铜板制作。在保证通电良好的前提下，使工件与挂具接触点要少。专用挂具和一般夹具均要有弹性，接触要牢固。铝件的阳极氧化装夹工作很重要，这是获得合格氧化膜的外部关键条件之一，夹具在使用前要经过碱腐蚀，工件与夹具接触要好、要牢。对于有口和不通孔的工件，口要朝上放置，不影响气体的排出。同一材质使用同一夹具且夹具形状应为圆形。

27. 答：工件在电镀过程中，阴极上除了沉积出锌镀层以外，还会析出部分氢离子。氢离子的一部分除吸收电子变成氢气外，另一部分会渗入镀件的晶格中，造成晶格歪扭，使镀件内应力增大，产生脆性。工件在酸浸蚀、电解脱脂时也会有这种现象。这种现象称为氢脆或渗氢。弹性工件在镀锌过程中不可避免地产生氢脆，但由于弹性工件在使用中有一定的强度或拉力，与普通的镀锌工件相比氢脆危害就更大。所以，镀锌后的弹性工件必须进行驱氢处理。

28. 答：铝及其合金阳极氧化膜高温封闭的方法有：沸水或蒸气封闭法、重铬酸盐封闭法、水解盐封闭法。

29. 答：为提高镀锌工件的耐蚀性和装饰性，常在锌镀层上覆盖一层致密稳定性高的薄膜。采用不同的钝化溶液和操作方法，可以得到彩虹色、蓝白色、军绿色、金黄色及黑色等不同色彩的钝化膜，能起到不同的装饰效果。镀锌件的钝化液分为：高铬酸钝化液、低铬酸钝化液、超低铬酸钝化液、低铬或超低铬银白色钝化液、军绿色和黑色钝化液。

附 录

部分电镀知名企业科技信息

一、北京长空机械有限责任公司热表处理厂

联系地址：北京市朝阳区安翔里1号
邮　　编：100101
联 系 人：任 玮
电　　话：010-64886238
传　　真：010-64865051

该厂隶属于中国航空二集团，主要为航空发动机等相关产品进行电镀加工服务，同时借助军工优势也承揽各种外协产品。主要镀种有：电镀锌（氰化），电镀锌（钾盐），电镀镉（氰化），电镀铜（氰化），电镀铜锡合金（氰化），电镀银（氰化），刷镀银，电镀铬，电镀亮镍，电镀暗镍，电镀锡，发蓝，氧化，磷化，不锈钢钝化，不锈钢电抛光，铜合金钝化，塑料件稳定处理，铝合金化学氧化，硬质阳极化，硫酸阳极化，铬酸阳极化，瓷质阳极化，铝氧化电着色，化学着色等，尤其以铝合金硬质阳极化和功能性电镀银、防护性电镀镉见长。

二、北京蓝丽佳美化工科技中心

联系地址：北京市冒平区北七家望都5-1-501号
邮　　编：102209
联 系 人：李家柱

电　　话：010-89753095

传　　真：010-69756843

该中心为依托国内著名大学和科研机构的高科技企业，主要从事表面处理技术咨询、技术转让和技术服务，同时也销售自产的电镀、表面处理添加剂以及从美国、日本和台湾地区引进的产品，包括国内外品牌的过滤机等电镀设备和测试仪器等。其主要产品有：三价铬电镀浓缩液，三价铬各色钝化剂，绿色环保 BG—98 型代铬锡钴合金电镀工艺，无氰常温中性 BT—01 型镀层电解退镀剂，碱铜99A 型高效氰化镀铜光亮剂，BCA—99 型镀镍高效走位除杂剂（固体），BAG—2002 型镀银光亮剂，无六价铬镀银镀锡防变色剂，无六价铬铜和铜合金防变色剂，环保型化学镍浓缩液，酸性镀锡光亮剂，氯化钾镀锌添加剂等。

三、北京爱尔姆斯化工技术开发有限公司

联系地址：北京市海淀区清缘西里 6 号楼 107 室

邮　　编：100085

联 系 人：胡卫东经理

电　　话：010-59870401、59870402、59870405、59870406

手　　机：13801005004

网　　址：www.enthusiasmbj.com

电子信箱：E-mail info@ enthusiasmbj.com

该公司是集科研、生产、销售于一体的高新技术企业。其产品有：脱脂、除锈、磷化、氧化、防锈、防腐、机械加工冷却液、废水处理、脱漆脱塑等化工产品，共计 90 余种。产品说明书及相关技术资料，请与该公司联系索取和咨询。

四、广州市达志化工科技有限公司

联系地址：广州经济技术开发区永和经济区田园东路 1 号

邮　　编：511356

联 系 人：蔡先生

法人代表：蔡志华

该公司是一家大型电镀化学品生产企业,自有 6 万 m^2 工业园区,专业生产电镀中间体,电镀添加剂,并代理德国科佐电化学有限公司酸铜中间体、酸铜添加剂、碱铜中间体、碱铜添加剂、三价铬镀铬添加剂、锌镀层三价铬钝化剂。产品说明书及相关技术资料,请与该公司联系索取和咨询。

五、东莞长安霄边金晖电镀厂

联系地址:广东省东莞市长安霄边第一工业区第三栋
邮　　编:523851
联 系 人:林泓丰总经理
电　　话:0769-85533033
传　　真:0769-85536039

该厂是香港金晖电镀厂有限公司于 1987 年在国内开设的一家大型的专业从事表面处理和五金制造的企业,是中国大陆表面处理行业首家通过 ISO 国际质量管理体系认证的企业,工厂严格执行全面质量管理,是国家电镀行业标准起草单位之一,对各国的标准甚为了解和熟识,并将 ISO、ASTM、MIL、AMS 及 JIS、DIN 等标准贯彻于生产之中。工厂主要提供高品质的电镀产品和五金制品,覆盖汽车、铭牌、家电、灯饰、厨具、通信、光纤、手机、航空、计算机、微电子及装饰品等行业和领域,成为美国、日本等国家和欧洲、东南亚、香港及台湾等地区著名品牌的指定供应厂商,同时与国内著名科研院所保持着良好的合作伙伴关系。

参 考 文 献

[1] 王鸿建. 电镀工艺学 [M]. 哈尔滨：哈尔滨工业大学出版社，1988.
[2] 国家机械工业委员会. 初级电镀工工艺学 [M]. 北京：机械工业出版社，1999.
[3] 郑瑞庭. 电镀实践600例 [M]. 北京：化学工业出版社，2004.
[4] 《表面处理工艺手册》编审委员会. 表面处理工艺手册 [M]. 上海：上海科学技术出版社，1991.
[5] 张允诚，胡如南，向荣. 电镀手册 [M]. 北京：国防工业出版社，2003.
[6] 张景双，石金声，石磊，曹立新. 电镀溶液与镀层性能测试 [M]. 北京：化学工业出版社，2003.
[7] 机械工业职业教育研究中心. 电镀工技能实战训练（入门版）[M]. 北京：机械工业出版社，2004.
[8] 机械工业职业教育研究中心. 电镀工技能实战训练（提高版）[M]. 北京：机械工业出版社，2004.
[9] 覃奇贤，郭鹤桐，刘淑兰，张宏涛. 电镀原理与工艺 [M]. 天津：天津科学技术出版社，1993.
[10] 李道楷，蒋慧文. 全国各类成人高考复习指导丛书：化学解题指导 [M]. 8版. 北京：高等教育出版社，2000.
[11] 周义. 电泳涂装新工艺 [M]. 北京：地质出版社，1999.
[12] 郭文武，庄源益. 清洁生产工艺 [M]. 北京：化学工业出版社，2003.
[13] 陈有军. 单位环境污染综合治理技术实用全书 [M]. 北京：华龄出版社，2000.

读者信息反馈表

为了更好地为您服务,有针对性地为您提供图书信息,方便您选购合适图书,我们希望了解您的需求和对我们教材的意见和建议,愿这小小的表格为我们架起一座沟通的桥梁。

姓　名		所在单位名称	
性　别		所从事工作(或专业)	
通信地址			邮　编
办公电话		移动电话	
E-mail			
1. 您选择图书时主要考虑的因素 (在相应项前画√) (　) 出版社　(　) 内容　(　) 价格　(　) 封面设计　(　) 其他 2. 您选择我们图书的途径 (在相应项前画√) (　) 书目　(　) 书店　(　) 网站　(　) 朋友推介　(　) 其他			
希望我们与您经常保持联系的方式: 　　　　　　□ 电子邮件信息　　□ 定期邮寄书目 　　　　　　□ 通过编辑联络　　□ 定期电话咨询			
您关注(或需要)哪些类图书和教材:			
您对我社图书出版有哪些意见和建议(可从内容、质量、设计、需求等方面谈):			
您今后是否准备出版相应的教材、图书或专著(请写出出版的专业方向、准备出版的时间、出版社的选择等):			

非常感谢您能抽出宝贵的时间完成这张调查表的填写并回寄给我们,您的意见和建议一经采纳,我们将有礼品回赠。我们愿以真诚的服务回报您对机械工业出版社技能教育分社的关心和支持。

请联系我们——

地址　北京市西城区百万庄大街 22 号　机械工业出版社技能教育分社
邮编　100037
社长电话　(010) 88379080　88379083　68329397 (带传真)
E-mail　jnfs@ mail. machineinfo. gov. cn
机械工业出版社网址:http://www.cmpbook.com
教材网网址:http://www.cmpedu.com

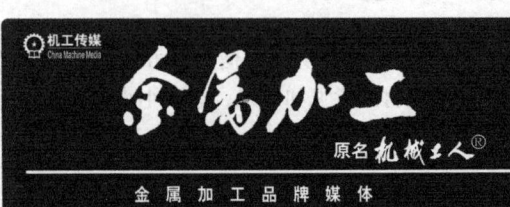

金属加工品牌媒体
Brand Media in Metal Working

- 两刊双双进入中国期刊方阵
  其中:(冷加工)评为"双百"期刊
       (热加工)评为"双效"期刊
- 全国优秀科技期刊二等奖
- 北京市全优期刊
- 历次机械行业优秀期刊奖

《金属加工》杂志(原名《机械工人》),创刊于1950年,是我国建国以来率先面向金属加工工艺及装备领域出版的发行量大、影响面广、社会效益显著的优秀科技期刊。旗下有《金属加工(冷加工)》和《金属加工(热加工)》两刊。2008年《机械工人》更名为《金属加工》,并改为半月刊,更名后的杂志,办刊宗旨不变、报道领域不变、内容特色不变。

◆ **内容特点**
"以实用性为主、来源于实践、服务于生产","追踪行业热点,把握市场需求"。多年来,《金属加工》时刻关注国内外制造技术、产品及市场的发展方向,为制造业提供了大量参考价值极强的实用性文章及信息。

◆ **读者对象**
主要为制造业领域的管理人员、技术人员、技术工人及大中专院校师生等。主要分布在工艺、开发设计、技改、设备管理与维修、工具、质检等部门以及生产车间、班组等。

《金属加工(冷加工)》

主要报道金属加工工艺、刀具、模具、CAD/CAM/CAPP应用、各类加工设备及机床/附件/工具、检测与测量、机电一体化等方面的新技术、新工艺、新产品、新材料、新设备;产品开发设计、制造、应用、生产与经营管理、设备的改造、使用与维修等方面的实践经验、知识技能;行业动态、发展趋势及市场信息等。

半月刊 每月1日、15日出版 10元/期 全年定价:240元
邮发代号:2-126

《金属加工(热加工)》

主要报道焊接与切割、表面工程及热处理、铸造、压力加工、加工测试与控制等方面的新技术、新工艺、新产品、新材料、新设备;以及产品开发设计、制造、应用、生产与经营管理、设备的改造、使用与维修等方面的实践经验、知识技能;行业动态、发展趋势及市场信息等。本刊分为按焊接与切割专刊和热处理/锻压/铸造两大专刊系列出版,每类专刊各出版12期。

半月刊 每月5日、20日出版 10元/期 全年定价:240元
邮发代号:2-127

☞ 全国各地邮局均可订阅

有奖订阅卡 (复印有效)

联系人		职务		部门		从事专业		电话	
单 位								手机	
地 址								邮编	
起止订期自200 年 期至200 年第 期止,共订 套							总额	汇款日期	

※ 欲了解有奖订阅细则,请登陆:www.machinist.com.cn/jsjg2009

邮局汇款 地址:北京市西城区百万庄大街22号
              《金属加工》杂志社
         邮编:100037
         电话:(010) 88379793 转 708/709
         传真:(010) 68326910
         E-mail:LRGMdy@126.com

银行汇款 开户行:中国工商行北京百万庄支行
         账 号:0200001409014473834
         开户名:机械工业信息研究院
         联系人:娄萍政 王蕾
         (在附言忠,必须注明《金属加工》杂志社的刊名)